全国高职高专教育规划教材

计算机应用基础实训指导

Jisuanji Yingyong Jichu Shixun Zhidao

吴振峰　李灿辉　编著

内容简介

本书是与吴振峰编著的《计算机应用基础》（国家精品课程配套教材）配合使用的实训指导书，基于现代办公环境下的信息处理工作过程，设计了18个实训项目，每个实训项目包括项目描述、技能目标、环境要求、任务要点、项目总结和项目拓展。本书侧重训练信息处理核心能力，通过真实项目使读者理解职业素质要求。

本书可作为应用型、技能型人才培养的各类教育“计算机应用基础”课程的实训用书，也可供各类培训、计算机从业人员和计算机爱好者参考使用。

图书在版编目（CIP）数据

计算机应用基础实训指导／吴振峰，李灿辉编著．—北京：高等教育出版社，2011.8

ISBN 978-7-04-033170-7

Ⅰ.①计… Ⅱ.①吴… ②李… Ⅲ.①电子计算机-高等职业教育-教学参考资料 Ⅳ.①TP3

中国版本图书馆CIP数据核字（2011）第154816号

策划编辑 杨 萍　　责任编辑 杜 冰　　封面设计 杨立新　　版式设计 余 杨
插图绘制 尹 莉　　责任校对 陈旭颖　　责任印制 胡晓旭

出版发行 高等教育出版社
社　　址 北京市西城区德外大街4号
邮政编码 100120
印　　刷 北京四季青印刷厂
开　　本 787mm×1092mm　1/16
印　　张 14.5
字　　数 350千字
购书热线 010-58581118
咨询电话 400-810-0598
网　　址 http://www.hep.edu.cn
　　　　 http://www.hep.com.cn
网上订购 http://www.landraco.com
　　　　 http://www.landraco.com.cn
版　　次 2011年8月第1版
印　　次 2011年8月第1次印刷
定　　价 28.00元（含光盘）

物 料 号 33170-00

前　言

信息处理能力是职业核心能力的重要组成部分，是根据职业活动的需要，运用各种技术和方法，收集、整理和展示信息资源的能力。信息处理的对象是文字、数据、图像、视频等多媒体信息，要运用网络、通信、软件等技术。

本书通过讲述信息处理典型案例，力求使读者快速掌握信息处理核心技能、技巧和方法，为将来的学习和工作打下良好的基础。

本书是与吴振峰编著的《计算机应用基础》（国家精品课程配套教材）配合使用的实训指导书，以现代办公环境下的信息处理工作过程为原型，设计了18个实训项目，每个实训项目都包括项目描述、技能目标、环境要求、任务要点、项目总结、项目拓展这6部分。

项目描述包括项目的背景、工作内容和目标。

技能目标说明完成项目应具备哪些技能和知识。

环境要求说明完成该项目应具备的硬件、软件和素材。

任务要点将完成任务的过程分解为几个主要环节，即子任务，给出每个子任务的目标、要求和操作步骤。

项目总结讲述完成同类项目的操作步骤和方法，涉及的知识、技能等。

项目拓展给出要求更高一些的项目，要求读者独立完成，使其能灵活运用学过的知识和技能。

本书的编写思路如下。

(1) 强调与主教材匹配，即实训项目与主教材内容基本对应。

(2) 突出对核心能力的训练，即根据信息处理核心能力选择典型案例，使理论与实际相结合，实现教、学、做合一。

(3) 按实际工作过程进行实训，即按职业岗位的工作过程和典型工作任务，由简单到复杂，由浅入深，逐步加大实训难度，使读者在实训过程中感受技能的重要性。

(4) 围绕真实应用项目实训，使读者充分了解企业对员工的真实需求。

本书配套光盘的内容包括2部分，一是与各实训项目对应的样文、素材等，二是按教学模块制作的教学录像。另外，为满足不同专业教学和实训的需要，作者针对19个专业大类制作、收集了用于教学和实训的样文、素材等，读者可发送邮件至 dubing@ hep. com. cn 索取。

本书由吴振峰教授、李灿辉讲师编著，欧阳炜昊编写实训项目1、2，吴振峰编写实训项目3、4，邹晶晶编写实训项目5、6、18，李灿辉编写实训项目7、8、9、10、11，谭志超编写实训项目12、13、14，程知编写实训项目15、16、17。全书由吴振峰、李灿辉统稿。

向聂琳、钟山、黄翔、罗练、张彩霞、王光源、刘彦姝、田永民、李勇、罗卓君等老师做了大量的资料收集、整理工作,许多职业院校老师和企业工程师也大力支持本书的编写,在此一并表示感谢。由于作者水平有限,书中难免存在不足之处,希望读者指正。

编　者

2011年7月

目　录

实训项目 1

安装主机系统

项目描述

奕轩汽车4S店的客户休息区中摆放着沙发、电视,冰箱里有免费饮料,还有一台可供客户上网使用的计算机。为了完善客户服务,决定新增加2台计算机(每台预算不超过3 600元)用于上网,让客户在等待过程中既可以看电视,还可以上网。4S店客户经理派技术员小刘根据表1-1中的配置信息去电脑城采购了计算机配件。小刘准备利用学过的计算机组装与维护知识安装计算机系统。

表1-1 装机配置信息1

配置	品牌	型号	价格(元)
CPU	英特尔(Intel)	E5500 盒装(主频 2.8 GHz、二级缓存 2 MB)	440
主板	微星	G41M-P26(Intel G41/LGA 775)	399
内存	威刚	DDR2(频率 800 MHz、容量 2 GB)	299
硬盘	希捷	ST3500413AS(容量 500 GB、转速 7 200 转/分钟、缓存 16 MB、接口为 SATA 型)	329
显卡	盈通	R4670-HM512GD3 龙翼版	499
光驱	三星	TS-H352D	125
显示器	LG	W1942SP 液晶	999
机箱	金河田	飓风Ⅱ系列 8203	350
键盘鼠标	惠普	藏羚羊二代键鼠套装	79
总计			3 519

技能目标

- 熟悉计算机基本部件及安装须知。
- 运用所学知识按组装流程和工艺要求安装硬件系统。
- 正确设置计算机 BIOS 参数。

环境要求

- 计算机配件:应在机箱内安装的部件,包括主板、CPU、内存条、电源、显卡、硬盘、光驱、连接线、螺丝等。
- 组装工具:十字和平口螺丝刀。
- 计算机组装工作台、电源插座等。

任务 1　安装主板核心部件

计算机主板核心部件主要包括主板、CPU、内存条、散热器等。其中，主板、CPU、内存条如图 1－1、图 1－2、图 1－3 所示。安装时，先将主板放置在铺了防静电垫的工作台上，然后把 CPU、内存条、散热风扇等核心部件逐个安装到主板上，再把主板装到机箱里。

图 1－1　主板

图 1－2　CPU

图 1－3　内存条

1. 安装 CPU

【操作步骤】

(1) 将 CPU 插槽拉杆完全拉起，如图 1－4 所示。

(2) 移开 CPU 插槽上的保护盖，如图 1－5 所示，再翻起 CPU 插槽上的金属上盖，如图 1－6 所示。

(3) 用拇指和食指捏住 CPU，将 CPU 上的三角形标识与主板 CPU 插槽上的三角形标识对齐，轻轻放入，如图 1－7 所示。

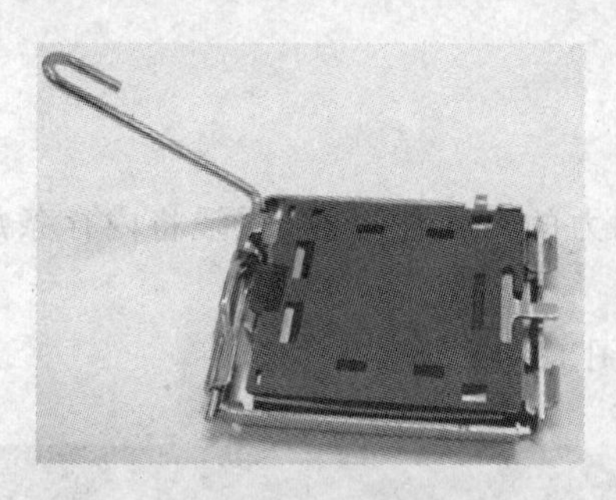

图 1－4　拉起 CPU 插槽拉杆

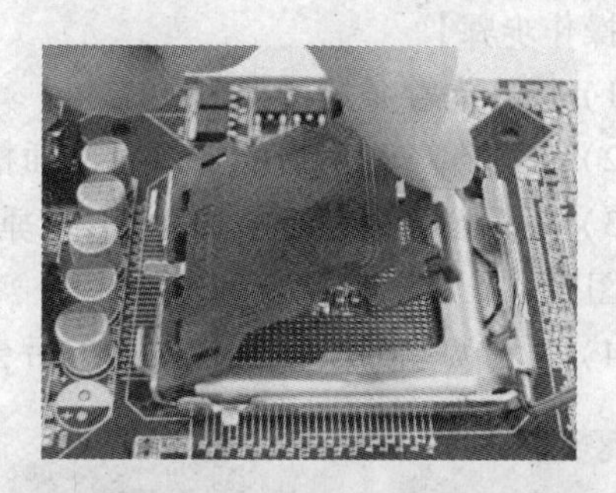

图 1－5　移开 CPU 插槽上的保护盖

图 1－6　翻起 CPU 插槽上的金属上盖

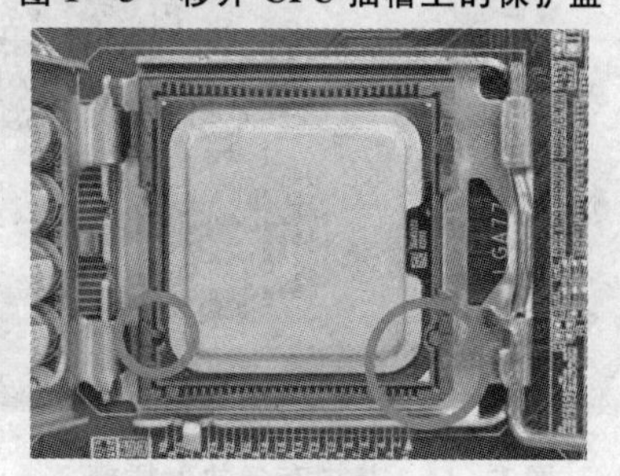

图 1－7　安装 CPU

(4) 确定 CPU 安装正确后,再将金属上盖复位,向下压插槽拉杆并扣紧,如图 1 - 8 所示。

图 1 - 8　安装好的 CPU

2. 安装散热风扇

【操作步骤】

(1) Intel 原装散热风扇底部(即与 CPU 接触的部分)涂有导热硅脂(若散热风扇没有预先涂导热硅脂就要在 CPU 表面均匀地涂上一层导热硅脂),去除贴在散热风扇底部的保护膜,如图 1 - 9 所示。

(2) 装上散热风扇并扣紧。

(3) 将散热风扇的电源线插入主板上的 CPU 散热风扇电源插座(旁边有“CPU FAN”字样),如图 1 - 10 所示。

图 1 - 9　去除保护膜

图 1 - 10　连接散热风扇电源

3. 安装内存条

【操作步骤】

(1) 扳开内存条插槽两侧的卡扣。

(2) 使内存条金手指的缺口对准插槽的凸起点。

(3) 双手按在内存条上边两侧,以垂直向下均匀用力的方式往下按,缓缓将内存条放入插槽,如图 1 - 11 所示。

(4) 插槽两端的卡扣卡住内存条后会发出声响,如图 1 - 12 所示。

图 1 - 11　将内存条放入插槽

图 1 - 12　卡扣卡住内存条

4. 安装主板

【操作步骤】

(1) 把主板放在机箱的底板上,观察对应孔位,决定在哪几个位置用铜柱将主板固定在底板上。选择孔位的原则是:保证主板平稳,插拔扩展卡时不会使主板弯曲。

(2) 对照主板安装孔位安装铜柱,如图1-13所示。

(3) 安放主板。

(4) 上螺丝:刚开始时不要拧紧螺丝,要等全部螺丝都拧上后再拧紧它们,如图1-14所示。

图1-13　安装铜柱

图1-14　上螺丝

任务2　安装主机扩展部件

主机扩展部件主要包括电源、显卡、光驱、硬盘等。其中显卡安装在主板上，其他部件一般安装在机箱内。

1. 安装电源

【操作步骤】

把电源放在电源固定架上，使电源后部的螺丝孔和机箱上的螺丝孔一一对应后拧上螺丝，如图1－15所示。

图1－15　安装电源

2. 安装显卡

【操作步骤】

(1) 找到规格正确的显卡插槽，再移除计算机机箱背面、插槽旁边的金属挡板。

(2) 将显卡对齐插槽后垂直向下压，确认白色拉杆是否卡住显卡，如图1－16所示。

(3) 用螺丝将显卡的金属挡板固定在机箱内，如图1－17所示。

图1－16　向下压显卡

图1－17　将显卡固定在机箱内

3. 安装光驱

【操作步骤】

(1) 移除机箱前方的5.25英寸挡板。

(2) 将光驱由前方推入导槽，如图1－18所示。

(3) 对准光驱与导槽的孔位，拧上螺丝，如图1－19所示。

(4) 将光驱数据排线一端对准光驱的电子集成驱动器(integrated drive electronics，IDE)接口,排线上有防呆设置,若插入的方向错误就无法插入,如图1-20所示。

(5) 将电源的4Pin(针形插口)电源线接至光驱的电源接口,如图1-20所示。

(6) 将数据排线另外一端插入主板的相应接口,如图1-21所示。

图1-18　将光驱由前方推入导槽

图1-19　对准光驱与导槽的孔位并拧上螺丝

图1-20　连接光驱的电源线和数据排线

图1-21　将数据排线插入主板的相应接口

4. 安装硬盘

【操作步骤】

(1) 硬盘的安装步骤和光驱类似,不同之处在于要在机箱内部将硬盘推入空闲的3.5英寸驱动器槽,如图1-22所示。

(2) 对准硬盘与驱动器槽的孔位,拧上螺丝,如图1-23所示。

(3) 将7针串行高级技术附件(serial advanced technology attachment, SATA)数据排线对准插入硬盘,排线上有L形防呆标识,若插入的方向错误就无法插入,如图1-24所示。

(4) 将硬盘的15针SATA专用电源线插入硬盘的电源接口,如图1-24所示。

(5) 将SATA数据排线的另外一端插入主板上的SATA接口,如图1-25所示。

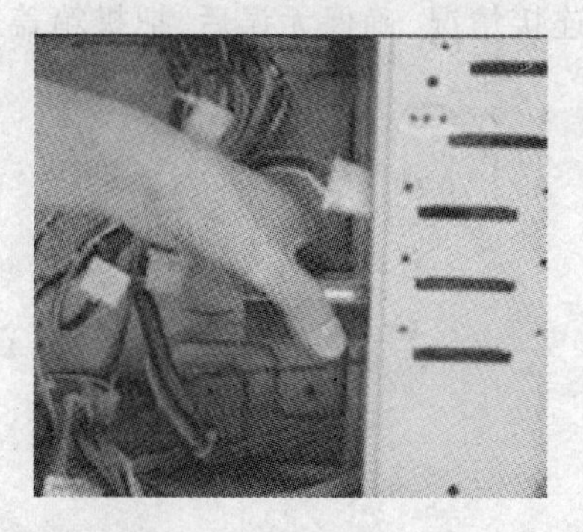

图1-22　在机箱内部将硬盘推入驱动器槽

图1-23　对准硬盘与驱动器槽的孔位并拧上螺丝

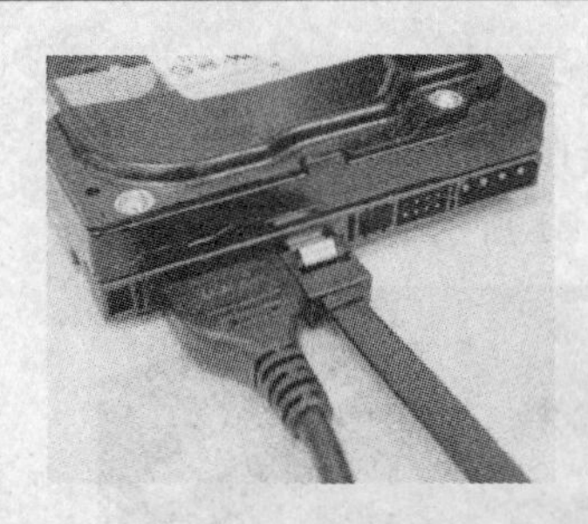

图 1 – 24　连接硬盘的数据排线和电源线

图 1 – 25　将数据排线插入主板上的 SATA 接口

5. 连接主板电源线和机箱面板线

所有配件固定之后,只需接好所有数据线和电源线就完成了主机的安装。

【操作步骤】

(1) 首先接主板电源接口,现在的主板电源插座都有防呆设置,插错是插不进去的。主板供电接口一共分两部分:先插最重要的 24Pin 供电接口,一般在主板的外侧,很容易找到,对准插下去就可,如图 1 – 26 所示。

(2) 除了主供电的 20/24 Pin 电源接口之外,主板还有一个辅助的 4/8Pin 电源接口供电,主板的 4/8Pin 电源接口在 CPU 插座附近,连接辅助供电接口,如图 1 – 27 所示。

图 1 – 26　连接 24Pin 供电接口

图 1 – 27　连接辅助供电接口

(3) 对于不同的机箱和主板,机箱面板线的连接方法会有所不同。要仔细阅读主板说明书,上面有连接示意图和详细说明。

最后,用挡片把剩余的槽口封好,仔细检查各部分的连接情况,确保无误后,把机箱盖盖好,拧紧螺丝,这时主机的安装过程就基本结束了。

任务3　配置与测试系统参数

基本输入输出系统(basic input and output system,BIOS)利用主板上的互补金属氧化物半导体(complementary metal oxide semiconductor,CMOS)芯片记录系统各硬件设备的参数。其主要功能为进行开机自我测试(power－on self test,POST)、保存系统设定值、加载操作系统等。BIOS 包含了 BIOS 设定程序,使用者利用它可以自行设定系统参数,使计算机正常工作或执行特定的操作。记忆 CMOS 数据所需的电力由主板上的锂电池供应,因此当系统电源关闭时,这些数据并不会丢失。下次再开启电源时,系统便能读取这些数据。

BIOS 设置项目众多,初学者会感觉比较复杂,一般来说,设置好计算机系统日期、时间即可,其他参数保持出厂默认值。

1. 进入 BIOS 设置界面

【操作步骤】

(1) 开启电源后,会看到 POST 界面,如图 1－28 所示。

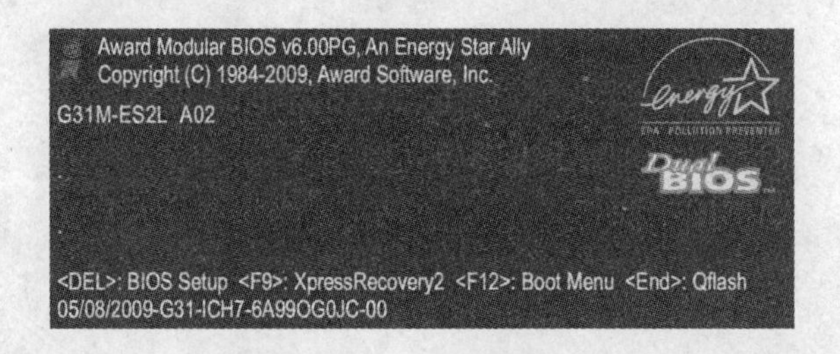

图 1－28　POST 界面

(2) 按“Delete”键进入 BIOS 设置主界面,如图 1－29 所示,可以用上下左右键来选择要设定的选项,按“Enter”键即可进入子菜单。

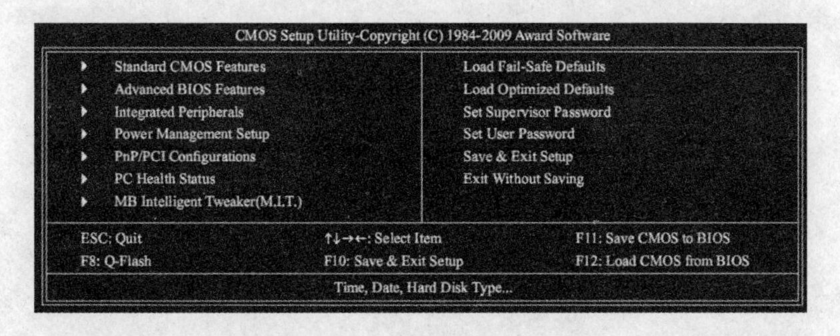

图 1－29　BIOS 设置主界面

2. 设置系统日期和时间

【操作步骤】

(1) 进入“Standard CMOS Features”子菜单,出现相应的设置界面,如图 1－30 所示。

(2) 在“Date (mm:dd:yy)”处设置计算机系统的日期,格式为“月/日/年”,若要手动调整日期,移至要设定的字段并使用键盘上下键切换。

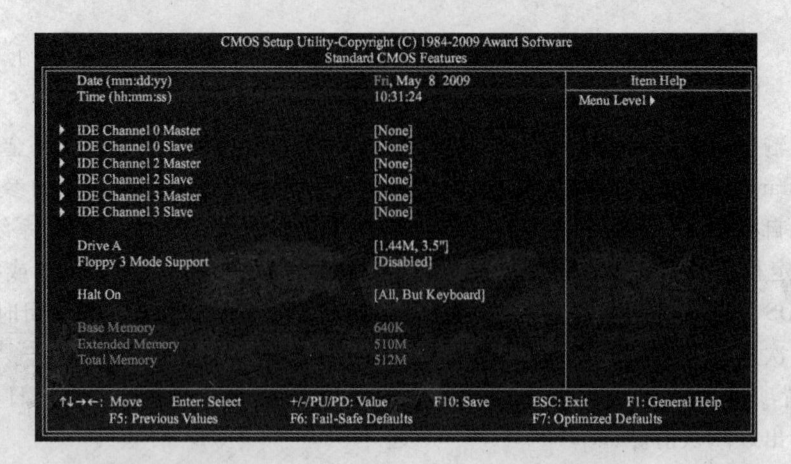

图 1－30　Standard CMOS Features 设置界面

（3）在“Time（hh:mm:ss）”处设置计算机系统的时间，格式为“时:分:秒”，若要手动调整时间，移至要设定的字段并使用键盘上下键切换。

任务4 安装 Windows XP 操作系统

安装 Windows XP 操作系统可以采用多种方式,但最常用的方式是使用 Windows XP 安装光盘进行全新安装。采用这种方法之前需要设置相关参数,例如在 BIOS 设置界面中调整启动项、调整硬盘分区、格式化等。

1. 在 BIOS 设置界面中将光驱设置为第一启动项

【操作步骤】

(1) 在开机自检后按“Delete”键进入 BIOS 设置主界面。

(2) 找到“Boot”项目(注意,不同品牌、不同版本的 BIOS 程序的“Boot”项目名称会有所不同),将第一启动项设置为“CD - ROM”。

(3) 按“F10”键保存设置后退出。

2. 计算机重新启动后进入 Windows XP 安装程序

将第一启动项设置为 CD - ROM,保存设置并退出后,计算机会重新启动。

【操作步骤】

当屏幕上出现如图 1 - 31 所示的“Press any key to boot from CD”(按任意键从光盘启动)字样时,按任意键即可通过光盘启动系统,进入 Windows XP 安装程序。

Press any key to boot from CD.._

图 1 - 31 屏幕提示

3. 做安装 Windows XP 前的准备工作

通过 Windows XP 安装光盘启动系统后,就会看到安装欢迎界面,如图 1 - 32 所示,按“Enter”键进入下一个安装环节。

【操作步骤】

(1) 同意 Windows XP 许可协议。看到 Windows 的最终用户许可协议后,必须按“F8”键同意此协议才能继续安装。

(2) 设置磁盘分区。按“C”键进入硬盘分区划分界面(如果硬盘已经分好区,就不用再分区了),这里将第一个分区容量设置为 10 GB,其他分区容量根据自己的需要设置,如图 1 - 33 所示。

(3) 选择将 Windows XP 安装在第一个分区。使光条移动到第一个分区,按“Enter”键。

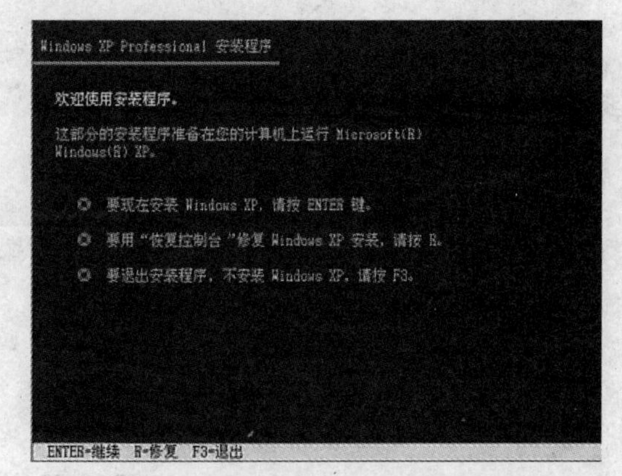

图 1 - 32 Windows XP 安装欢迎界面

(4) 选择文件系统格式。因为新技术文件系统(new technology file system, NTFS)的安全性等性能比 32 位文件分配表(file allocation table, FAT)好,选择用 NTFS 文件系统格式化硬盘分区,如图1-34所示,按"Enter"键。至此,Windows XP 系统安装前的设置就完成了,接下来要复制文件。

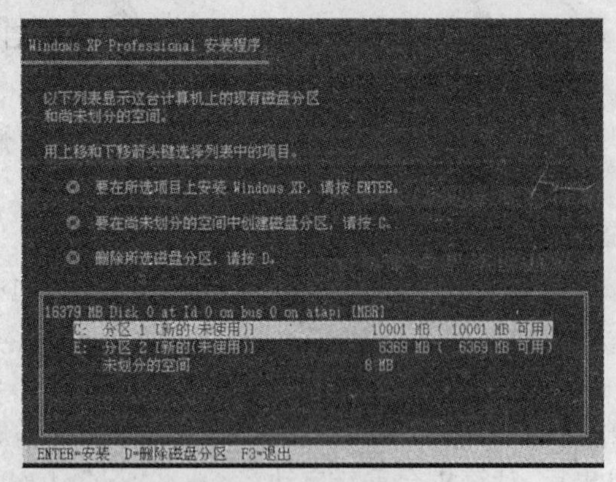

图 1-33　设置分区容量

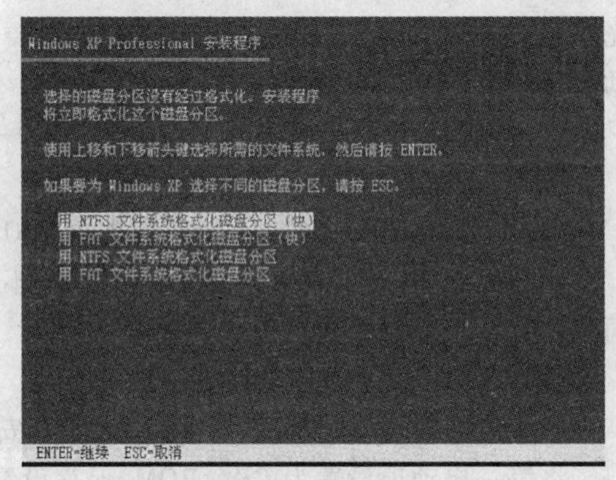

图 1-34　选择 FAT32 或 NTFS 文件系统

4. 开始安装 Windows XP

在完成系统安装前的设置之后,接下来就要把系统真正安装到硬盘上,Windows XP 的安装过程基本不需要人工干预,但序列号、系统时间、管理员密码等还是需要手工输入或设置的。

【操作步骤】

(1) 输入产品密钥(即序列号),如图 1-35 所示。在文本框中输入 Windows XP 的产品密钥,一般来说可以在安装光盘的包装盒上找到该序列号,点击"下一步"按钮。

图 1-35　输入产品密钥

(2) 设置区域和语言选项。可以保持默认值,直接点击"下一步"按钮。

(3) 设置计算机名和系统管理员密码,如图 1-36 所示。输入计算机名(也可以保持默认的计算机名)，然后再输入两次系统管理员密码，这个系统管理员账户是系统自动生成的，建议为其设置复杂的密码。

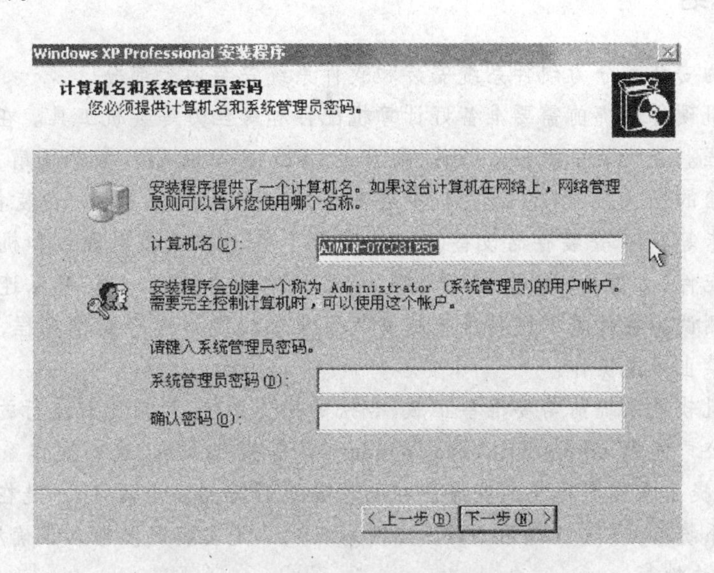

图 1-36　设置计算机名和系统管理员密码

(4) 设置日期和时间。可以保持默认值，直接点击“下一步”按钮。

(5) 进行网络设置，如图 1-37 所示。可以保持默认值，直接点击“下一步”按钮。

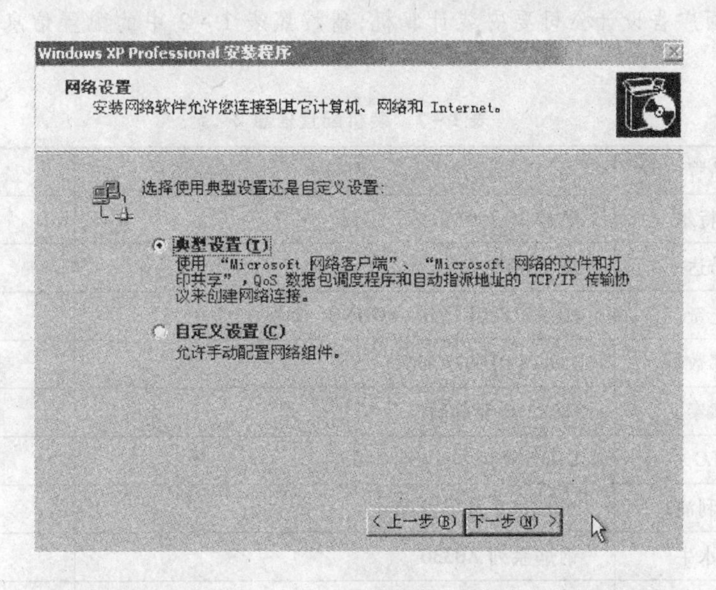

图 1-37　网络设置

(6) 设置工作组或计算机域。可以保持默认值，直接点击“下一步”按钮。

完成上面的步骤之后，Windows XP 系统就安装完毕了，调整屏幕分辨率、设置系统自动保护、设置网络连接、创建用户账号等后，就可以进入 Windows XP 的桌面。

项目总结

计算机系统的安装可分为硬件系统安装和软件系统安装两大部分。

在组装计算机硬件系统前需要准备好计算机配件和螺丝刀等装机工具。在安装过程中应注意遵循正确的流程。先安装主板核心部件,即安装 CPU → 安装 CPU 散热风扇 →安装内存条 →将主板固定在机箱的底板上。再安装主机扩展部件,即安装机箱电源 → 安装各种扩展卡(如独立显卡、声卡、网卡等) → 安装存储设备(光驱、硬盘) → 连接主板电源线和机箱面板线。最后连接周边设备和配件(如键盘、鼠标、显示器等)。安装完毕后检查一遍,确保连接准确无误后才能接通电源开机测试。在计算机硬件系统的安装过程中应严格遵守操作规程,轻拿轻放所有部件,注意防静电,禁止带电操作。

在安装计算机软件系统前需要准备正版、合法的操作系统,目前比较流行的客户端个人计算机一般使用微软公司的 Windows XP、Vista、Windows 7 等操作系统,这些操作系统有比较友好的操作提示,只要按提示操作即可完成安装。在初次安装时需要注意两点,一是在安装前要根据提示选择硬盘文件系统格式(建议选用 NTFS 文件系统),二是安装时要输入正确序列号,即产品密钥,确保产品的合法性。

项目拓展

(1) 一家平面广告设计公司要安装计算机,请按照表 1－2 中的配置信息选购部件并进行安装。

表 1－2 装机配置信息 2

配置	品牌	型号	价格(元)
CPU	英特尔	酷睿 i5 750(散装)	1 280
主板	昂达	魔剑 P55	899
内存	芝奇	F3－12800CL9D－4GBNQ 2 根	690
硬盘	西部数据	1TB WD1002FAEX	599
显卡	索泰	GTX275 至尊版	1 699
光驱	LG	DH16NS20	110
显示器	飞利浦	240B1CB 宽屏液晶	1 699
机箱	大水牛	钢焰系列 A0330	470
电源	航嘉	磐石 600	580
键盘	罗技	K120	48
鼠标	罗技	G1	149
总计			8 223

(2) 一家手机售后服务公司要安装计算机,请按照表1-3中的配置信息选购部件并进行安装。

表1-3 装机配置信息3

配置	品牌	型号	价格(元)
CPU	AMD	速龙Ⅱ X2 215(散装)	325
主板	双敏	UNF6AD Pro V3	349
内存	金士顿	DDR2(容量2GB,频率667MHz)	145
硬盘	希捷	容量250GB	270
显卡	迪兰恒进	HD5450绿色版D3(显存512MB)	399
光驱	LG	DH16NS20	110
显示器	冠捷	E941S 19英寸	679
机箱	源之源	酷族605	65
电源	鑫航	350A	98
键盘鼠标	新贵	倾城之恋320 KM-113防水有线键鼠套装	35
音箱	漫步者	R10U	59
总计			2 534

实训项目 2

安装办公设备

项目描述

奕轩汽车股份有限公司(简称奕轩汽车有限公司或奕轩汽车公司)因办公需要,购置了惠普 LaserJet 1020 黑白激光打印机、佳能 CanoScan LiDE 200 扫描仪和明基 MP730 数码投影仪。在本项目中,要在市场部办公室安装一台打印机和一台扫描仪,在小会议室的会议桌上安放一台投影仪。

技能目标

- 根据产品使用手册或安装指南完成打印机、扫描仪等设备的连接和安装。
- 根据产品使用手册或安装指南完成投影仪的连接与调试。

环境要求

- 安装了 Windows XP 的计算机。
- 工作台。
- 惠普 LaserJet 1020 黑白激光打印机(包含随机光盘、USB 电缆、电源线)。
- 佳能 CanoScan LiDE 200 扫描仪(包含随机光盘、USB 电缆、电源线)。
- 明基 MP730 数码投影仪,包含随机光盘,视频图形阵列(video graphics array,VGA)电缆、电源线)。

任务1　安装打印机

1. 阅读打印机安装使用手册

位于惠普 LaserJet 1020 激光打印机正面的组件如图 2-1 和表 2-1 所示。

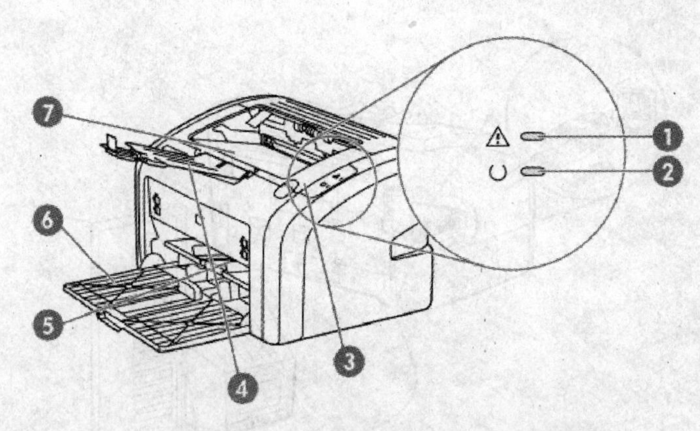

图 2-1　惠普 LaserJet 1020 激光打印机正面的组件

表 2-1　惠普 LaserJet 1020 激光打印机正面的组件

序号	组件	序号	组件
1	"注意"指示灯	4	输出介质支架
2	"就绪"指示灯	5	优先进纸槽
3	打印碳粉盒端盖	6	主进纸盒

位于惠普 LaserJet 1020 激光打印机背面的组件如图 2-2 和表 2-2 所示。

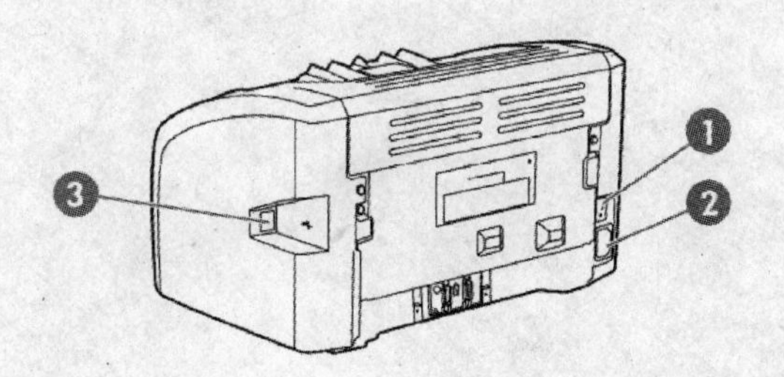

图 2-2　惠普 LaserJet 1020 激光打印机背面的组件

表 2-2　惠普 LaserJet 1020 激光打印机背面的组件

序号	组件	序号	组件
1	电源开关	3	USB 端口
2	电源插座		

2. 连接打印机的数据电缆和电源电缆

惠普 LaserJet 1020 打印机与计算机使用 USB 2.0 接口连接，安装该打印机的步骤如下。

【操作步骤】

(1) 将 USB 电缆的一端与打印机连接，另外一端接入计算机的 USB 接口，如图 2 – 3 所示。

(2) 连接打印机的电源电缆(此时不要打开打印机电源开关)。

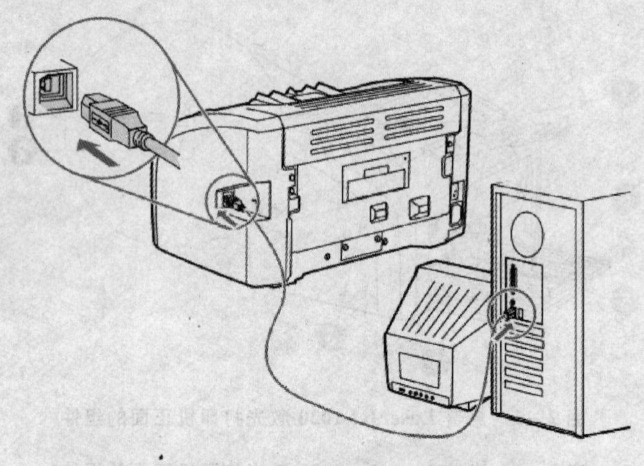

图 2 – 3　连接 USB 电缆

3. 安装打印机驱动程序

打印机驱动程序是一种能够访问打印机功能的软件，它用于打印机与计算机之间的通信。

【操作步骤】

(1) 将打印机随机光盘放入计算机的光驱。

(2) 按照打印机安装程序向导的指示安装驱动程序(如果安装程序没有自动打开，则双击“我的电脑”图标，双击光盘图标，然后双击“Setup. exe”文件)，在驱动程序安装过程中，根据系统提示打开打印机的电源开关。

任务2　安装扫描仪

1. 做好安装准备工作

【操作步骤】

(1) 开箱,检查包装箱内的物品(扫描仪、USB 电缆、随机光盘、使用说明书等)是否齐全且没有损坏。

(2) 按照图 2-4 所示的方向,除去扫描仪上的保护材料。

(3) 将扫描仪底部的锁定开关朝开锁标记方向滑动。

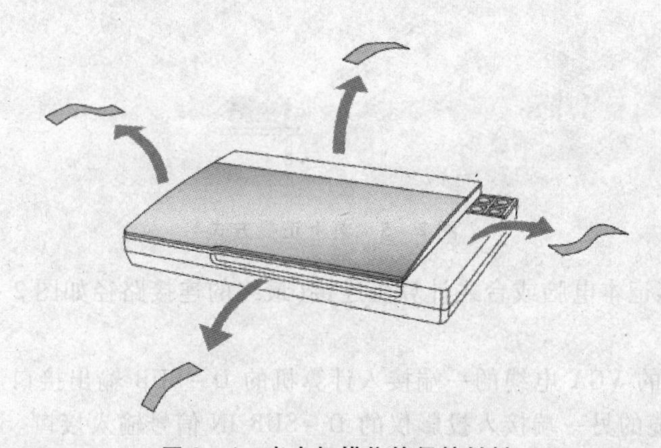

图 2-4　出去扫描仪的保护材料

2. 连接扫描仪的数据电缆和电源电缆

【操作步骤】

(1) 用 USB 电缆连接扫描仪和计算机。

(2) 接好扫描仪的电源电缆(此时不要打开扫描仪电源开关)。

3. 安装扫描仪驱动程序

【操作步骤】

(1) 将扫描仪随机光盘放入计算机的光驱。

(2) 按照安装向导的指示完成安装(如果安装程序没有自动打开,则双击“我的电脑”图标,双击光盘图标,然后双击“Setup. exe”文件),在驱动程序安装过程中,根据系统提示打开扫描仪的电源开关。

任务 3　安装投影仪

1. 选择投影仪安放方式

桌上正投方式是最常用的放置投影仪的方式，安装速度快且具有移动性。选择此方式时，投影仪位于屏幕的正前方，如图 2－5 所示。

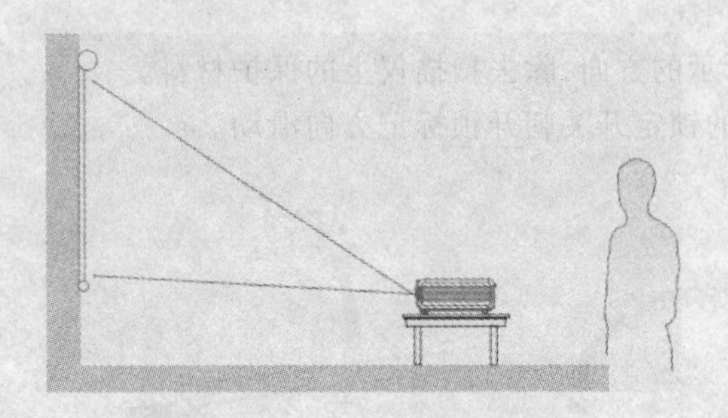

图 2－5　桌上正投方式

2. 将投影仪与笔记本电脑或台式计算机连接（最终的连接路径如图 2－6 所示）

【操作步骤】

（1）将随机附带的 VGA 电缆的一端接入计算机的 D－SUB 输出接口。

（2）将 VGA 电缆的另一端接入投影仪的 D－SUB IN 信号输入接口。

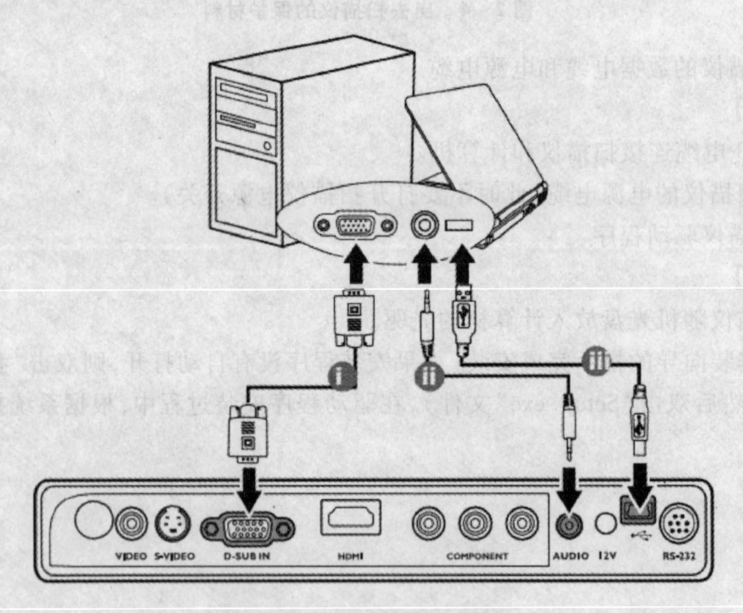

图 2－6　投影仪连接路径

3. 启动投影仪

（1）将电源线两端分别插入投影仪和电源插座，通电后检查投影仪上的电源指示灯是否变成橙色。

(2) 滑开镜头盖。

(3) 按下投影仪或遥控器上的电源按钮打开投影仪。投影灯泡亮后,将听到开机声。当电源打开时,电源指示灯会呈绿色并闪烁,然后长绿。启动约需 30 秒。

4. 计算机投影显示切换

投影仪可同时连接多个设备,但它一次只能显示一个信号源中的信息。启动时,投影仪会自动搜索可用信号。可以按照下面的步骤手动更换输入信号。

【操作步骤】

(1) 按投影仪或遥控器上的“SOURCE”按钮。显示信号源选择栏。

(2) 按“▲/▼”按钮直到选中所需信号,然后再按投影仪上的“Mode/Enter”按钮或遥控器上的“Enter”按钮。一旦检测到有用信号,信号源信息将在屏幕角上显示几秒。

注意

将笔记本电脑与投影仪连接好并开机,有时并不能显示笔记本电脑中的内容,这时需要按笔记本电脑上的屏幕切换键。

项目总结

喷墨打印机和激光打印机的安装方法基本一致,即先安装打印机软件,再连接 USB 电缆和电源线。针式打印机的安装方法稍微复杂一些,应参看随机附带的使用说明书。投影仪的安放方式除了本项目中使用的桌上正投外,还有吊装正投、桌上背投、吊装背投等方式,可以根据房间布局、应用需求来决定使用哪种安放方式,还要考虑屏幕的大小和位置、电源插座的位置、投影仪和其余设备之间的距离等因素。

计算机外部设备连接正确后,有时还要安装设备驱动程序,这是因为在 Windows 等操作系统中没有相应的设备驱动程序。

项目拓展

由于商业银行业务繁忙,业务办理效率至关重要,银行购置了 Epson PLQ－20K 针式票据打印机。Epson PLQ－20K 的打印速度为240 个汉字/秒,480 个英文字符/秒,具备64 KB 高速打印缓冲区。请为商业银行业务部门安装 Epson PLQ－20K 票据打印机。

实训项目 3

输入中英文字符

项目描述

作为奕轩汽车4S店的文秘人员,为了提高工作效率,要在计算机办公环境下提高计算机键盘操作和控制能力,提高英文和汉字输入速度。只有经过严格和规范的中英文输入指法训练,熟练掌握一到两种中文键盘输入法,使中英文输入速度在一定程度上达到"看打"和"听打"的要求,才能适应文秘工作的需要。

技能目标

- 能够熟练操作标准键盘,英文输入速度达到每分钟180~220个字符或35~45个文字。
- 能够快速地输入中文,中文输入速度达到每分钟50~90个汉字。

环境要求

- 硬件:无特殊要求。
- 软件:Windows操作系统、拼音和五笔字型汉字输入法、金山打字通等。

任务1　训练标准英文指法

快速输入中英文是现代文秘人员必备的工作能力之一，为提高打字速度，需要借助打字练习软件。要成为打字高手，必须掌握正确的指法和坐姿、熟记键盘布局、集中精力后准确输入。

市面上有多种键盘指法训练和英文打字测试软件，以下用“金山打字通 2010”这款软件进行英文输入指法训练。

1. 启动金山打字通软件

金山打字通 2010 是金山公司于 2009 年 9 月推出的一款免费打字软件，从该公司官方网站(http://typeeasy.kingsoft.com/index.html)上下载、安装后即可使用。

【操作步骤】

(1) 启动程序。通过双击桌面上的图标或选择“开始”→“程序”命令启动金山打字通 2010，出现如图 3-1 所示的“用户信息”对话框。

(2) 输入用户信息。根据提示，老用户可以输入或选择用户名，新用户则可以添加新用户名，确认后点击“加载”按钮即可启动打字练习程序。对于初级用户，程序往往会给出学前测试提示，如图 3-2 所示。选择进行英文或中文打字速度测试，点击“是”按钮后即开始进行打字速度测试。若选择“下次不再出现此窗口”复选框，则下次启动时将不再提示是否测试，直接进入打字程序主界面，如图 3-3 所示。

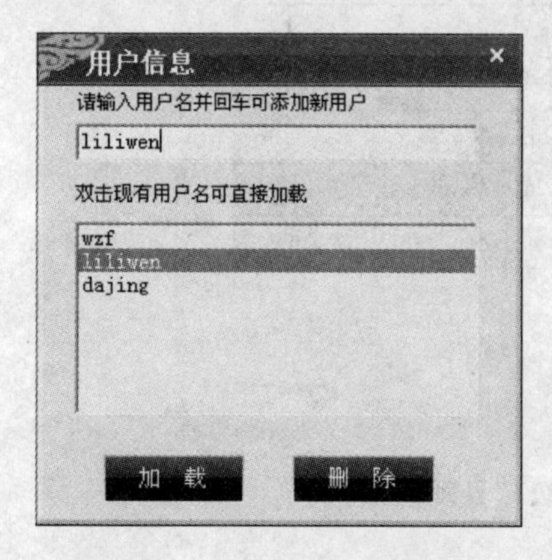

图 3-1　“用户信息”对话框

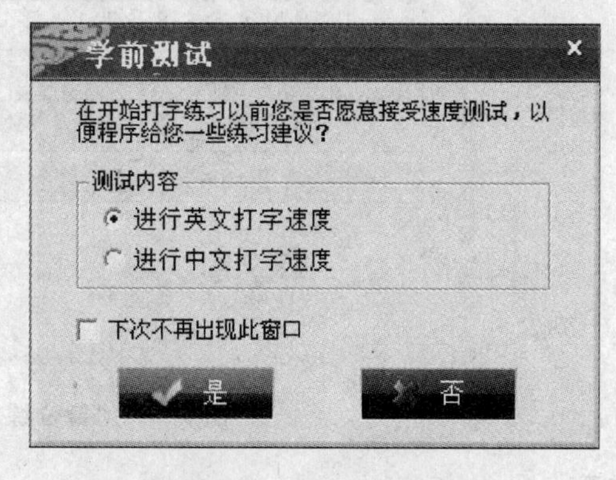

图 3-2　学前测试提示

2. 进行英文打字训练

使用正确的指法、熟记键位是实现快速打字的必备条件。初学者或未经过专门训练的计算机用户往往只使用一两个手指击键，英文输入速度慢，训练后速度也上不去。专业人员则严格按照指法击键，输入速度比较快。

【操作步骤】

(1) 初级键位练习。选择“英文打字”→“键位练习(初级)”命令，出现如图 3-4 所示的“键位练习(初级)”界面。根据显示的字符和对键位的提示，用对应手指击键。

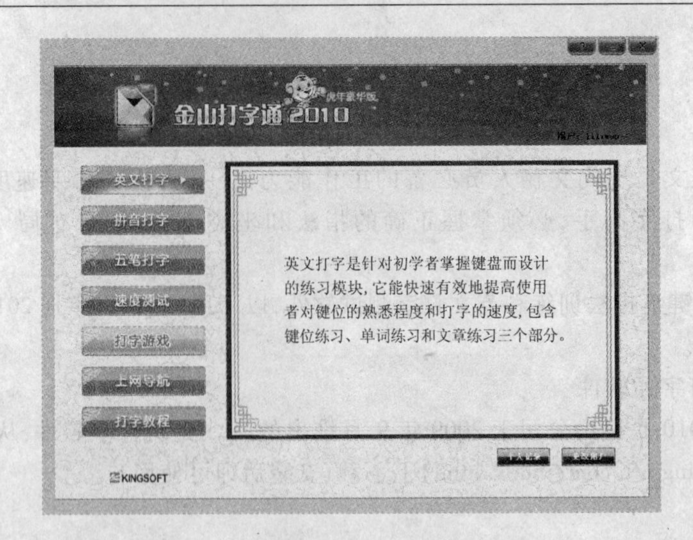

图 3－3　“金山打字通 2010”主界面

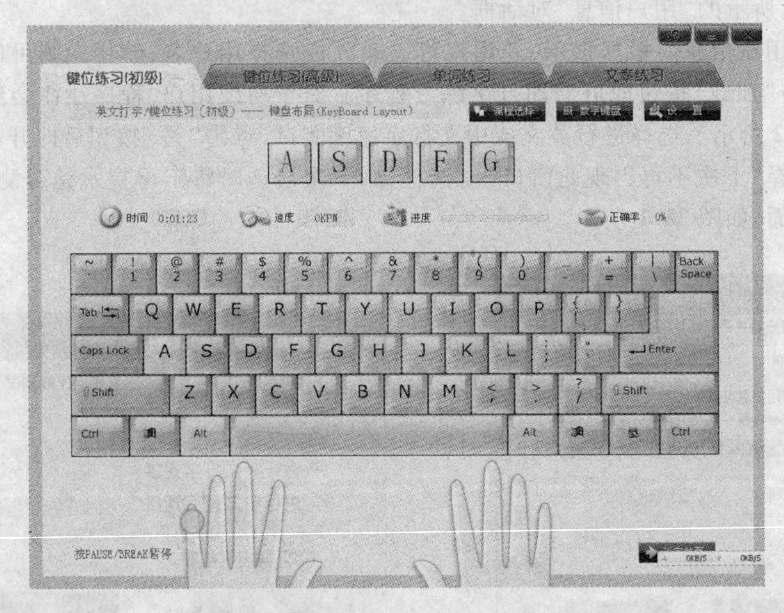

图 3－4　“键位练习(初级)”界面

注意

● 手指未击键时应轻放在标准键位上，即左手放在“A、S、D、F”位，右手放在“J、K、L、;”位，每次击键完毕手指应回到标准键位上。

● 开始练习击键时，往往会来回看屏幕、键盘、手指，影响击键速度。因此一开始训练就要盲打，即只看屏幕，手指按标准指法和对键位的记忆击键。

(2) 高级键位练习。选择“键位练习(高级)”选项卡，根据提示的英文字符用相应的手指击键，进行交叉击键练习，如图 3－5 所示。

除了进行基本键位和交叉键位训练外，还可以在课程选择界面(如图 3－6 所示)中选择键盘布局、手指分区、键位纠错、大小写混合、数字键位、标点符号键位等课程进行针对性训练。

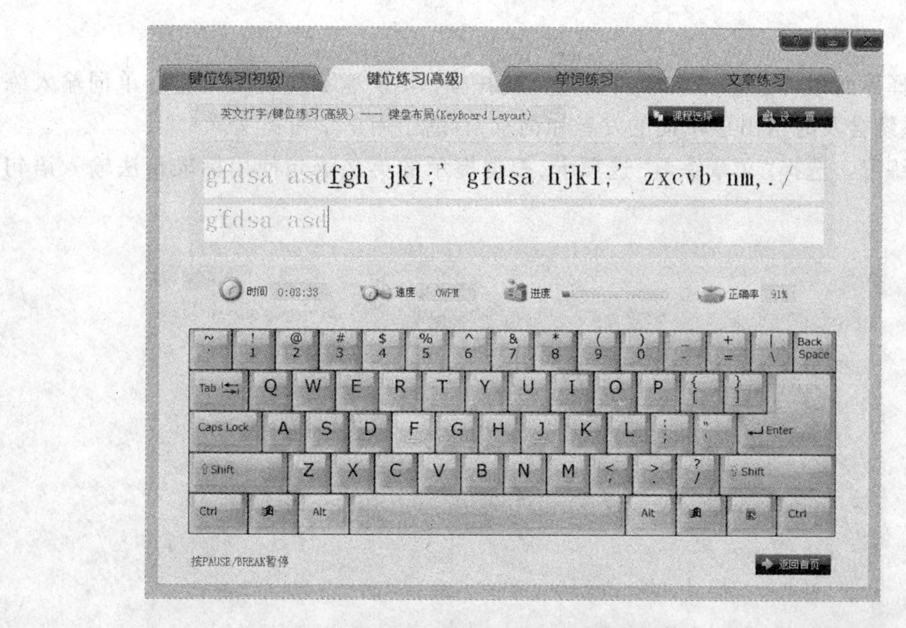

图3-5 "键位练习(高级)"界面

(3) 单词输入练习。选择"单词练习"选项卡,根据提示的英文单词用相应的指法输入单词,输入空格后开始输入下一个单词,如图3-7所示。

用于键位练习的字符之间没有逻辑关系,用于单词练习的字符之间则有一定的逻辑关系,在输入单词时,可以根据词意和词根预测接下来应输入什么字符,这有利于提高键盘输入速度。

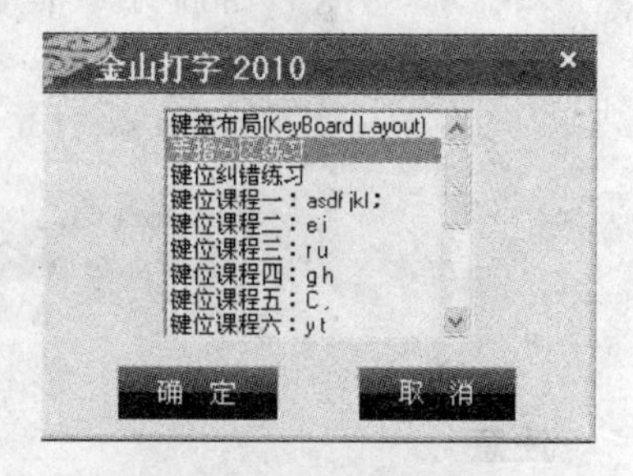

图3-6 课程选择界面

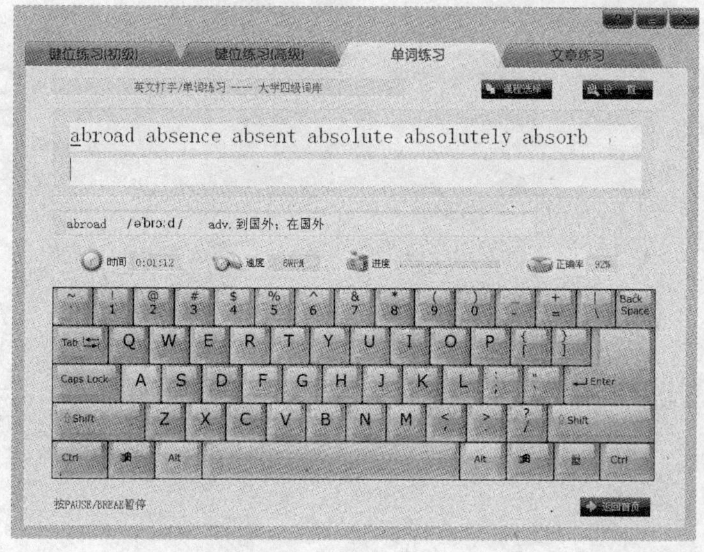

图3-7 "单词练习"界面

注意

在课程选择界面中可以选择大学四级、六级，托福，GRE 等不同的词库进行单词输入练习，练习打字时，系统会及时给出该单词的发音和词意，有助于用户学习英文。

（4）文章练习。选择“文章练习”选项卡，根据提示的英文语句使用标准指法输入语句，如图 3－8 所示。

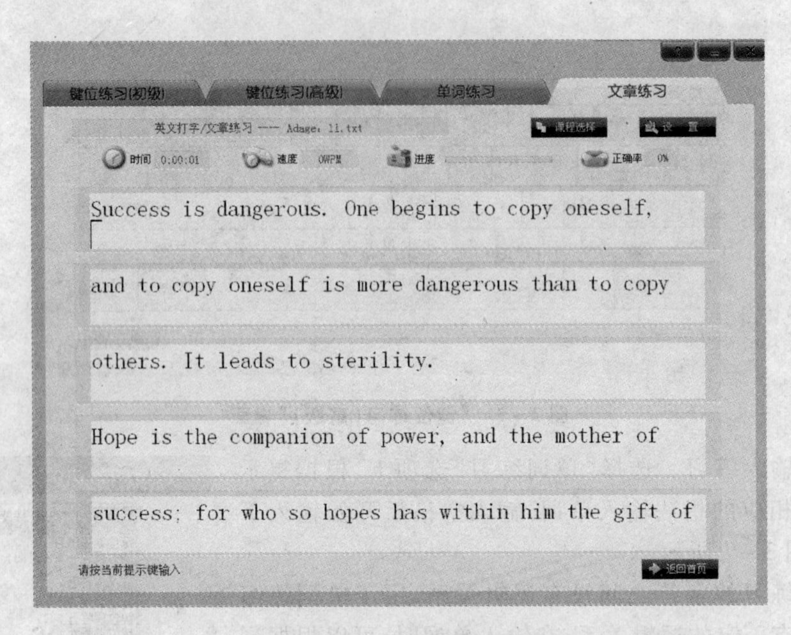

图 3－8 “文章练习”界面

注意

在“课程选择”界面中，可以选择普通文章或专业文章进行英文打字训练。

任务 2　训练汉语拼音输入法

汉语拼音输入法种类很多，常见的有全拼、简拼、双拼、智能拼音、搜狗拼音、QQ 拼音、谷歌拼音、百度拼音、新浪拼音、紫光拼音、微软拼音等。要掌握汉字的拼音输入方法，需要进行拼音输入法训练，金山打字通软件提供了汉语拼音输入法训练功能。

1. 进行音节拼音输入练习

【操作步骤】

（1）启动金山打字通软件。

（2）选择使用拼音打字功能。

（3）选择“音节练习”选项卡，根据提示进行音节拼音输入训练，如图 3－9 所示。

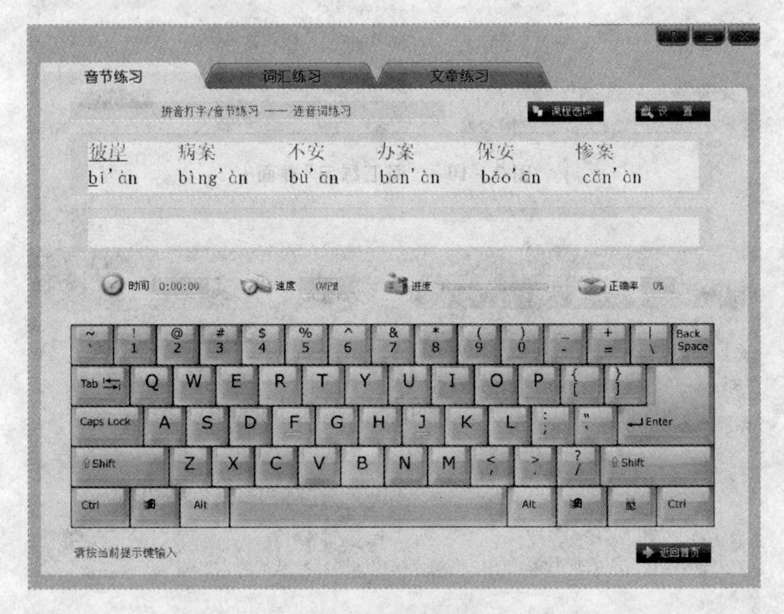

图 3－9　“音节练习”界面

2. 进行词汇拼音输入练习

【操作步骤】

选择“词汇练习”选项卡，根据提示进行词汇拼音输入训练，如图 3－10 所示。

3. 进行文章输入训练

【操作步骤】

选择“文章练习”选项卡，根据提示进行文章输入训练，如图 3－11 所示。

注意

在进行汉语拼音输入法训练时，也可以选择课程。

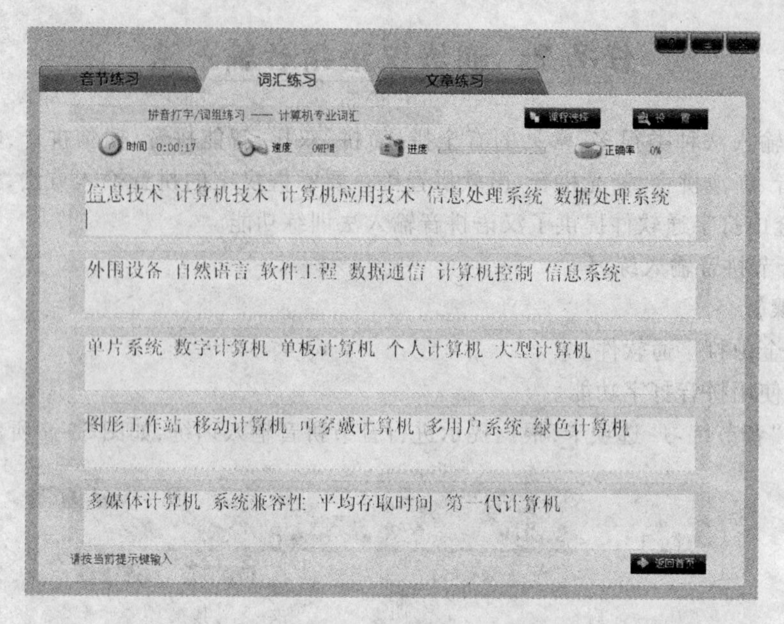

图 3－10 “词汇练习”界面

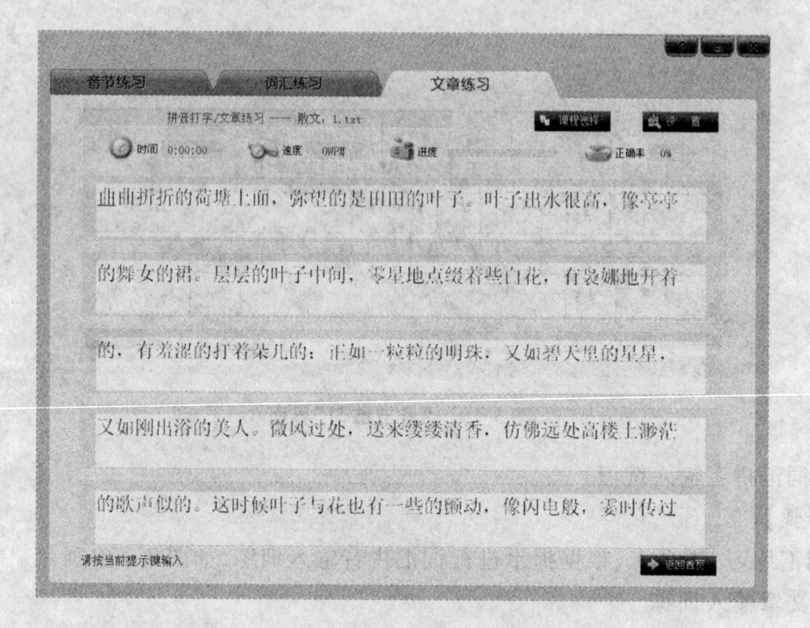

图 3－11 “文章练习”界面

任务3　训练五笔字型输入法

五笔字型汉字输入法是一种高效的字型编码输入法。与拼音输入法相比，五笔字型输入法具有输入速度快、重码率低、会写即会输入等优点。其缺点是字根键位难记，汉字拆分和编码规则相对复杂。要掌握五笔字型汉字输入法，需要进行必要的训练。

1. 进行字根输入练习

熟记基本字根及所在键位是学习五笔字型输入法的第一步。金山打字通软件中的五笔字型“字根练习”模块提供了相应的训练功能。

【操作步骤】

(1) 启动金山打字通软件。

(2) 选择使用五笔打字功能。

(3) 选择“字根练习”选项卡，根据提示进行基本字根输入训练，如图3－12所示。

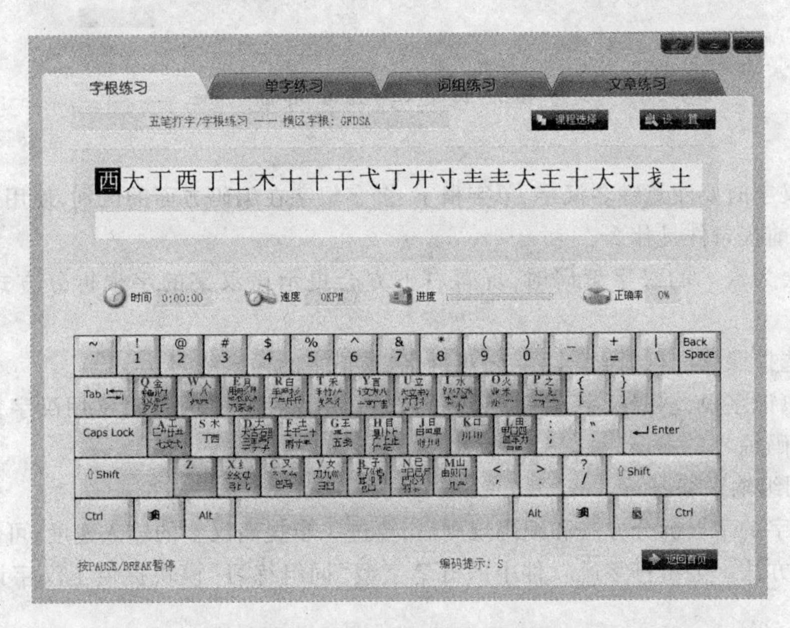

图3－12　“字根练习”界面

注意

● 五笔字型基本字根原则上根据字根的首笔和次笔按五区五位分布在键盘上，训练时要注意分析和总结，逐步熟记基本字根及其对应的键位。

● 可以选择课程针对不同的字根区进行练习，也可以选择进行综合练习。

2. 进行单字输入练习

熟记汉字的拆分方式和编码键位是学习五笔字型输入法的第二步。金山打字通软件中的五笔字型“单字练习”模块提供了相应的训练功能。

【操作步骤】

选择“单字练习”选项卡，根据提示进行单字编码输入训练，如图3－13所示。

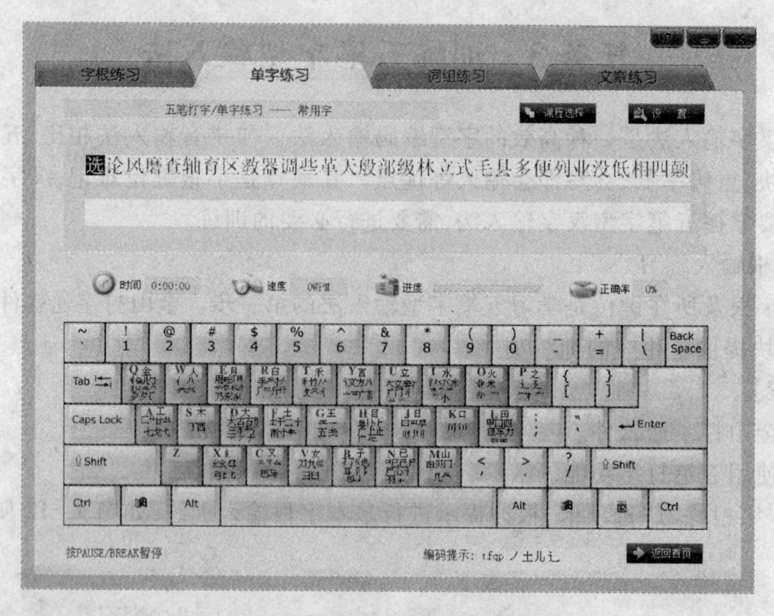

图 3 – 13　“单字练习”界面

注意

- 输入汉字时要注意键名汉字、单字根字、多字根字在编码方面的区别，使用末笔字型识别码时要注意其前提条件是什么。
- 当不会为输入的汉字编码时，屏幕右下方会提示该汉字的字根拆分方式和五笔字型编码。
- 可以选择课程进行简码、常用字、难拆字、易错字的输入练习。
- 为了熟记字根，掌握汉字五笔字型编码方法，建议读者平时针对常用汉字多做一些字根拆分练习和编码练习。

3. 进行词组输入练习

掌握了汉字的字根拆分方法和编码规则后，要进一步提高汉字的输入速度，可使用五笔字型词组编码输入方法。金山打字通软件中的五笔字型“词组练习”模块提供了汉字词组编码输入训练功能。

【操作步骤】

选择“词组练习”选项卡，根据提示进行词组编码输入训练，如图 3 – 14 所示。

注意

可以选择课程针对两字词、三字词、四字词及多字词进行练习。

4. 进行文章输入练习

要熟练地掌握五笔字型汉字输入法，有必要进行文章输入训练。金山打字通软件中的五笔字型“文章练习”模块提供了汉字文章编码输入训练功能。

【操作步骤】

选择“文章练习”选项卡，根据提示进行文章编码输入训练，如图 3 – 15 所示。

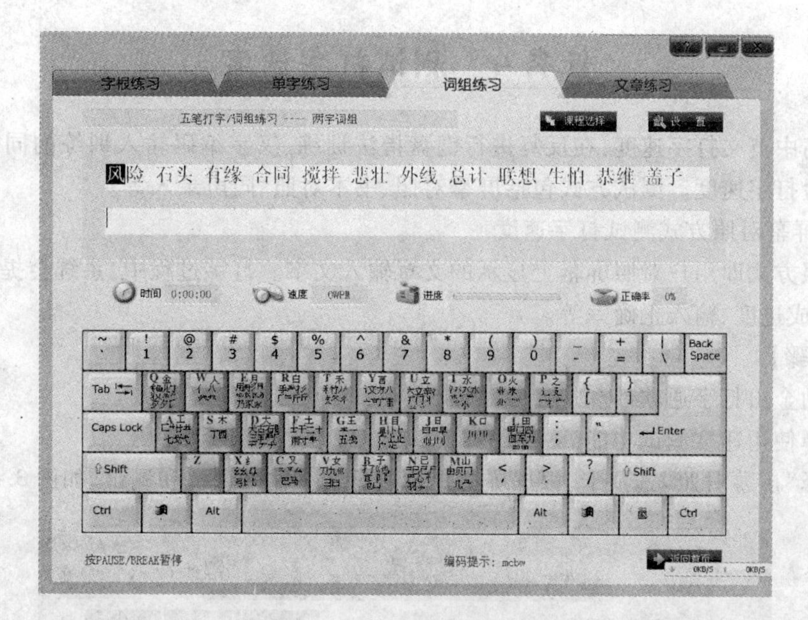

图 3－14　“词组练习”界面

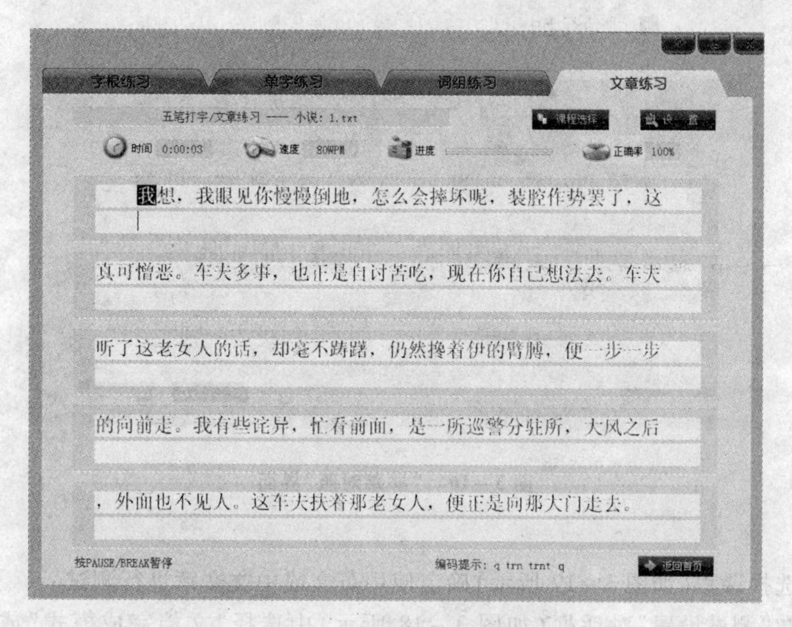

图 3－15　“文章练习”界面

注意

- 进行文章输入练习时，可以输入全码、常用字简码、词组编码。一般建议输入词组或简码，这样可以提高汉字输入速度。
- 可以选择课程针对普通文章等进行练习。

任务4　测试打字速度

为了提高中英文打字速度，在反复进行键盘指法训练、汉字编码输入训练的同时，可以借助测试程序检验打字速度。测试方式包括屏幕对照、书本对照、同声录入等。

1. 使用屏幕对照方式测试打字速度

屏幕对照方式即用户对照屏幕上显示的文章输入文字。打字过程中，系统会提示所用时间、打字速度、完成进度、输入正确率等。

【操作步骤】

(1) 启动金山打字通软件。

(2) 选择使用速度测试功能。

(3) 选择“屏幕对照”选项卡，根据屏幕提示进行文字输入训练和测试，如图3－16所示。

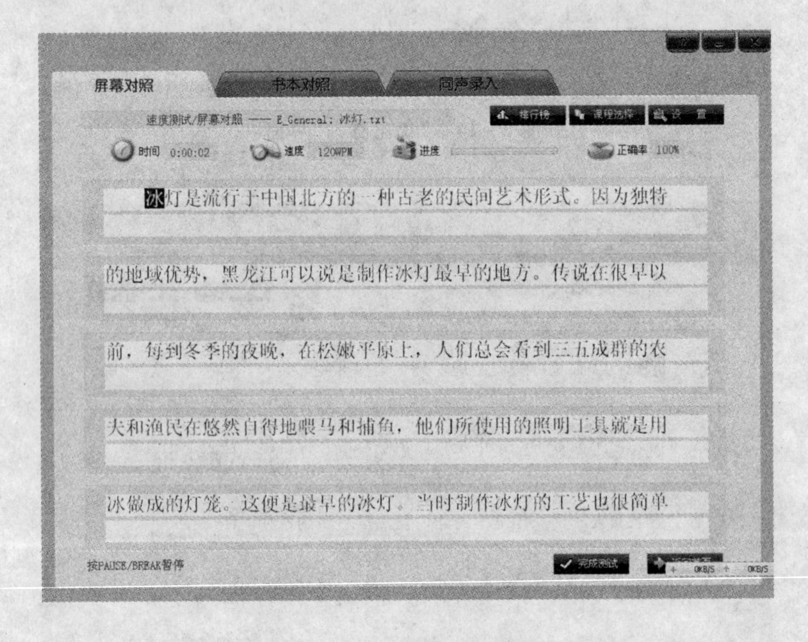

图3－16　“屏幕对照”界面

注意

- 可以选择课程(如图3－17所示)确定使用英文或中文文章进行测试。
- 可以在“测试设置”对话框(如图3－18所示)中选择“文档完成模式”或“时间设定模式”单选按钮。

2. 使用书本对照方式测试打字速度

书本对照方式即要求测试者边看纸质文稿边录入文字，录入的内容会显示在屏幕上，系统会显示打字时间和打字速度，但不会显示正确率，如图3－19所示。

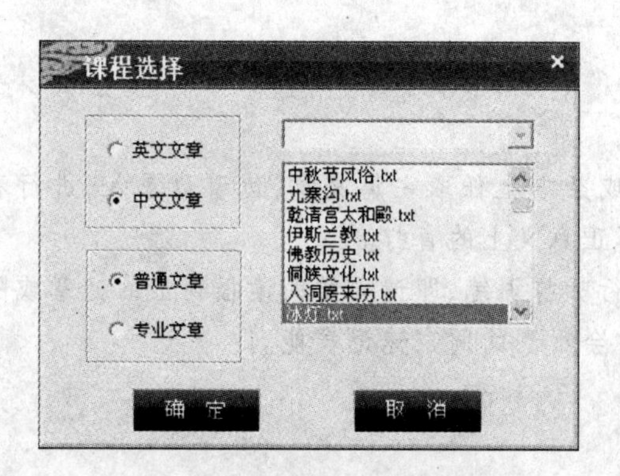

图 3-17 “课程选择”对话框

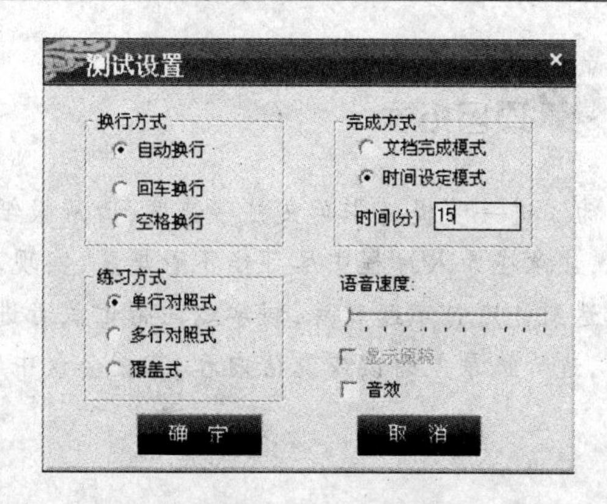

图 3-18 “测试设置”对话框

图 3-19 “书本对照”界面

注意

每次测试的结果都会记录在排行榜中，用户可以查看记录，分析自己是否有进步。

项目总结

英文打字训练的关键是训练标准英文打字指法和击键速度，只有经过严格、规范的键盘指法训练和打字训练，才能熟练掌握英文打字技能，使英文输入速度达到每分钟 35 个单词以上。

拼音输入法是一种简单易学的汉字输入法，但要快速高效地录入汉字，需掌握五笔字型输入法。学习五笔字型输入法的要点是熟记基本字根的键位、掌握汉字编码规则。建议读者平时多做些常用汉字拆分与编码的笔头练习，再在计算机中多进行打字训练，在文章录入练习中充分运用词组和简码输入法，这样可有效提高五笔字型汉字输入速度。

项目拓展

为了进一步提高中英文打字速度，请从报纸或杂志上任取一篇文章，边看边录入，进行看打训练，注意在录入过程中尽可能不看屏幕，实现真正意义上的盲打。

达到一定打字速度后，同学之间帮忙试着进行听打训练，即请同学朗读报刊上的文章或随意说话，边听边录入朗读或说话内容，掌握会议中常会用到的同声速记技能。

实训项目 4

管理公司文档

项目描述

奕轩汽车4S店的公文资料种类繁多，不但有公司简介、产品介绍、客户信息、销售数据、维修记录、内部资料等技术文件，还有公司宣传推广活动视频、高层领导讲话录音等多媒体信息文件，因此需要有一套符合企业管理要求的电子文档管理规范，科学、有效地管理公司文件，方便部门和个人查阅和使用，从而提高企业管理水平。

技能目标

- 能够根据企业业务特点为企业电子文档创建目录。
- 能够按一定的命名规则分类整理电子文档并归档。

环境要求

- 硬件：无特殊要求。
- 软件：Windows 操作系统，电子文件。

任务1　创建公司文件管理目录

当你在公司工作一段时间后，会接触和使用几十至数百个不同类型的电子文档，为了有效地管理这些文档，有必要对文档进行分类整理和归档，这样做一是便于保存，二是便于查找。在计算机存储介质中存储文档时，分类归档的有效方法是创建一组文件夹，然后将文件分门别类移送到相应的文件夹中。因此，建立满足工作要求的文件夹结构是解决这一问题的关键。

一般建议按年度为电子文档设卷，在卷下再按工作性质、业务种类或项目要求设置子文件夹。

1. 在磁盘上创建一组文件夹

【操作步骤】

(1) 在本机的D盘或其他磁盘上按年度创建文件夹，如图4－1所示。

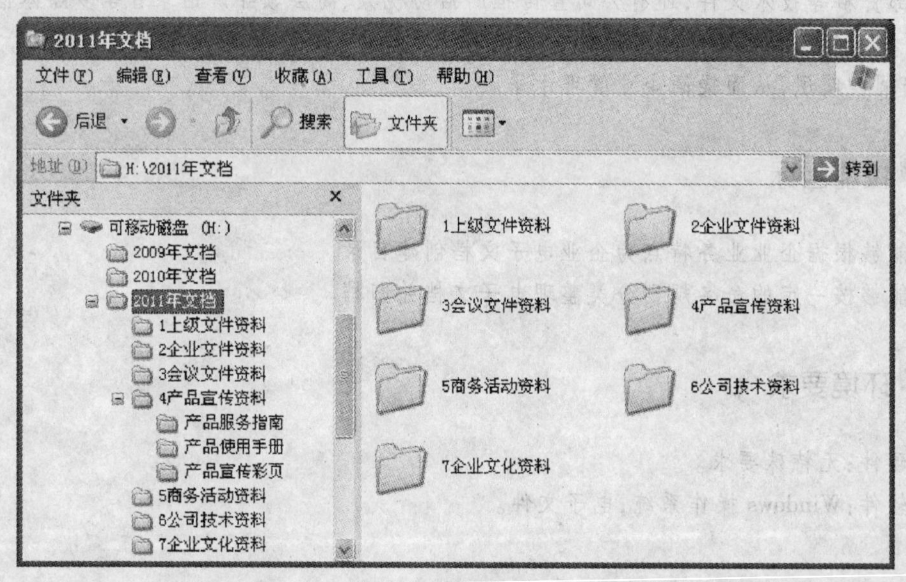

图4－1　创建文件夹

(2) 在“2011年文档”文件夹中再创建“1上级文件资料”等7个二级文件夹。

(3) 在“4产品宣传资料”文件夹中再创建3个三级文件夹。

注意

文件夹名字要简洁直观，为了表现顺序或层次关系，可以使用中英文和数字。

2. 创建个人资料文件夹

在企事业单位，工作性质和工作岗位的不同决定了人们接触的文档种类、保密级别等存在较大的差异，因此了解自己管辖的文档类别是建立文件夹结构的前提。

公司行政秘书主要接触公司行政事务方面的文档，可以建立以下文件夹：政府文件、公司文件、管理制度、工作报告、会议通知、会议纪要等。

公司商务秘书主要接触公司商务活动方面的文档，可以建立以下文件夹：公司文件、商品资料、商务信函、商业合同、客户资料、售后服务文件等。

公司技术人员主要接触公司产品研发和技术服务方面的文档，可以建立以下文件夹：技术资料、设计方案、研发记录、测试报告、研究报告、推广方案等。

请根据自己近几年收集的资料，设计一个个人电子文档文件夹，将文件分门别类地复制到相应的文件夹中。

注意

- 文件夹的细化必然造成层次增多，层次越多，将来检索和浏览文件时效率就会越低，建议文件夹层次不要超过3层。
- 文件夹里的文件数目少则文件夹的层次往往多，文件夹的层次少则文件夹里的文件数目多，我们只能找到最佳的结合点。

任务 2　分类整理文件和文件夹

为文件(文件夹)取一个好名字至关重要,但好名字却没有固定的含义,以最少的字数描述此文件(文件夹)的类别和作用,让人不需要打开就能记起文件(文件夹)的大概内容的名称就是好名称。要对计算机中所有的文件和文件夹使用统一的命名规则,这些规则需要根据工作需要自行制定。刚开始使用这些规则时,肯定不会像往常那样轻松,但一旦体会到了根据规则命名后为查看和检索文件带来的方便时,相信读者会坚持执行这些规则。

1. 为文件重命名

将如图 4 - 2 所示的"产品宣传彩页"文件夹中的文件重命名,达到见名识义的效果。

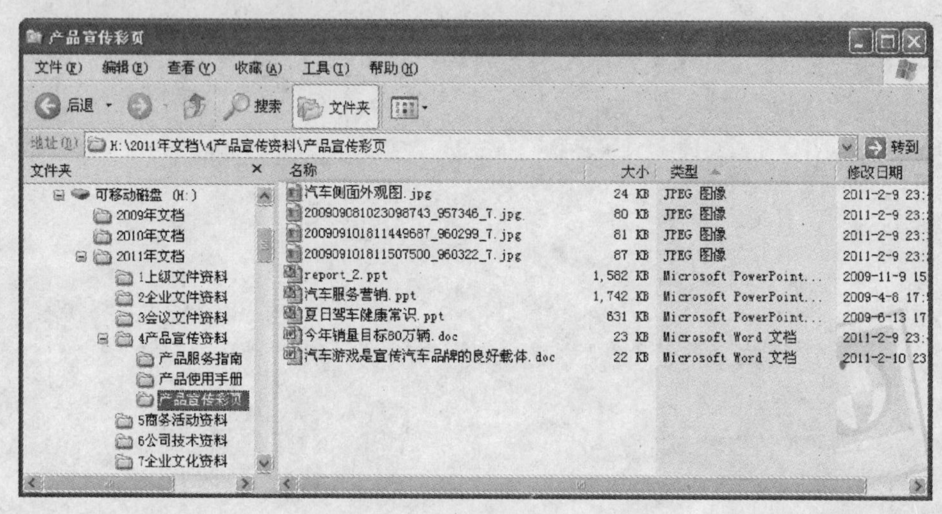

图 4 - 2　"产品宣传彩页"文件夹

【操作步骤】

(1) 第 1 个文件已命名为"汽车侧面外观图. jpg",一看便知是关于什么内容的图片文件。打开第 2 个至第 4 个图片文件,根据图片的内容为该图片文件名重命名,使文件名能够表达图片的内容。

(2) 分别为其他文件重命名,达到见名识义的效果。

注意

从排序的角度讲,给常用的文件夹或文件起名时,可以加一些特殊的标识符让它们排在前面。比如访问某一个文件夹或文件的次数比访问同一级别其他文件夹或文件的次数多得多时,笔者就会在其名字前加上一个"1"(如图 4 - 1 所示)或"★",使这些文件夹或文件排列在同目录下其他文件前面,对于相对次要但也要经常访问的文件可以加上"2"或"★★",以此类推。此外,文件名要尽量简短,虽然 Windows 支持长文件名,但长文件名会造成识别、浏览方面的混乱。

2. 复制文件

将"汽车服务营销. ppt"文件复制到"5 商务活动资料"文件夹中。

【操作步骤】

方法一:单击"商品宣传彩页"文件夹中的"汽车服务营销. ppt"文件,按住"Ctrl"键不放,再按住鼠标左键并移动鼠标,将该文件拖放到"5 商务活动资料"文件夹中,即完成复制操作,如图 4－3 所示。

方法二:单击"汽车服务营销. ppt"后,按"Ctrl" + "C"键,将该文件复制到剪贴板中,再用鼠标点击作为存放目的地的目标文件夹窗口,按"Ctrl" + "V"键,将剪贴板中的文件复制到目标文件夹中。

图 4－3　复制文件

3. 移动文件

复制文件后,原文件夹和目标文件夹中均有该文件。移动文件与复制文件不同,是将文件从一个文件夹移动到另一个文件夹中,原文件夹中不再有该文件。

将"假日驾车健康常识. ppt"文件移动到"7 企业文件资料"文件夹中。

【操作步骤】

方法一:单击"商品宣传彩页"文件夹中的"假日驾车健康常识. ppt"文件,按住鼠标左键并移动鼠标,将该文件拖放到"7 企业文件资料"文件夹中,即完成移动操作。

注意

若目标文件夹与原文件夹位于同一个逻辑磁盘中,用鼠标拖动文件时即移动了文件。若它们并非位于同一个逻辑磁盘中,则拖动文件即复制了文件。

方法二:选中"假日驾车健康常识. ppt"文件后,按"Ctrl" + "X"键,将该文件剪切到剪贴板中，再用鼠标点击“7企业文件资料”目标文件夹窗口，按“Ctrl”+“V”键，将剪贴板中的文件移动到目标文件夹中。

4. 设置文件属性

为了保证文件的安全，可以设置文件的属性。文件主要有“只读”和“隐藏”两种属性。对于只读文件，用户只能进行读取操作，不能进行写入操作，做这种设置可以防止他人修改该文件。对于隐藏文件，一般情况下用户看不到该文件，做这种设置可以防止他人查阅该文件。

文件夹是一种特殊的文件，同样可以被设置为只读或隐藏。

【操作步骤】

(1) 将文件属性设置为只读。单击“产品宣传彩页”文件夹中的“今年销量目标80万辆.doc”文件，单击鼠标右键显示快捷菜单，选择其中的“属性”命令，显示该文件的“属性”对话框（如图4-4所示），在“常规”选项卡中将文件属性设置为只读（如图4-5所示），点击“确定”按钮即完成属性设置。

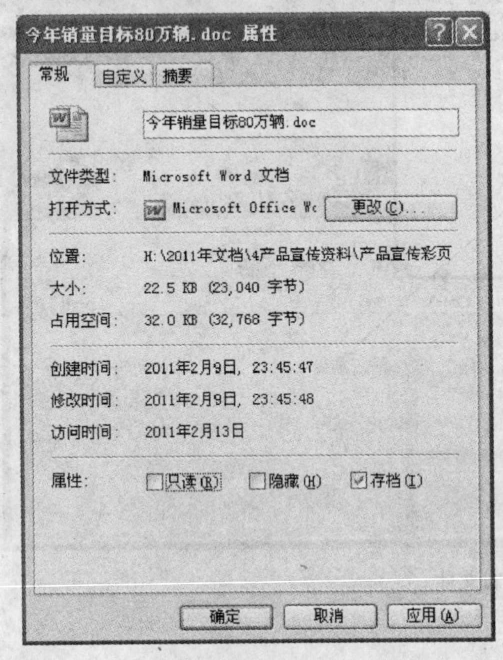

图4-4 未设置“只读”属性

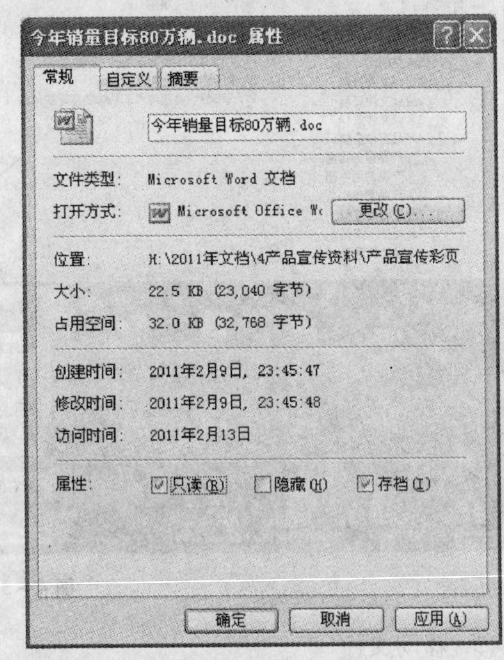

图4-5 已设置“只读”属性

(2) 验证文件的只读属性。打开已设置为只读的“今年销量目标80万辆.doc”文件，修改某个文字后以同一文件名保存文件，出现如图4-6所示的提示窗口，表示此文件为只读文件，不能保存修改结果。

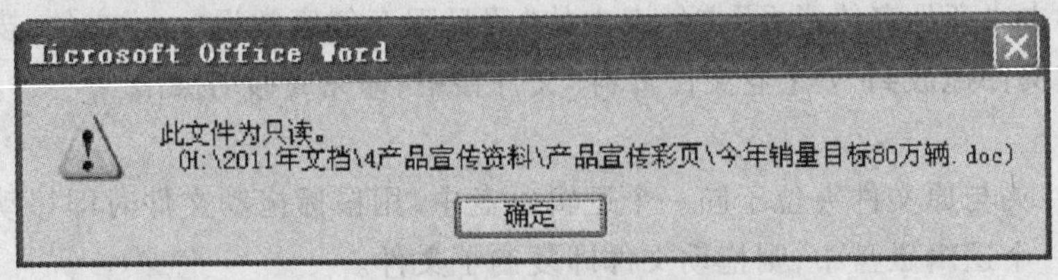

图4-6 设置只读属性后的提示窗口

注意

点击“确定”按钮后可以以另一个文件名保存文件。

(3) 设置文件的隐藏属性。在图4－4所示的对话框中,若选择“隐藏”复选框,点击“确定”按钮后,一般在文件夹中将看不到该文件,请读者自行尝试。

注意

为了显示隐藏的文件和文件夹,在文件夹窗口的菜单中选择“工具”→“文件夹选项”命令,在“文件夹选项”对话框中选择“查看”选项卡(如图4－7所示),在“高级设置”列表框中找到“隐藏文件和文件夹”选项,系统默认值为“不显示隐藏的文件和文件夹”,若选择“显示所有文件和文件夹”单选按钮,点击“确定”按钮后,即可在文件夹窗口中看到隐藏的文件和文件夹。

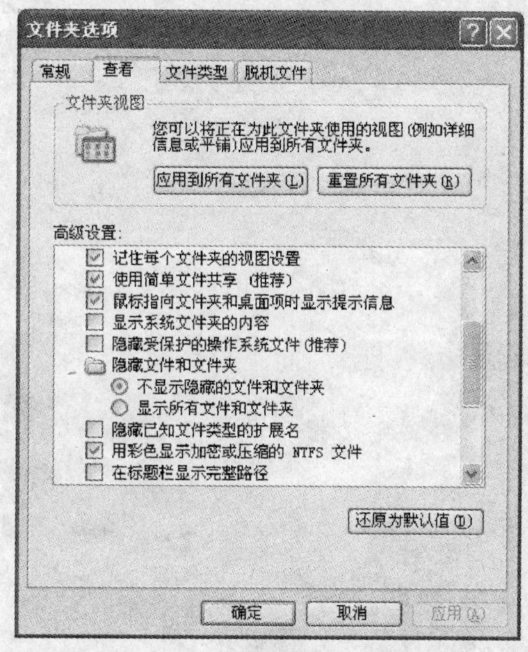

图4－7 “文件夹选项”对话框

项目总结

操作系统是计算机硬件、软件等系统资源的管理者。在计算机存储介质中,文件是信息的重要载体,是计算机操作系统管理的重要资源之一。文件名是文件的标识,由主文件名和扩展名两部分组成。在实际工作过程中,应制定一套简明合理的命名规则,正确的命名对文件的识别、检索和分类管理是十分重要的。

文件夹是一种特殊的文件,当存储介质上的文件数量较多时,可按年月、功能、工作任务或项目分别创建一组文件夹,将文件分门别类地归档到相应的文件夹中,这样可以有效地对文件实行分类管理,方便日后查阅。

项目拓展

选取你所学专业的某一专题，从互联网中搜索并下载若干文件，根据文件内容分别为文件重命名，达到见名识义的效果。再根据文件类型、功能或作用分别创建几个文件夹，将重命名后的文件分类归档。

实训项目 5

接入网络系统

项目描述

奕轩汽车 4S 店新配置的两台计算机需要接入公司内部网络,获取公司内部信息,并通过公司网络接入互联网并获取公网上的信息。由于这两台计算机没有固定用户,因此公司要求为共享的内部信息设置一定的访问权限。同时,为节约成本,希望这两台计算机共享公司其他用户的打印机。本项目的任务是完成计算机的网络配置,共享部分文件及打印服务。

技能目标

- 能根据公司网络环境将计算机接入网络并进行相关设置。
- 能根据公司规定的管理权限在网络中共享文件。
- 能安装、配置、共享网络打印机。

环境要求

计算机应带有网卡并安装网络浏览器、网络连接线、网络信息接入点。

任务 1　连网与配置计算机

通过网线将新配置的计算机接入公司网络，向网络管理员申请 IP 地址和用户权限后，将计算机接入网络，进行配置和检测。

1. 将计算机接入网络

【操作步骤】

（1）连接网线。将如图 5－1 所示的两端装有 RJ－45 水晶头的网线一端和计算机网卡（如图 5－2 所示）连接，另一端连接网络信息接入点（如图 5－3 所示），网卡上指示灯闪烁表示连接成功，否则应重新连接。

图 5－1　带有水晶头的网线

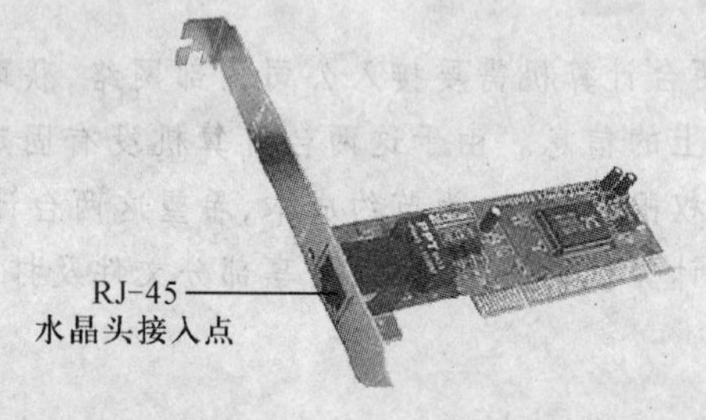

图 5－2　网卡

图 5－3　网络信息接入点

（2）创建网络连接。打开“网上邻居”窗口，选择“创建一个新的连接”命令，按向导要求在“网络连接类型”选项区域中选择“设置家庭或小型办公网络”单选按钮，如图 5－4 所示，依次点击“下一步”按钮直至完成。选择“查看网络连接”命令，“网络连接”窗口中将显示一个“本地连接”图标，表示连接创建完毕，如图 5－5 所示。

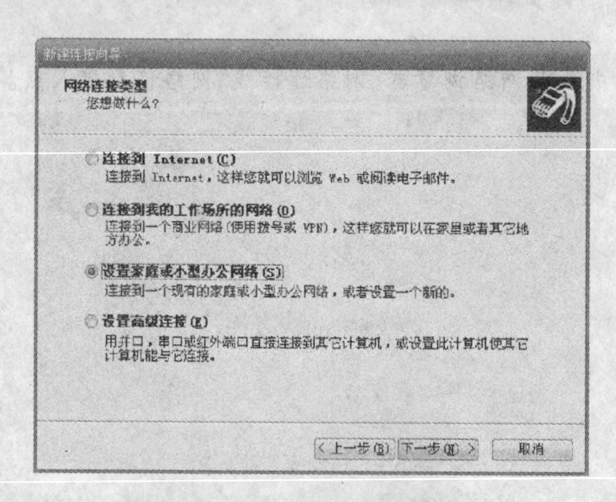

图 5－4　网络连接类型

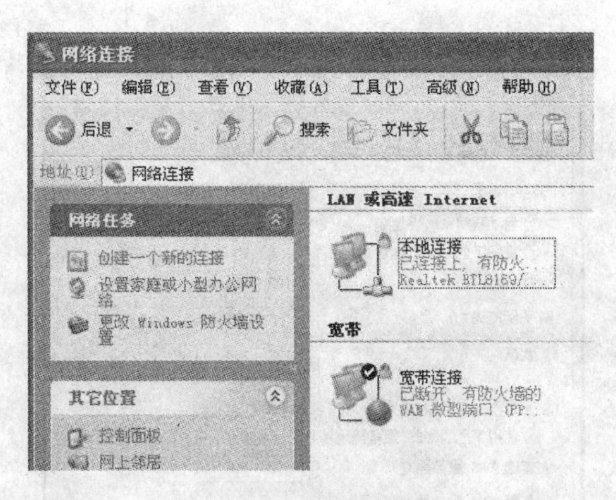

图 5-5　本地连接

2. 配置网络协议

(1) 设置 TCP/IP 属性。在“本地连接”图标上右击，选择“属性”命令，将弹出“本地连接属性”对话框，在“此连接使用下列项目”列表框中选择“Internet 协议(TCP/IP)”选项，如图 5-6 所示。

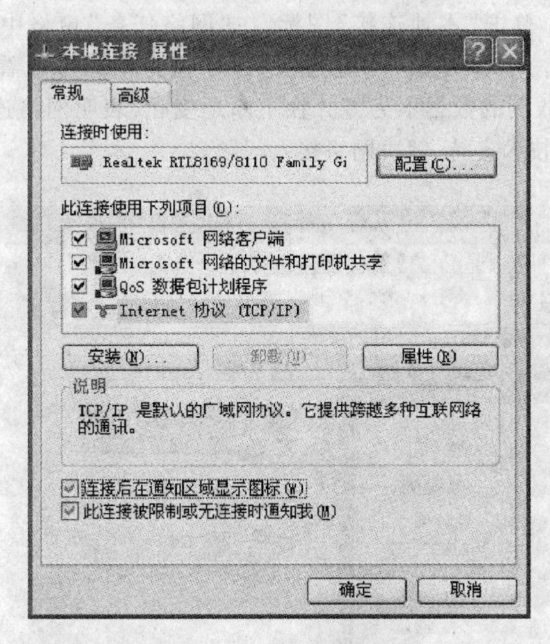

图 5-6　本地连接属性

点击“属性”按钮，将弹出“Internet 协议(TCP/IP)属性”对话框，如图 5-7 所示。选择“使用下面的 IP 地址”单选按钮，分别输入从网络管理员处申请到的本机 IP 地址、子网掩码、默认网关和 DNS 服务器地址，点击“确定”按钮即完成设置。

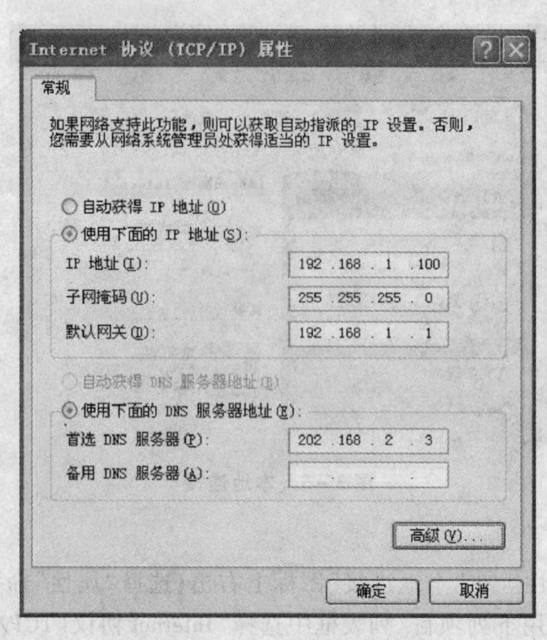

图 5-7 TCP/IP 协议属性

（2）检测网络连接。单击“本地连接”图标，在“网络任务”窗格中选择“查看此连接的状态”命令，如图 5-8 所示。在弹出的“本地连接状态”窗口中即可查看网络的连接状态，如图 5-9 所示。如果发送和收到的数据不为零并在不断地变化，表明网络连接成功，否则连接不成功，需要网络管理员给予技术支持，解决网络接入问题。

图 5-8 “网络任务”窗格

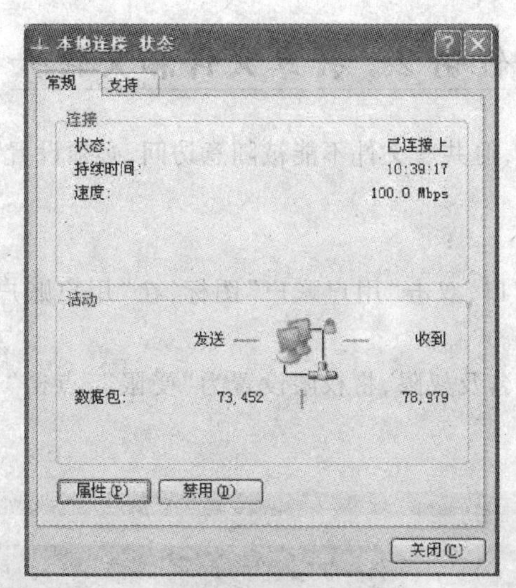
本地连接 状态
常规
支持
连接
状态:
已连接上
持续时间:
10:39:17
速度:
100.0 Mbps
活动
发送
收到
数据包:
73,452
78,979
属性(P)
禁用(D)
关闭(C)

图5-9　本地连接状态

任务 2　共享文件和文件夹

要在公司内部共享文件,但共享文件不能被随意访问,必须设置访问权限。

1. 设置共享访问用户

【操作步骤】

(1) 打开"控制面板"窗口,双击"用户账户"图标,在"用户账户"窗口中选择"创建一个新账户"命令,如图 5 - 10 所示。

(2) 给新用户指定用户名及权限,将权限设置为"受限",点击"创建账户"按钮即完成新账户的创建,如图 5 - 11 所示。

图 5 - 10　"用户账户"窗口

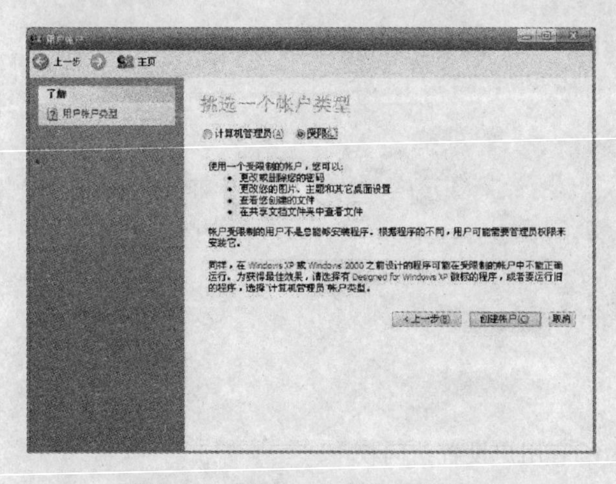

图 5 - 11　"挑选一个账户类型"窗口

(3) 选择"创建密码" 命令为此账户创建密码,点击"创建密码"按钮完成对密码的设置,如图 5 - 12 所示。

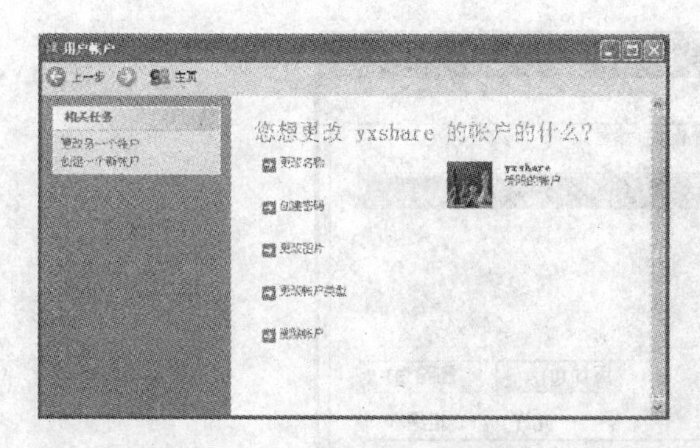

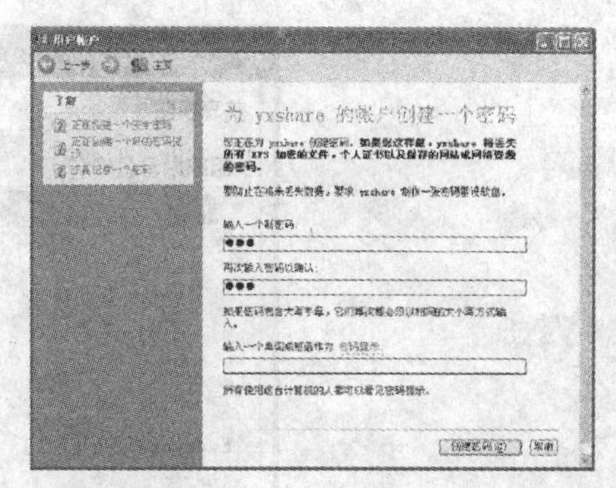

图 5－12　对密码的设置

2. 共享文件

【操作步骤】

（1）右击文件夹图标，选择“共享和安全”命令，在弹出的文件夹属性对话框中选择“共享”选项卡，如图 5－13 所示。

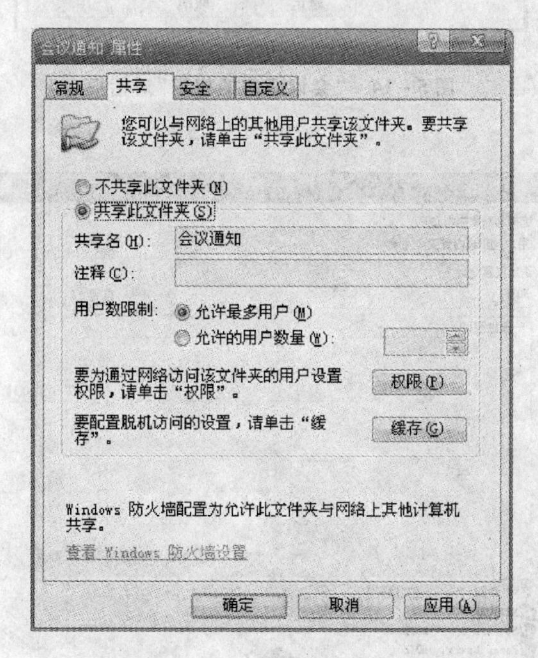

图 5－13　文件夹的共享属性

（2）选择“共享此文件夹”单选按钮，点击“权限”按钮，弹出如图 5－14 所示的“会议通知的权限”对话框，此时可为所有用户设置访问权限。

（3）若仅使部分用户具有访问权限，点击“添加”按钮，弹出如图 5－15 所示的“选择用户或组”对话框，设置哪些用户能访问文件。点击“立即查找”按钮，在下方的用户列表框中选择用户名，点击“确定”按钮即添加了能访问文件的用户。

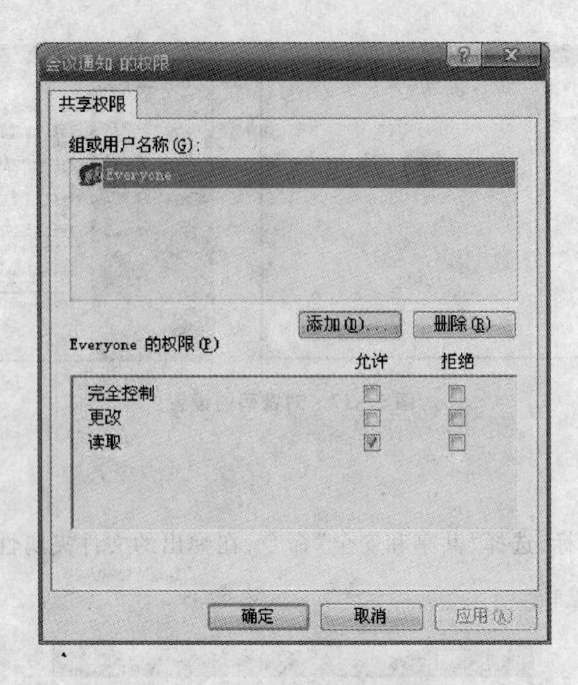

图 5－14　“会议通知的权限”对话框

图 5－15　“选择用户或组”对话框

（4）删除其他没有访问权限的用户，并为指定用户设置权限，如图 5－16 所示，点击“确定”按钮即完成了设置。

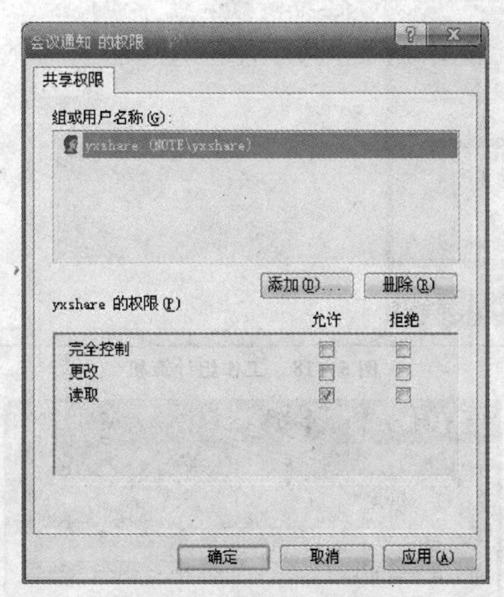

图 5－16　指定用户的权限

（5）观察文件夹图标，发现原图标被手托起，表明实现了共享，如图 5－17 所示。

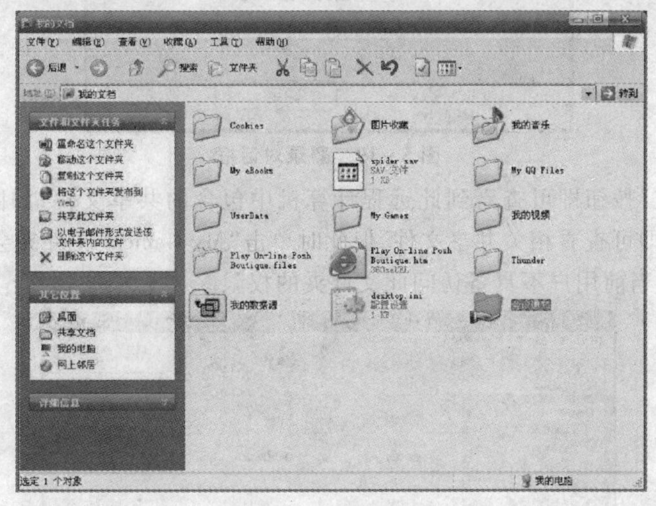

图 5－17　共享文件

3．访问共享文件

【操作步骤】

（1）打开“网上邻居”窗口，在“网络任务”窗格中选择“查看工作组计算机”命令，出现如图 5－18 所示的窗口，找到共享文件所在的计算机，双击该计算机图标将弹出登录对话框，输入刚才设置的用户名和密码，如图 5－19 所示。

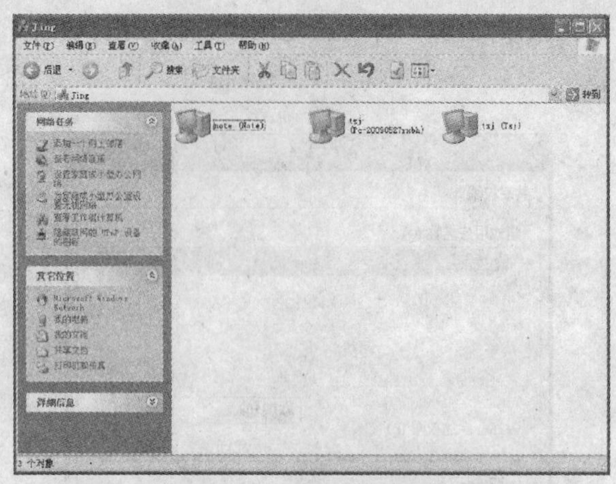

图 5－18　工作组计算机

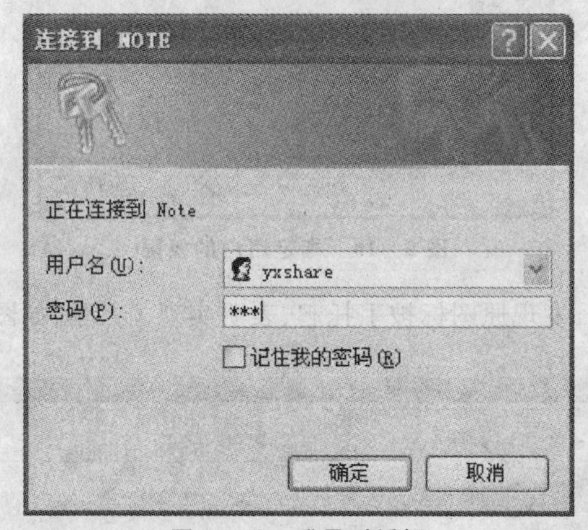

图 5－19　登录对话框

(2) 点击"确定"按钮即可查看到此远程计算机中包含的共享文件,如图 5－20 所示,单击"会议通知"文件夹即可查看相关共享文件,但此时单击"My Games"文件夹会出现如图 5－21 所示的提示信息,说明当前用户不具备访问此文件夹的权限。

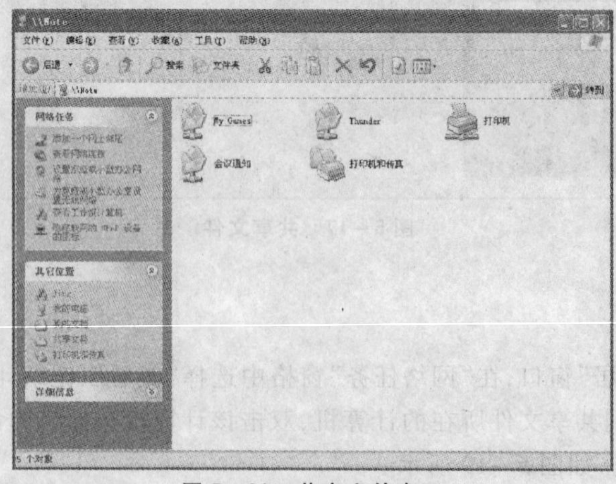

图 5－20　共享文件窗口

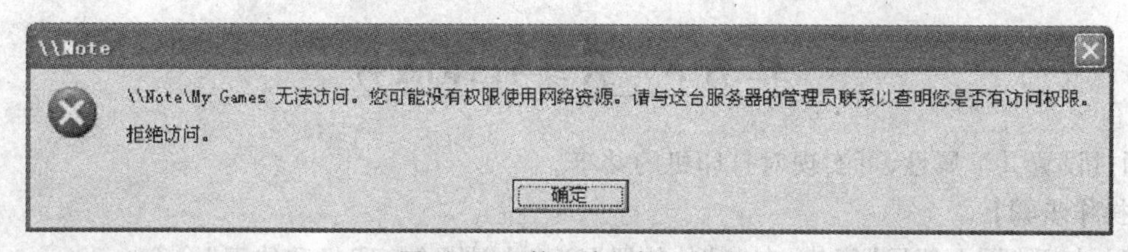

图 5－21　禁止访问提示信息

任务 3　共享打印服务

通过设置共享属性,可实现对打印机的共享。

【操作步骤】

(1) 打开"网上邻居"窗口,在"其他位置"窗格中选择"打印机和传真"命令。

(2) 在"打印机任务"窗格中选择"添加打印机"命令,即弹出"添加打印机向导"对话框。

(3) 在"请选择能描述您要使用的打印机的选项"选项区域中选择"网络打印机或连接到其他计算机的打印机"单选按钮,如图 5 - 22 所示,点击"下一步"按钮。

(4) 在"要连接到哪台打印机"选项区域中选择"浏览打印机"单选按钮,如图 5 - 23 所示。

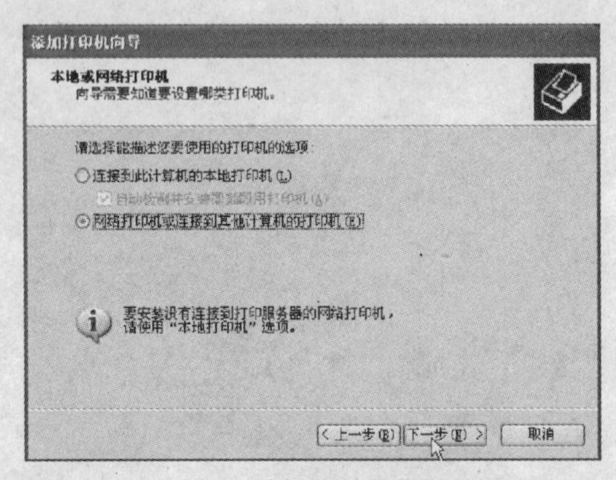

图 5 - 22　选择使用网络打印机

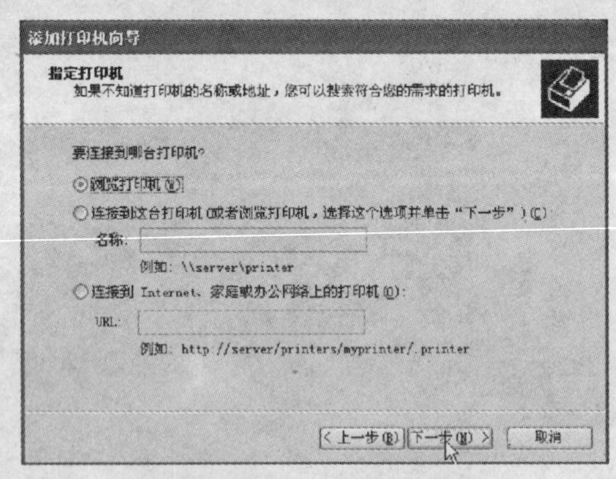

图 5 - 23　设置打印机

(5) 在"浏览打印机"对话框中设置共享打印机的位置,可在共享打印机列表中查看并选择要共享的打印机。

(6) 点击"下一步"按钮,将弹出警告信息,询问是否连接共享打印机,点击"是"按钮。

(7) 在"默认打印机"对话框中选择"是"单选按钮,将此网络打印机设置为默认打印机。

项目总结

本项目通过将计算机接入网络、设置文件和打印机的共享属性，着重训练连网与共享资源的技能。

在设置计算机网络连接的过程中，IP 地址等参数需要从网络管理员处获得，将文件设置为共享时需要考虑信息安全问题，共享打印机也要得到对方的授权并处于开机状态，否则将无法使用网络资源。

项目拓展

(1) 将个人计算机接入局域网，设置不同的工作组，将你喜欢的几首歌曲设置为加密共享，推荐给局域网中的其他人欣赏。

(2) 计算机接入公司网络后，试着打开网络浏览器，输入你熟悉的网址，看能否上网浏览信息。请在浏览器中选择“工具”→“Internet 选项”命令，选择“连接”选项卡，查看局域网设置方面的参数。如果能上网，请熟记这些参数，如果不能上网，请到相邻的可上网的计算机上查看并对比这些参数，再修改本机参数，或找网络管理员寻求解决办法。

实训项目 6

查阅网络信息

项目描述

奕轩汽车公司计划创建一个博客网站，发布一些公司信息以及汽车行业信息，以便与客户、员工交流。为写博客、发布相关信息，公司业务人员计划先在互联网上查看其他汽车网站上的信息，下载相关广告后与制作人员交流。本项目的任务是上网查找信息、下载视频广告并通过即时通信工具与制作人员沟通，最后将信息发布到博客上。

技能目标

- 能利用浏览器软件上网查询、获取信息。
- 能利用网络工具交流信息。

环境要求

- 硬件：互联网信息接入点，带浏览器的连网计算机。
- 软件：常用网络工具软件。

任务1 浏览网站信息

1. 浏览汽车网站信息

【操作步骤】

（1）在地址栏输入“www. baidu. com”，打开百度搜索引擎，在文本框中输入“汽车之家”，点击“百度一下”按钮，即可看到大量相关网站的链接，单击第一个链接，打开网页。

（2）打开“汽车之家”网站后，依次选择观看视频、广告，打开对应网页，欣赏相关视频，如图 6－1 所示。

图 6－1 汽车网站

2. 查询并下载视频、Flash 文件

由于 IE 浏览器不能方便有效地下载视频、Flash 等多媒体文件，一般采用专用的下载工具下载。目前互联网上有多种免费的下载工具，通过百度搜索引擎查看软件说明或访问相关论坛，确定使用哪种下载工具。在本实训项目中将使用火狐播放器下载 Flash 动画。

任务 2　下载网站内容

1. 下载火狐播放器

【操作步骤】

(1) 通过百度搜索引擎搜索火狐播放器软件,打开对应的软件下载网页。

(2) 使用“迅雷”软件下载火狐 Flash 播放器,如图 6-2 所示。

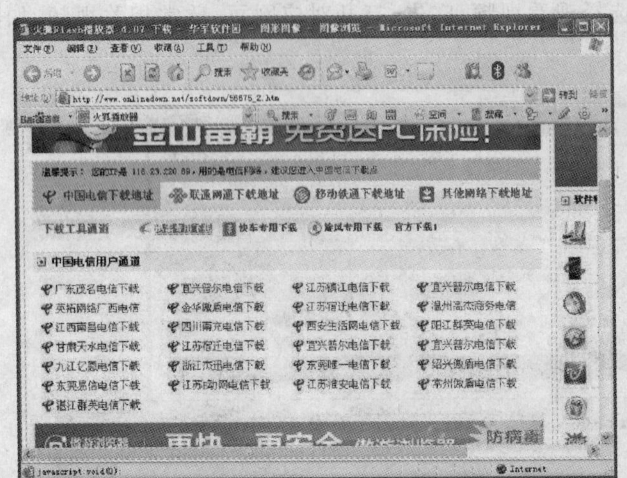

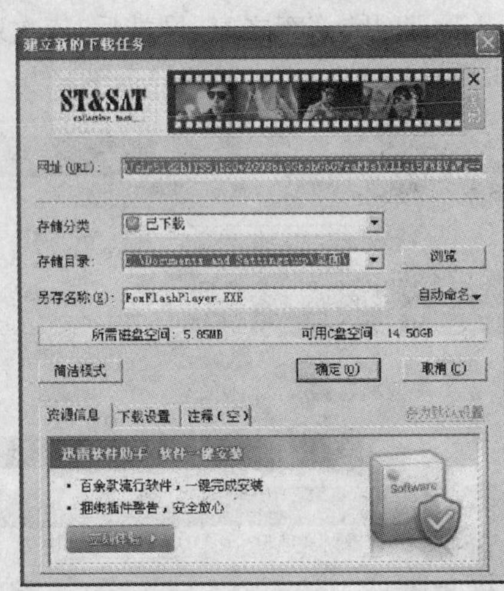

图 6-2　下载火狐 Flash 播放器

2. 下载 Falsh 动画

【操作步骤】

(1) 打开包含 Flash 文件的网页。

(2) 下载并安装火狐 Flash 播放器,打开安装文件夹,双击“火狐网络 Flash 搜索器. exe”运行该文件,如图 6-3 所示。

(3) 在地址栏中输入 Flash 网页地址,即将需要下载的 Flash 网页地址复制到“搜索网页”下拉列表框中,点击“搜索”按钮。

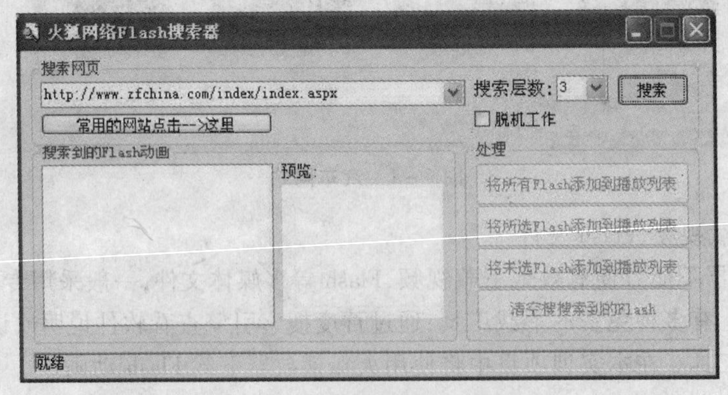

图 6-3　火狐网络 Flash 搜索器

(4) 搜索出的所有 Flash 动画显示在下方的列表框中,依次选择它们在“预览”窗口中查看这是否是你所需要的动画,选择对应的 swf 格式文件并点击“将所选 Flash 添加到播放列表”按钮,如图 6 - 4 所示。

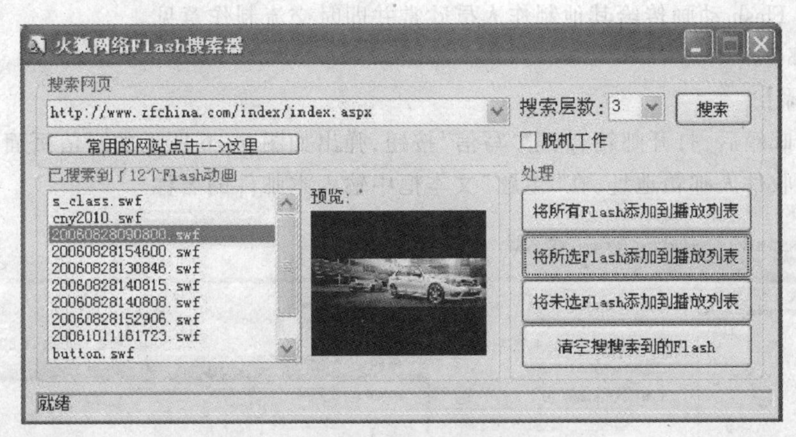

图 6 - 4　将 Flash 添加到播放列表中

(5) 通过火狐 Flash 播放器播放此 Flash 文件,如图 6 - 5 所示,选择“文件”→“保存 Flash”或“另存(下载)为”命令设置对应路径并保存 Falsh 文件。

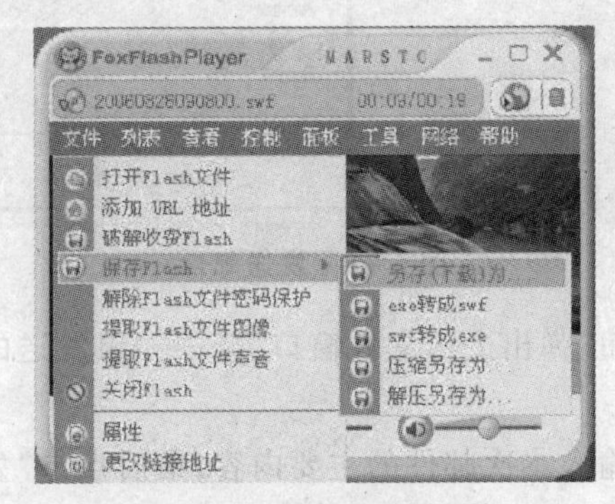

图 6 - 5　保存 Flash 文件

任务 3　在网络上交流信息

将下载的 Flash 动画传给其他制作人员欣赏并即时交流制作意见。

1. 发送邮件

【操作步骤】

(1) 注册邮箱后,打开邮箱,点击“写信”按钮,弹出如图 6－6 所示的写信页面,在“收件人”文本框中输入收件人邮箱地址,在“主题”文本框中输入本邮件的名称。

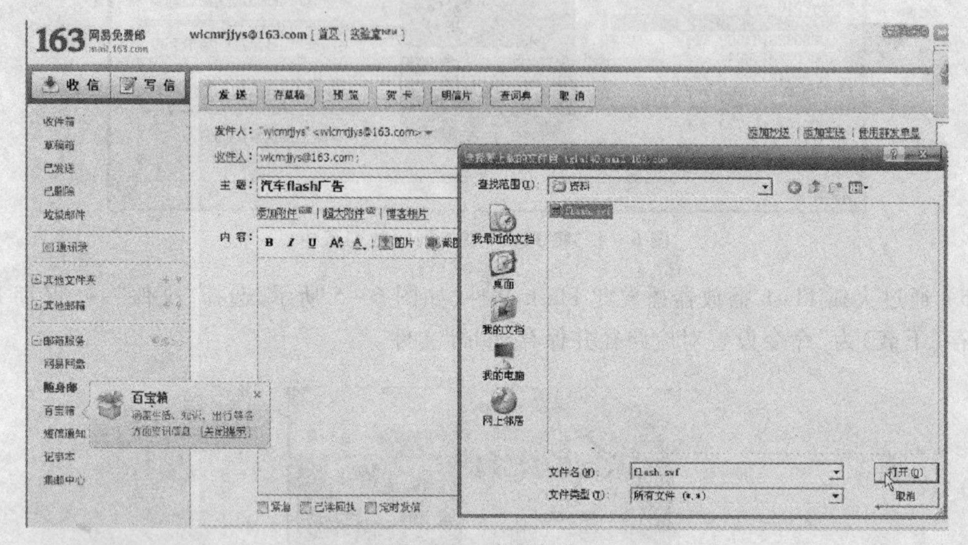

图 6－6　发送邮件

(2) 点击“添加附件”按钮,弹出上传文件窗口,选中你想发送的附件(如本项目中的“flash.swf”)。

(3) 在“内容”文本框中输入本次邮件的主要内容,最后点击“发送”按钮。

2. 接收邮件

【操作步骤】

(1) 打开邮箱,选择“收件箱”选项,其中有信封标记的记录表示这是未打开的新邮件,带有回形针标记的记录表示该邮件带有附件,选择邮件后单击,如图 6－7 所示。

图 6－7　收件箱

(2) 打开邮件阅读,并点击“下载”按钮,下载邮件附件。

(3) 在弹出的文件保存对话框中设置保存路径。

(4) 如需回复发件人,点击“回复”按钮回复邮件,接收邮件的过程如图 6－8 所示。

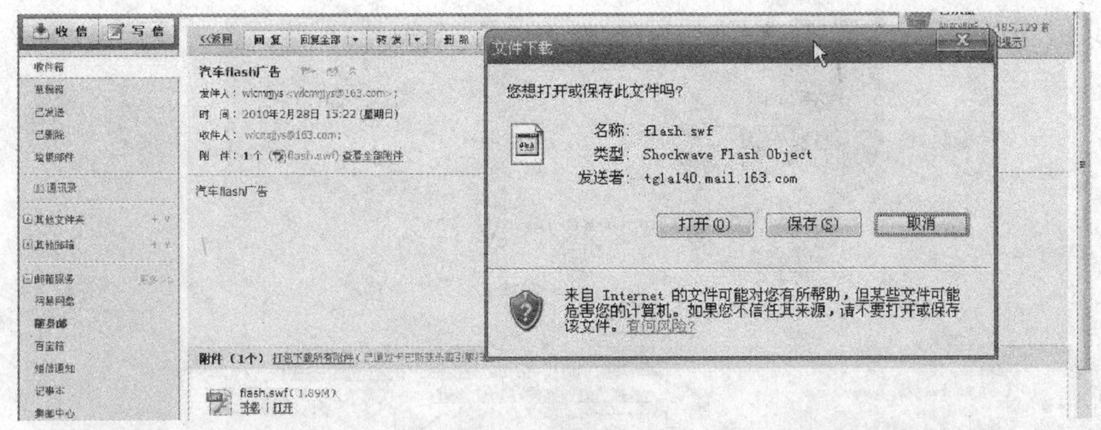

图6－8　接收邮件

3. 使用即时通信工具

即时通信工具除常用的QQ外还有MSN等，在此项目中，员工通过MSN对设计作品作进一步的讨论。

【操作步骤】

(1) 下载并安装MSN，注册后使用hotmail、live等账号登录，MSN界面如图6－9所示。

(2) 点击MSN界面上的“从您的联系人列表中添加”或“添加联系人或群”按钮，在弹出的对话框中选择或输入对方的MSN账号，按照提示逐步添加联系人。

(3) 在MSN界面上的“搜索联系人或网页”文本框中输入搜索信息，单击搜索个人信息链接，单击搜索网页链接将直接跳转到微软的必应搜索引擎。

(4) 在MSN名单中双击需要联系的MSN账号，弹出对话框后即可进行即时通信，如图6－10所示。

(5) 通过MSN即时通信窗口的菜单栏可进行多种即时交流，如传送文件、视频交流、语音通话、做游戏等。

(6) 直接将需要传送的文件拖到即时通信窗口下端的消息发送窗口可直接将文件传送给对方。

(7) 当对话窗口显示对方发送文件时，点击“接收”或“另存为”按钮即可接收文件，点击“拒绝”按钮将拒绝接收文件。文件传输完毕后点击“打开”按钮或单击文件保存路径链接即可读取文件。

(8) 单击“视频”图标，可发出邀请对方进行视频聊天的请求。

(9) 当对方发出视频聊天请求后，点击“接受”按钮即可进行视频聊天。

(10) 选择菜单中的“邀请”命令，即弹出“邀请某人加入此对话”对话框，可选择邀请多人参加会谈。

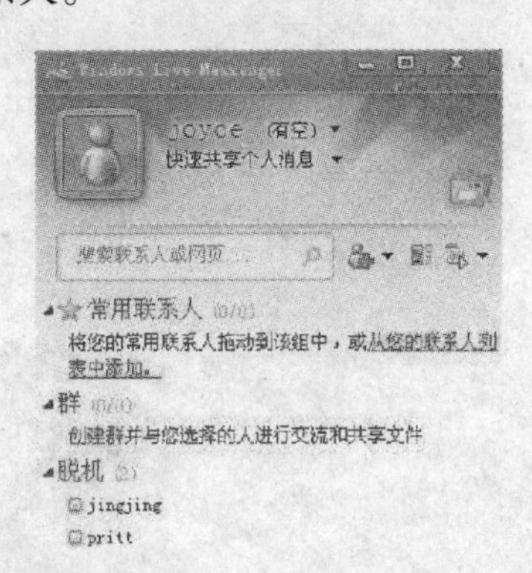

图6－9　MSN界面

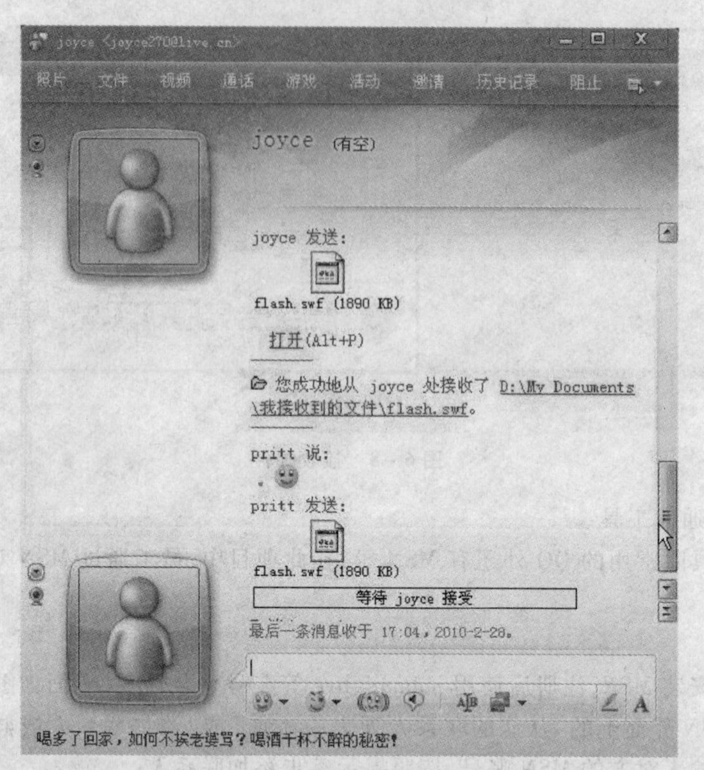

图 6－10　MSN 即时通信窗口

（11）点击右下角的手写按钮，可利用鼠标以手写方式输入信息，如直接绘图等。

任务4 制作网站

为使员工、用户能够及时有效地获取信息,要在互联网上创建博客并发布信息。

1. 创建博客

【操作步骤】

(1) 选择在其中创建博客的网站,本实训选择在新浪网上创建博客。在新浪网上注册账号,单击“新浪博客”图标,登录后点击“开通新博客”按钮,新浪网将自动为用户开通博客。

(2) 在新开通的博客网页中,点击“立即开通”按钮,按照向导的提示逐步完成对博客的基本设置,如图 6-11 所示。

图 6-11 博客首页

2. 编辑博客信息

【操作步骤】

(1) 在如图 6-11 所示的博客首页中点击“发博文”按钮,即可开始编写个人博文。

(2) 在如图 6-12 所示的发博文页面可编写博文信息,应尽量使自己的博客内容丰富、图文并茂。

(3) 可通过单击网页上端的“图片”、“视频”、“表情”等图标添加本地主机或网络上的图片、视频等多媒体信息。

(4) 在网页右端点击“插入背景音乐”按钮将跳至网页下端,通过编辑网络 MP3 音乐地址设置此篇博文的背景音乐。

(5) 选择“显示源代码”复选框将显示该博文的源代码,可直接修改源代码。

(6) 在默认情况下,所有人都可查看博文,如果希望此博文仅能被博主自己看到,选择网页中的“文章仅自己可见”复选框即可。

(7) 博文编写完毕后,点击网页下端的“预览博文”按钮可查看博文效果,如暂时不发表,点击“保存到草稿箱”按钮，博文将不发表而直接保存在草稿箱中。如想发表博文可直接点击最下端的“发博文”按钮。

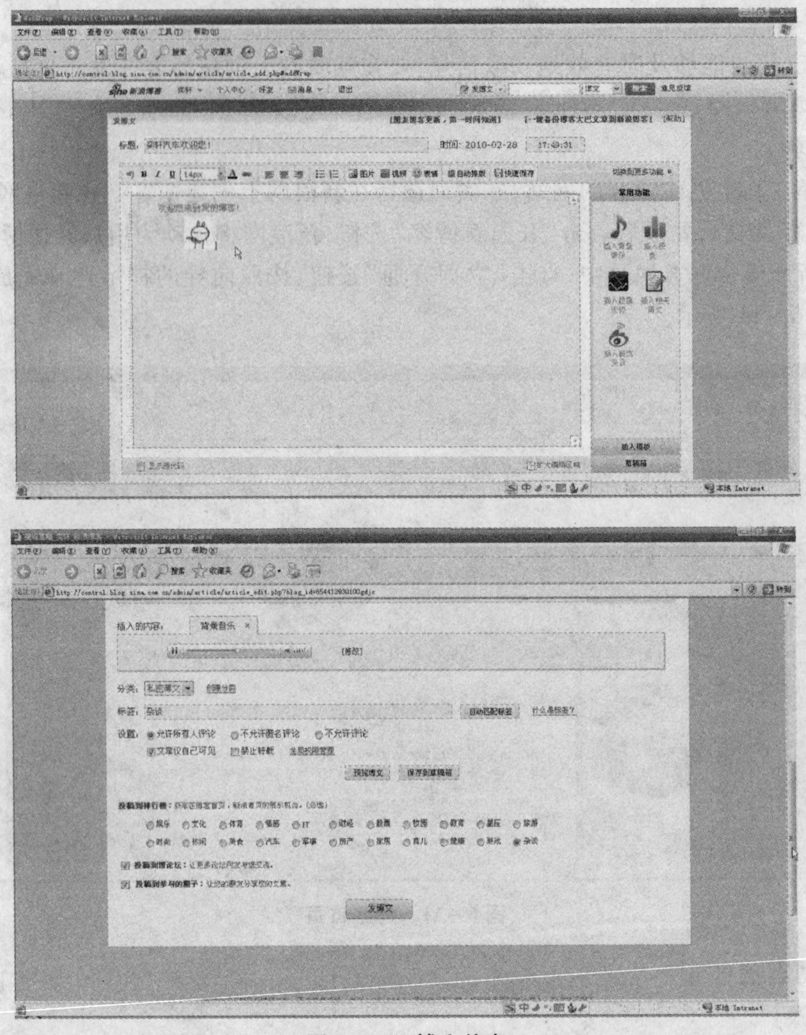

图 6－12 博文信息

（8）在博客首页中点击“博文”按钮即可显示所有博文，如图 6－13 所示。点击对应博文名称后面的“编辑”按钮即可对博文进行编辑，点击“删除”按钮将删除此博文。点击“置顶首页”按钮将把此篇博文放到个人博客页面的最上方。

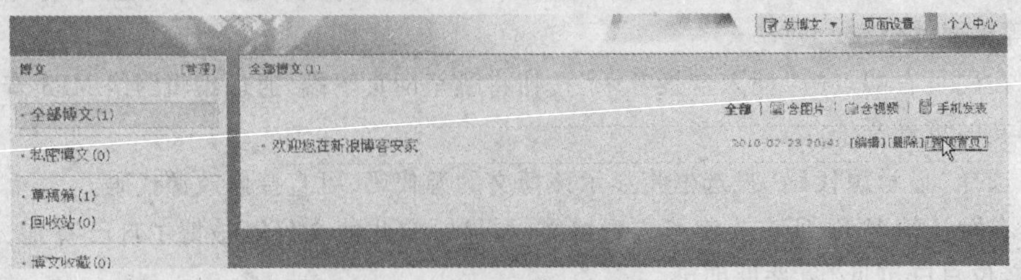

图 6－13 博文列表

(9) 选择博文页面左端的"私密博文"选项,将显示所有已发表的仅个人可见的博文。

(10) 选择博文页面左端的"草稿箱"选项,将显示所有已编辑但未发表的博文,同样可对此部分博文进行修改或删除。

项目总结

在本项目中,我们利用 IE 浏览器浏览互联网,用搜索引擎查找网络信息,用下载工具下载网络资源,再用 E-mail、QQ、MSN 等即时通信工具与他人传递信息,用个人网站、博客等发布个人信息,掌握了利用网络工具查找资料、共享资源、互动交流等信息传播技能。

在上网浏览和查询信息时,除了利用网页超级链接查看网络信息,更要充分利用专业搜索引擎用关键词检索所需信息,利用专用下载工具加速下载资料并保存。在即时通信方面,邮件、QQ、MSN 等工具各有优势。要充分利用网站、博客等工具充分展示自己,分享工作与生活方面的经验。

项目拓展

(1) 自拟一个专题,通过关键词从互联网中搜索所需资料,分门别类地下载和整理与专题相关的信息,为工作和学习积累资料。

(2) 利用多媒体下载工具从互联网中下载有趣和有益的视频、音频、图片等多媒体资料,将这些多媒体资料用 E-mail、QQ 或 MSN 等工具传输给好友,最后在博客中写下观赏心得。

实训项目 7

编排销售合同书

项目描述

奕轩汽车公司正在全国一线和二线城市诚征代理销售服务商，需要与代理销售服务商签订汽车销售代理合同书。因此，在了解合同的内容及格式后，需要编辑一份汽车销售代理合同书并进行排版。本项目的目标是使读者掌握文档中字符、段落和页面的编排方法。

技能目标

- 能根据不同纸张规格设置或调整纸张大小、页边距等参数。
- 能运用 Word 软件完成针对不同格式的公文、报告等文档的编辑排版。

环境要求

- 硬件：普通台式计算机或笔记本电脑。
- 软件：Windows 操作系统、MS Office Word 软件或 WPS Office 系列软件中的 WPS 软件。

任务1 认识合同格式

● 公文纸尺寸:公文纸一般采用国内通用的16开型纸,推荐采用国际标准A4型纸,张贴用的公文纸尺寸可根据实际需要确定。

● 保密等级的字体:一般用3号或4号黑体。

● 紧急程度的字体:字体和字号与保密等级相同(3号或4号黑体)。

● 文头的字体:大号黑体字、黑体变体字、标准体或宋体(一般为红色)。

● 发文字号的字体:3号或4号仿宋体。

● 签发人的字体:字体字号与发文字号相同(3号或4号仿宋体)。

● 标题的字体:字体一般为宋体、黑体,字号要大于正文的字号。

● 主送机关的字体:3号或4号仿宋体。

● 正文的字体:3号或4号仿宋体。

● 附件的字体:3号或4号仿宋体。

● 作者的字体:字体字号与正文相同(3号或4号仿宋体)。

● 日期的字体:字体字号与正文相同(3号或4号仿宋体)。

● 注释的字体:使用小于正文的字号,4号或小4号仿宋体。

● 主题词的字体:3号或4号黑体。

● 抄送机关的字体:与正文的字体字号相同(3号或4号仿宋体)或采用比正文小一号的文字。

● 印发说明的字体:与抄送机关的字体字号相同(3号或4号仿宋体)或采用比印发说明小一号的文字。

任务 2　编辑合同文字

1. 新建文档

新建一个 Word 文档,命名为“奕轩系列汽车销售代理合同. doc”后保存到 E 盘“销售合同”文件夹下。

【操作步骤】

(1) 双击桌面上的 W 图标,或者选择“开始” →“程序” →“Microsoft Office” →“Microsoft Office Word 2003”命令,打开 Word 文档。

(2) 点击常用工具栏中的“保存”图标 ,打开“另存为”对话框。

(3) 在“文件名”文本框中输入文件名“奕轩系列汽车销售代理合同”,在“保存位置”下拉列表框中选择目的驱动器“E 盘”,双击目标文件夹“销售合同”。

(4) 点击“保存”按钮,Word 在保存文档时自动增加扩展名“. doc”。

2. 输入内容

【操作步骤】

(1) 输入文字“编号”。

(2) 选择“格式”→“字体”命令,将文字格式设置为黑体、四号。

(3) 单击格式工具栏中的“下划线”图标。

(4) 输入奕轩汽车销售代理合同书的内容。

【操作提示】

(1) 按“Ctrl” +“Space”键可以在中英文输入法之间切换。

(2) 按“Ctrl” +“Shift”键可以在中文输入法之间切换。

(3) 按“Ctrl” +“. ”键可以在中英文标点符号之间切换。

3. 编辑文档

【操作步骤】

(1) 格式化标题字符。选定标题文本,将格式设置为黑体、小一、加粗。

(2) 格式化正文字符。将第 1 页正文文字的格式设置为黑体、四号,第 2 页至第 8 页的正文文字格式设置为仿宋、四号,将“第一条”这 3 个文字的格式设置为仿宋、四号、加粗。

(3) 使用格式刷将正文“第二条”至“第十一条”这些文字的格式设置为与“第一条”的格式相同。选定要复制其格式的文本“第一条”,双击常用工具栏上的“格式刷”图标 ,当鼠标指针变成 后,表明已选中格式刷,此时可以反复使用格式刷。在目标文字“第二条”上按住鼠标左键,即应用了样本文字的格式。用同样的方法为 “第三条”至“第十一条”设置同样的格式。设置完毕后,再次单击“格式刷”图标(或者按“Esc”键),即可取消格式刷。

任务3　编辑段落格式

1. 格式化段落

【操作步骤】

(1) 选中第1页中的“编号　　”文字，选择“格式”→“段落”命令，在弹出的“段落”对话框中的“缩进和段落”选项卡中将段落格式设置为右对齐。

(2) 选中“奕轩汽车销售代理合同书”文字，单击格式工具栏上的“居中”图标 ☰ 。

(3) 将第1页中的正文文字格式设置为两端对齐。操作方法同上。

(4) 选择“地址:”所在的行，将段落格式设置为左缩进9.5个字符，用同样的方法为其他行设置格式，操作方法同(1)。

(5) 将第2页至第8页中的正文段落格式设置为两端对齐，首行缩进2个字符，行间距20磅(如有图片和文字混排，不建议采用固定间距，这样将不能显示完整的图片，此时应采用单倍行距等)。操作方法同(1)。

2. 为段落添加项目符号或编号

【操作步骤】

(1) 选定“第一条”后面的6个段落，选择“格式”→“项目符号和编号”命令，打开“项目符号和编号”对话框，选择“编号”选项卡，如图7-1所示。

(2) 选择“无”以外的任意一种项目符号。点击“自定义”按钮，打开“自定义编号列表”对话框，如图7-2所示。在“编号格式”文本框中将“1.”的“.”号去掉，在“1”的前面添加“1.”，即变成“1.1”。

(3) 点击“确定”按钮，返回“项目符号和编号”对话框，符号“1.1”就会取代当前的项目符号。点击“确定”按钮，被选择段落的项目符号已设置为“1.1”。

(4) 用同样的方法为正文“第二条”至“第十一条”后面的段落添加项目符号或编号。

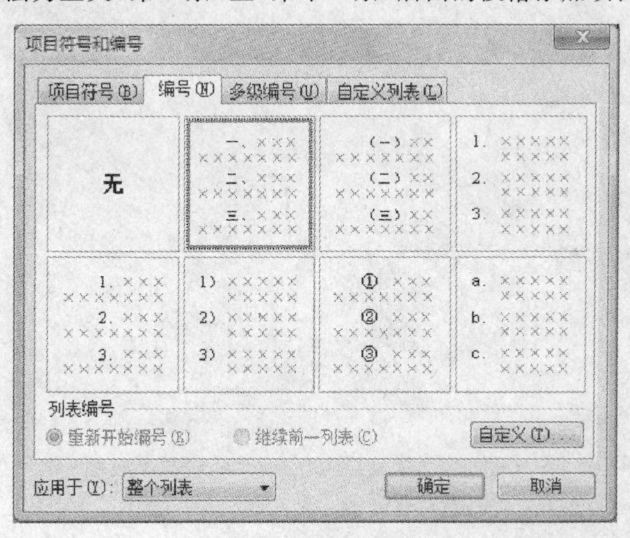

图7-1　“编号”选项卡

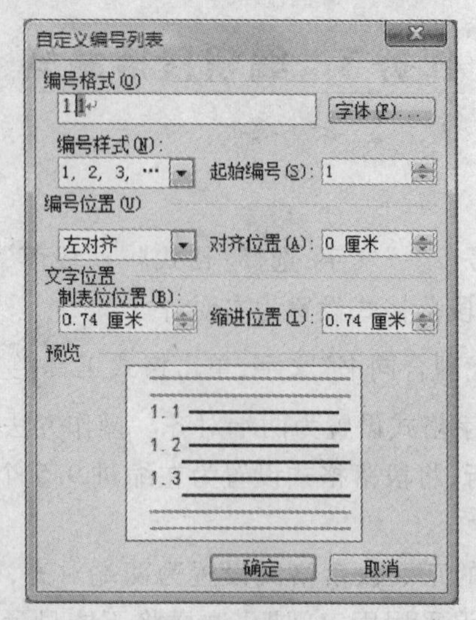

图 7－2　“自定义编号列表”对话框

任务4　编辑页面格式

1. 设置页面

【操作步骤】

(1) 设置纸张大小。选择“文件”→“页眉设置”命令,这时将弹出“页面设置”对话框,选择“纸张”选项卡,将纸张大小设置为16开。点击“确定”按钮。

(2) 设置页边距。选择“文件”→“页眉设置”命令,在“页边距”选项卡中将页边距设置为:上下页边距为2.54厘米,左右边距为3.17厘米,如图7-3所示。将方向修改为纵向,点击“确定”按钮。

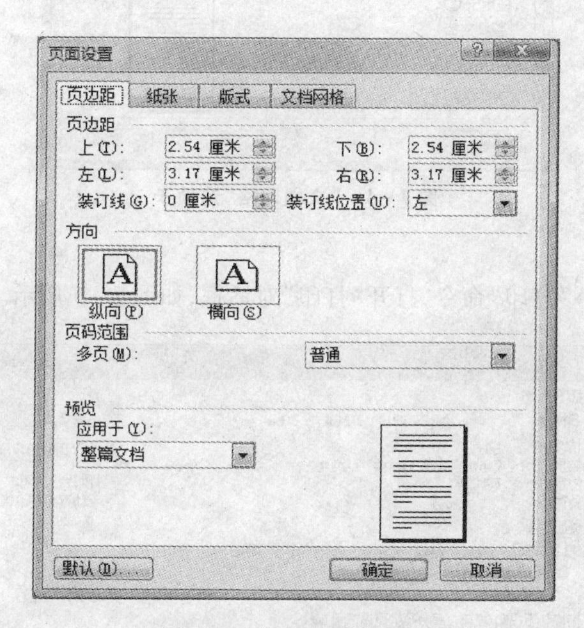

图7-3　“页边距”选项卡

(3) 设置文档网格。选择“文件”→“页眉设置”命令,弹出“页面设置”对话框。在“文档网格”选项卡中,选择“指定行和字符网格”单选按钮,每行字符为32个,每页行数为38,如图7-4所示,点击“确定”按钮。单击常用工具栏中的“保存”图标保存文档。

2. 打印预览

为确保文档打印效果,Word提供了一种特殊功能——打印预览。使用打印预览功能是为了避免盲目打印,节约纸张。

【操作步骤】

(1) 选择“文件”→“打印预览”命令,打开“打印预览”对话框(或单击常用工具栏上的“打印预览”图标)。

(2) 单击打印预览工具栏上的“多页”图标,选择“2×3页”选项,预览文档的整体格式。

3. 打印文档

一般合同应一式3份,故打印3份销售合同。

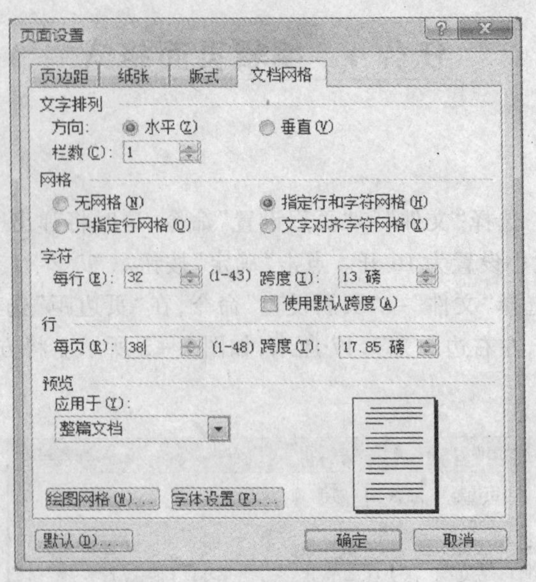

图 7－4 “文档网格”选项卡

【操作步骤】

(1) 选择“文件”→“打印”命令,打开“打印”对话框,如图 7－5 所示。

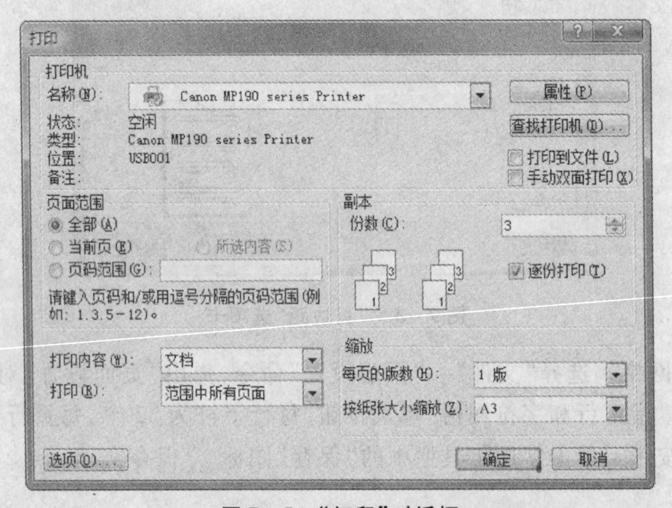

图 7－5 “打印”对话框

(2) 在“名称”下拉列表框中选择要使用的打印机(一般使用默认打印机)。

(3) 在“页面范围”选项区域中选择打印范围。这里选择“全部”单选按钮,将打印整个文档。

(4) 在“副本”选项区域中的“份数”文本框中将打印份数设定为 3。

(5) 检查是否放好打印纸张,一切准备就绪后点击“确定”按钮,开始打印文档。

项目总结

本项目通过制作销售合同书，着重训练利用 Word 软件编辑中文电子文档并进行排版的技能，其中应主要掌握文本录入与编辑、标题和正文的格式设置、段落格式设置、页面格式设置的方法，还应熟悉常用的公文格式等。

要编排规范、大方、美观的中文文档，除了熟练掌握和运用 Word 软件的编辑排版功能外，还需要了解不同类型文档的编排格式规范和不同读者群体的审美观，如各级标题和正文的字体搭配、版面布局、行距与字距的设置等。只有用心观察日常工作中看到的报刊、实习报告、学习总结、申请书、工作计划、公告、调查报告、行政公文等并进行研究，才能逐步积累文档编辑排版经验，并在实际工作中灵活自如地运用相关技能。

项目拓展

为奕轩汽车公司制作一期汽车杂志，要求如下：

(1) 新建 Word 文档，以"奕轩汽车杂志.doc"为文件名保存到 E 盘的"杂志"文件夹下。

(2) 杂志纸张大小为 16 开，上下边距为 2.5 厘米，左边距为 3 厘米，右边距为 2.5 厘米。

(3) 正文字符大小为五号，字体为楷体。

(4) 标题文字颜色为蓝色，大小为二号。

(5) 正文行间距为 1.25 倍。

(6) 效果如图 7－6 所示。

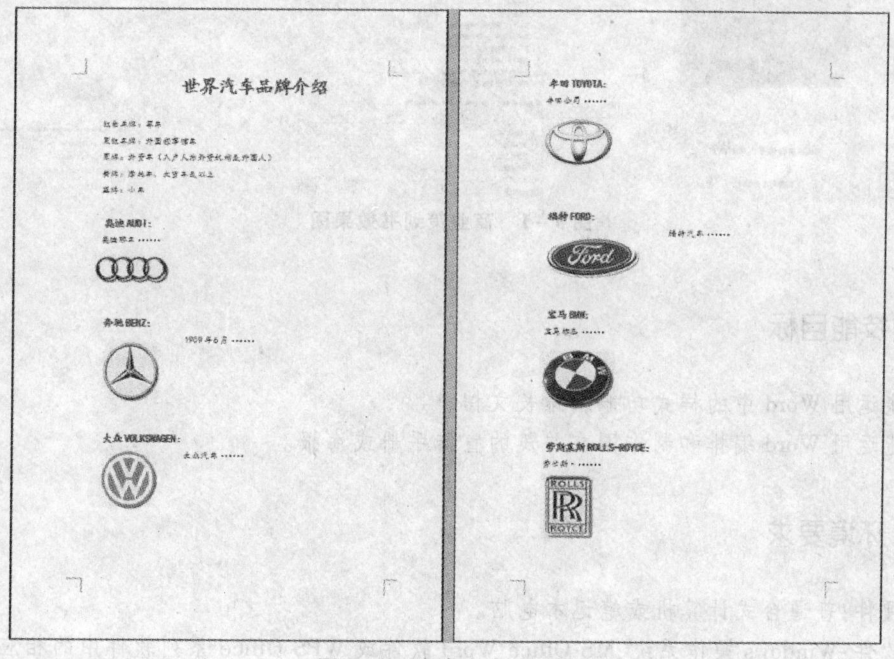

图 7－6　汽车杂志效果图

实训项目 8

编排商业策划书

项目描述

奕轩汽车有限公司正在与全国部分城市的代理销售服务商共同开展汽车销售、服务的商业策划。公司市场部经理在进行市场调查和研究后，着手撰写如图 8－1 所示的 5S 服务品牌策划方案。本策划书要使用书籍等长文档的编排方法与技巧来编排，如应用样式、添加目录、添加页眉页脚等。

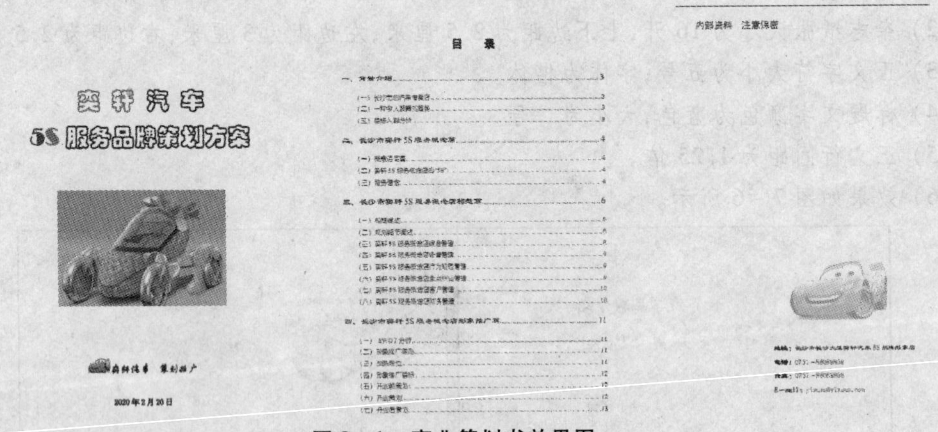

图 8－1 商业策划书效果图

技能目标

- 能运用 Word 中的样式功能编排长文档。
- 能运用 Word 编排和制作图文并茂的宣传手册或海报。

环境要求

- 硬件：普通台式计算机或笔记本电脑。
- 软件：Windows 操作系统、MS Office Word 软件或 WPS Office 系列软件中的相应软件。

任务1　设计正文版面

1. 从网页中复制文本

打开“奕轩汽车5S店品牌形象策划(素材).mht”网页文件,将全部正文复制到Word文档中。

【操作步骤】

(1) 双击“奕轩汽车5S店品牌形象策划(素材).mht” 文件,打开网页文件。

(2) 按“Ctrl” +“A”键,选择全部网页文件。

(3) 按“Ctrl” +“C”键,将网页文件复制到剪贴板中。

(4) 打开一个空白Word文档,按“Ctrl” +“V”键,将剪贴板上的网页文件复制到当前文档中。

2. 将文件保存到磁盘中

以“奕轩汽车5S店品牌形象策划.doc”为文件名将文件保存到E盘的“策划书”文件夹下。

【操作步骤】

(1) 单击常用工具栏中的“保存”图标,打开“另存为”对话框。

(2) 在“文件名”文本框中输入文件名“奕轩汽车5S店品牌形象策划”,在“保存位置”下拉列表框中选择目的驱动器(E盘),双击目标文件夹“策划书”。

(3) 点击“保存”按钮,Word在保存文档时将自动增加扩展名“.doc”。

3. 设置纸张和版面尺寸

将纸张设定为A4纸张,方向为纵向,上下边距为2.5厘米,左边距为3厘米,右边距2.5厘米,这样能方便装订。

【操作步骤】

(1) 选择“文件”→“页眉设置”命令,在“纸张”选项卡中将纸张大小设置为A4。

(2) 在“页边距”选项卡中将页边距设置为:上下边距2.5厘米,左边距3厘米,右边距为2.5厘米。

4. 替换正文中的软回车符

将正文中所有的软回车符(^l)全部替换成硬回车符(^p)。

【操作步骤】

(1) 选择“编辑”→“替换”命令,在“替换”选项卡中的“查找内容”文本框中输入“^l”,在“替换为”文本框中输入“^p”,如图8-2所示。

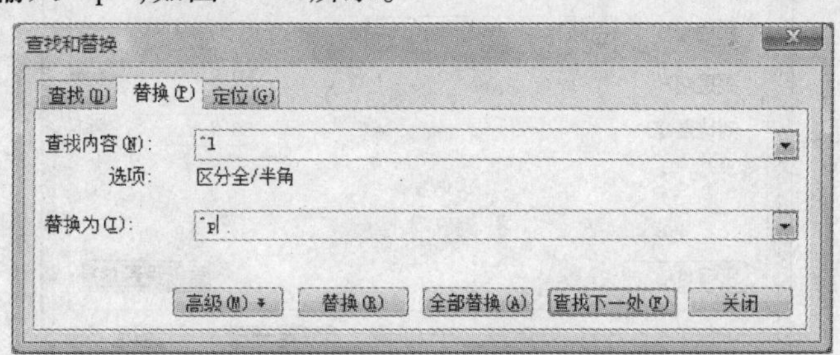

图8-2　“替换”选项卡

(2) 点击“全部替换”按钮。

任务 2 设计文档封面

1. 插入分节符

在正文前插入分节符。

【操作步骤】

(1) 选择“插入”→“分隔符”命令,这时将弹出“分隔符”对话框。

(2) 在“分节符类型”选项区域中选择“下一页”单选按钮,如图 8-3 所示。

2. 设置标题文字的格式

【操作步骤】

(1) 按“Enter”键 3 次,在文档中空出 3 行。

(2) 输入文字“奕轩汽车 5S 服务品牌策划方案”。

(3) 将中文文字格式设置为华文彩云、初号。

(4) 将英文文字格式设置为 Broadway、初号。

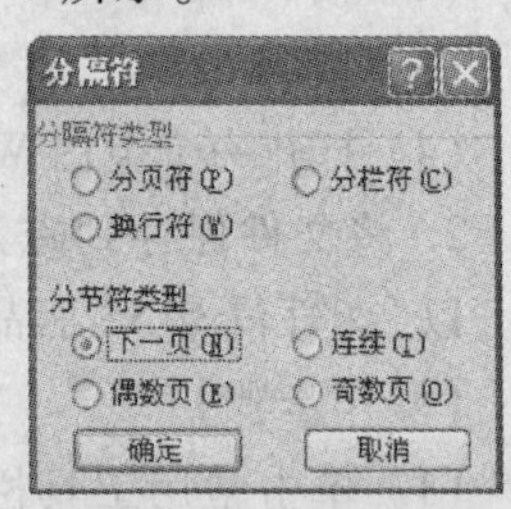

图 8-3 “分隔符”对话框

3. 插入“草莓车. tif”图片

在正文中插入“草莓车. tif”图片文件。

【操作步骤】

(1) 按“Enter”键 2 次,即空 2 行。

(2) 选择“插入”→“图片”→“来自文件”命令,插入“草莓车. tif”图片。

(3) 裁剪图片。选择图片后单击图片工具栏上的“裁剪”图标,鼠标变成 ┘ 形状,即可裁剪图片。

(4) 调整裁剪精度。双击图片,弹出如图 8-4 所示的“设置图片格式”对话框,选择“图片”选项卡,左右上下均裁剪 0.1 厘米。

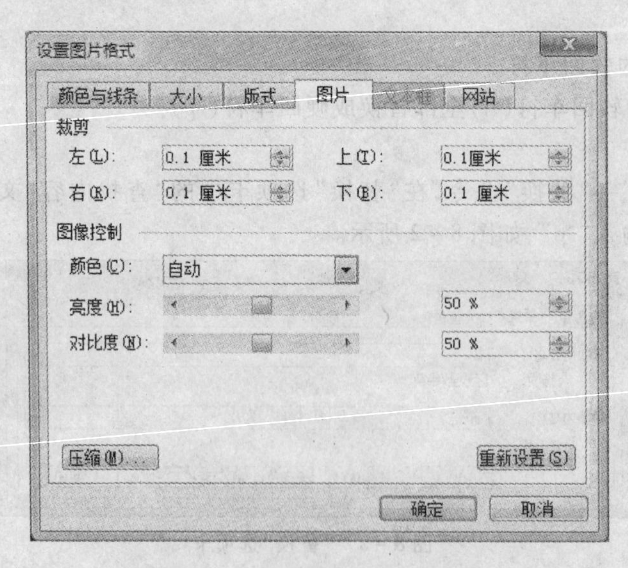

图 8-4 “设置图片格式”对话框

（5）调整大小。切换到“大小”选项卡，将图片的高度、宽度缩放到86%，如图8－5所示。

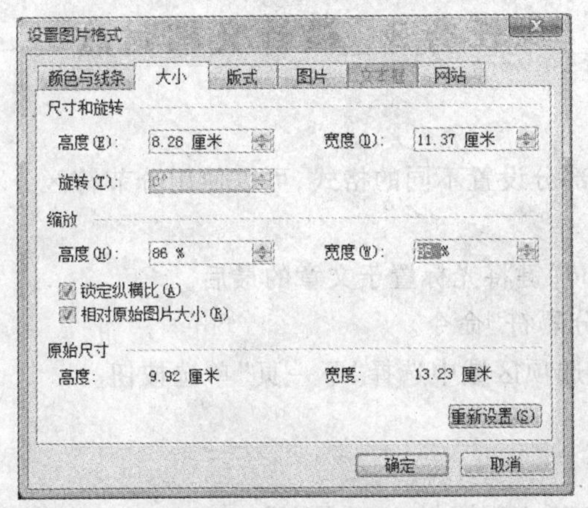

图8－5　“大小”选项卡

（6）设置环绕方式。切换到“版式”选项卡，将图片环绕方式设置为嵌入型。

4．插入“汽车总动员.tif”图片

【操作步骤】

（1）按“Enter”键2次，即空2行。

（2）插入“汽车总动员.tif”图片。

（3）调整大小。将图片的高度、宽度缩放到13%。

（4）设置环绕方式。将图片环绕方式设置为嵌入型。

5．设置副标题文字的格式

【操作步骤】

（1）在“汽车总动员.tif”图片后加入文字“奕轩汽车 策划推广”。

（2）将文字格式设置为方正舒体、小二号。

6．插入日期和时间

【操作步骤】

（1）按“Enter”键，即空一行。

（2）选择“插入”→“日期和时间”命令，弹出“日期和时间”对话框，在“语言（国家/地区）”下拉列表框中选择“中文（中国）”选项，在“可用格式”列表框中选择合适格式，选择“自动更新”复选框，如图8－6所示。

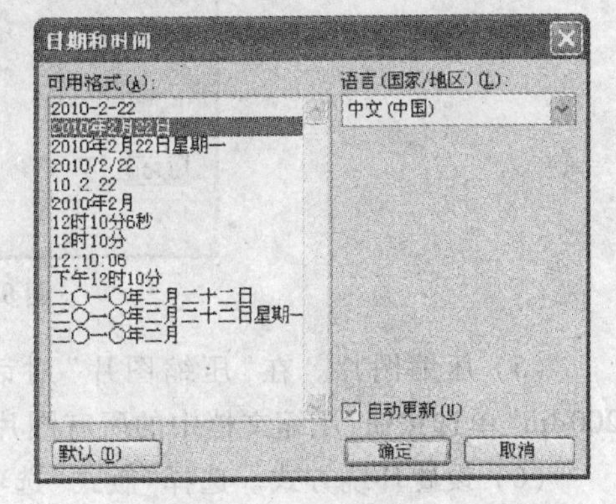

图8－6　“日期和时间”对话框

7．设置段落格式

【操作步骤】

（1）将鼠标置于文档左边的空白区域，鼠标变成指向右方的空心箭头。单击即可选中一行

（2）按住“Ctrl”键，选中所有的空白行。

（3）选择“格式”→“段落”命令，将所有空行的行间距设置为固定值(30磅)。

任务 3　设计文档封底

1. 插入分节符

为给整篇文章的不同部分设置不同的格式，可以使用分节符区分不同的部分。

【操作步骤】

(1) 按住“Ctrl” + “End”键将光标置于文章的最后。

(2) 选择“插入”→“分隔符”命令。

(3) 在“分节符类型”选项区域中选择“下一页”单选按钮。

2. 处理文字

【操作步骤】

(1) 在第一行输入文字“内部资料 注意保密”。

(2) 将文字格式设置为黑体、三号。

3. 处理图片

【操作步骤】

(1) 按“Enter”键 26 次，即空 26 行。

(2) 插入图片“汽车总动员. tif”。

(3) 调整图片大小。双击图片，弹出“设置图片格式”对话框，选择“大小”选项卡，将图片的高度、宽度缩放到 56%。

(4) 控制图像。将图片的颜色设置成冲蚀，亮度设置为 85%，对比度设置为 15%，如图 8 - 7 所示。

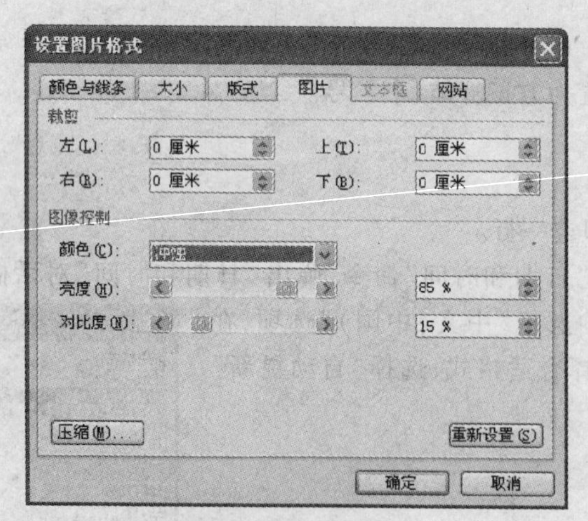

图 8 - 7　“图片”选项卡

(5) 压缩图片。在“压缩图片”对话框的“更改分辨率”选项区域中选择“打印分辨率：200dpi”单选按钮，压缩文档中的所有图片，如图 8 - 8 所示。

(6) 设置环绕方式。选择“版式”选项卡，将图片环绕方式设置为嵌入型。

(7) 选中“汽车总动员. tif”图片，选择“格式”→“段落”命令，左缩进 18 个字符。

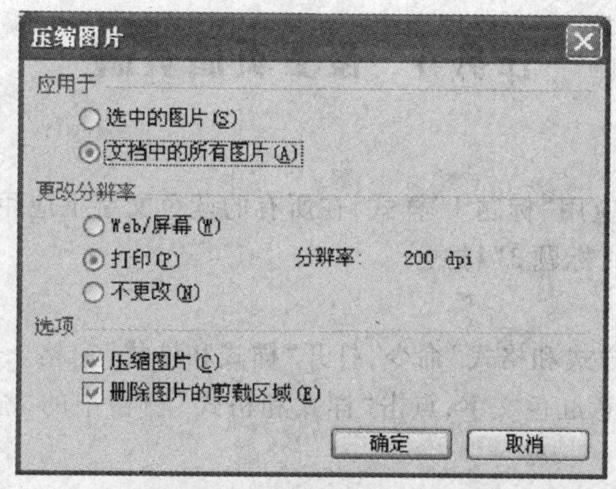

图8-8　"压缩图片"对话框

4. 处理封底文字

【操作步骤】

(1) 空一行,输入下列文字。

地址:长沙市长沙大道奕轩汽车5S品牌形象店

电话:0731-88088808

传真:0731-88068806

E-mail:yixuan@yixuan.com

(2) 文字格式如下。

① 字符格式:隶书,小四。

② 段落格式:首行缩进13.5个字符,行距为1.5倍。

(3) 点击"保存"按钮保存文档。

任务4　设置页眉页脚

1. 应用内置样式

在所有的红色文字上应用“标题1”样式，在所有的蓝色文字上应用“标题2”样式，在所有的绿色文字(小节名)上应用“标题3”样式。

【操作步骤】

(1) 选择“格式”→“样式和格式”命令，打开“样式和格式”窗格。

(2) 选择文档中的任意红色文字，点击“样式和格式”窗格中的“全选”按钮，此时文档中所有红色文字被选中。

(3) 在“请选择要应用的格式”列表框中选择“标题1”样式，则所有红色文字(章名)应用了“标题1”样式。

(4) 用相同的方法，使文档中的所有节名(蓝色文字)应用“标题2”样式。使文档中的所有小节名(绿色文字)应用“标题3”样式。

2. 修改样式

当内置的样式不能满足实际需求时，需要对内置样式进行修改。

将“标题1”样式修改成：黑体、三号、加粗、段前段后间距为6磅、2倍行距、自动更新。将“标题2”样式修改成：幼圆、四号、加粗、段前段后间距为6磅、1.73倍行距、自动更新。将“标题3”样式修改成：楷体、五号、加粗、首行缩进2字符、1.73倍行距、自动更新。

【操作步骤】

(1) 将插入点置于“标题1”文本中，在“样式和格式”窗格的“请选择要应用的格式”列表框中，使鼠标停留在“标题1”样式上，当右边出现下拉按钮时，点击该按钮，选择“修改”命令。在“修改样式”对话框的“格式”选项区域中选择“黑体”、“三号”选项。

(2) 选择“格式”→“段落”命令，将段落格式设置为：段前段后间距为6磅，2倍行距。选择“自动更新”复选框，则自动应用修改后的样式。

(3) 用相同的方法修改“标题2”、“标题3”样式。

3. 新建样式

新建样式“策划正文”，要求基于“正文”新建样式，将格式设置为楷体、五号、首行缩进2个字符，并将“策划正文”样式应用于格式为宋体、五号的全部正文文本。

【操作步骤】

(1) 在“样式和格式”窗格中点击“新样式”按钮，打开“新建样式”对话框。

(2) 在“名称”文本框内输入“策划正文”，在“后续段落样式”下拉列表框中选择“正文”选项。

(3) 将“策划正文”样式设置为：楷体、五号、首行缩进2个字符。点击“确定”按钮。这时，可以在窗格中看到新建的样式了。

(4) 选择文档中的任意正文文字，点击“样式和格式”窗格中的“全选”按钮，则选择了文档中的所有正文文本。

(5) 在“请选择要应用的格式”列表框中选择“策划正文”样式，即将新建的样式应用于全部正文文本。

4. 添加页眉

要求封面、目录、封底上没有页眉,从正文开始设置页眉,其中奇数页右侧为标题1内容,偶数页左侧为标题1内容。

【操作步骤】

(1) 选择“视图”→“页眉和页脚”命令,进入页眉和页脚编辑状态。

(2) 在页眉和页脚工具栏上点击“链接到前一个”按钮,当该按钮弹起时,页面右上角“与上一节相同”字样消失,此时断开了第2节的偶数页与第1节偶数页页眉的链接。用同样的方法断开第2节的偶数页与第3节偶数页页眉的链接。

(3) 将插入点置于正文所在的节中。

(4) 点击页眉和页脚工具栏上的“显示下一项”按钮或“显示前一项”按钮,移动到正文所在节的偶数页页眉。选择“插入”→“域”命令,在“类别”下拉列表框中选择“链接和引用”选项,在“域名”列表框中选择“StyleRef”选项,在“样式名”列表框中选择“标题1”选项,点击“确定”按钮。此时,偶数页的页眉左边出现了标题1的内容,如图8-9所示

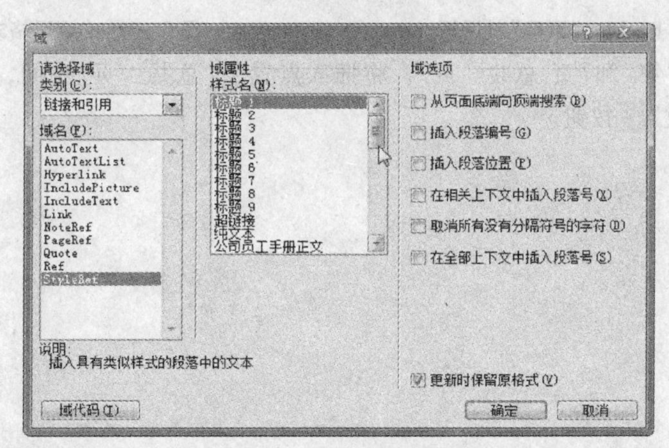

图8-9 “域”对话框

(5) 点击页眉和页脚工具栏上的“显示下一项”按钮或“显示前一项”按钮,移动到正文所在节的奇数页页眉。

(6) 重复步骤(2)(3)(4),首先断开奇数页之间节的链接,然后在奇数页上插入页眉,并将对齐方式设置为右对齐。

(7) 单击常用工具栏上的“打印预览”图标,以“1×2页”的方式预览,可以看到正文的奇偶页页眉有不同的内容。

5. 添加页脚

封面和目录页没有页码。正文页码位于底端、外侧,页码格式为“第×页 总共×页”,起始页码为1。按要求给商业策划书添加页脚。

【操作步骤】

(1) 在页眉和页脚工具栏上点击“在页眉和页脚间切换”按钮,将插入点移到页脚处(页面的底部区域)。断开奇偶页中第1节、第2节、第3节之间的页脚链接,确保所有页脚右端的

“与上一节相同”字样消失。

（2）将插入点定位在正文所在的节中。

（3）选择“插入”→“页码”命令，打开“页码”对话框，如图 8 - 10 所示。在“位置”下拉列表框中选择“页面底端（页脚）”选项，在“对齐方式”下拉列表框中选择“外侧”选项。

（4）点击“格式”按钮，打开如图 8 - 11 所示的“页码格式”对话框。在“数字格式”下拉列表框中选择“1，2，3，…”选项，在“页码编排”选项区域中选择“起始页码”单选按钮，将起始页码设置为“1”，点击“确定”按钮。

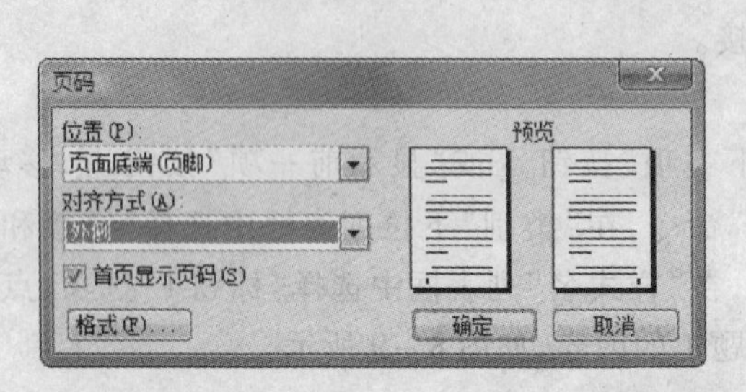

图 8 - 10　“页码”对话框

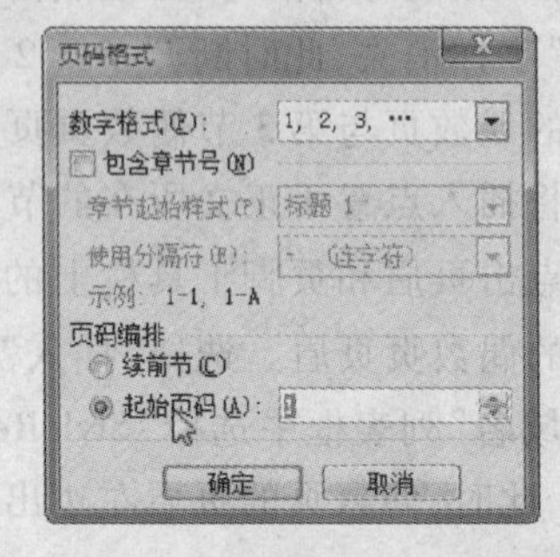

图 8 - 11　“页码格式”对话框

（5）添加文字“第”和“页 总共　页”。将插入点置于“总共　页”中间，点击页眉和页脚工具栏上的“插入页数”按钮。

任务5　制作策划书目录

1. 生成目录

利用三级标题样式生成商业策划书的目录,要求目录中含有标题1、标题2,目录文本的格式为居中、小二、黑体。

【操作步骤】

(1) 将插入点置于第一节后,即日期后,插入分节符。

(2) 输入文本“目录”并按“Enter”键。

(3) 选择“插入”→“引用” →“索引和目录”命令,选择“目录”选项卡。

(4) 在“显示级别”微调框中选择“2”选项,点击“确定”按钮,即自动生成商业策划书目录。将文本“目录”的格式设置为居中、小二、黑体。

2. 修改目录格式

若要为目录中的标题1、标题2和标题3设置不同的格式,则需要修改目录格式。

将目录1的格式修改为隶书、四号、段前段后距离0.5行,将目录2的格式修改为幼圆、五号、段前段后距离0.2行、缩进2个字符。

【操作步骤】

(1) 将插入点置于目录中的任意位置。打开“索引和目录”对话框, 在“格式”下拉列表框中选择“来自模板”选项。点击“修改”按钮,打开“样式”对话框。

(2) 在“样式”列表框中选择“目录1”选项,点击“修改”按钮,按要求进行修改。再用相同的方法修改目录2和目录3的样式。连续点击“确定”按钮,退出“索引和目录”对话框,随之打开“Microsoft Office Word”对话框,点击“确定”按钮。

3. 制作模板

根据现有文档创建策划书模板。

【操作步骤】

(1) 打开“另存为”对话框,在“保存类型”下拉列表框中选择“文档模板”选项。“模板”文件夹是“保存位置”下拉列表框中的默认文件夹。

(2) 在“文件名”文本框中键入新模板的名称,点击“保存”按钮。

(3) 在新模板中删除所有内容,点击“保存”按钮,关闭文件。

项目总结

本项目通过编排商业策划书着重训练制作或设计文档封面、封底、页眉页脚、正文版式的技能,使用样式为文档的标题、正文等排版的技能,以及目录的生成和编辑排版技巧等。

对长文档进行编辑排版时,应先设计好文档的版面大小和版式,定义各级标题、正文、图表等要素的排版样式,利用样式和格式刷方便、快速地编辑、整理文档,提高文档排版效率。只有通过进行工作报告、调查报告、研究报告、论文、商品使用手册、电子杂志、中长篇小说等文档的录入、编辑、排版方面的训练和实践,才能掌握文档的版式设计与编辑排版技能。

项目拓展

参照“汽车杂志(样例).pdf”,对“汽车杂志(素材).doc”进行排版,另存为“汽车杂志(学号+姓名).doc”,具体要求如下。

1. 设置页面及文档属性

(1) 页面纸张大小:A4;页边距:上边距2.5厘米,下边距2厘米,左、右边距各3厘米;页眉页脚:奇偶页不同。

(2) 设置文档属性。标题:汽车杂志;作者:学号+姓名;单位:所在班级。

2. 使用样式

(1) 对所有的蓝色文字(章名)应用“标题1”样式。

(2) 将“标题1”样式修改成:黑体、二号、段前段后间距为0.5行、1.5倍行距。

(3) 创建新样式“杂志”,要求文档正文的格式为宋体、小四、首行缩进2个字符,要求该样式基于“正文”样式,并将“杂志”样式应用于楷体、五号字的文本。

3. 为文档添加目录

参照一级标题样式生成汽车杂志目录,要求目录中仅含有标题1,其中“目录”文本的格式为居中、小一、隶书。

4. 插入分隔符

插入2个分节符,使封面、目录和正文各占一节。

5. 为文档添加页眉

封面、目录、封底上没有页眉。从正文开始设置页眉,其中奇数页右侧为标题1内容,偶数页左侧为标题1内容。

6. 为文档添加页脚

封面和目录页没有页码。正文页码位于底端、外侧,页码格式为“第×页 总共×页”,起始页码为1。

7. 参加样例设计封面和封底

实训项目 9

编排销售月报表

项目描述

奕轩汽车公司要求全国的代理销售服务商每月上报销售月报表，公司销售总监要求秘书制定并向每个代理销售服务商下发销售月报表文件。本项目的主要任务是完成奕轩汽车生产与销售情况月报表（如图 9－1 所示）的制作，重点掌握创建、修饰表格以及统计分析表格数据的方法。

奕轩汽车生产与销售情况月报表

填报单位：　奕轩汽车股份有限公司　　　　201 年　月

产品分类名称	期初库存（辆）	生产			销售					其中：代理销售	期末库存（辆）
		本月（辆）	累计（辆）	去年同期（辆）	本月（辆）	金额（万元）	累计（辆）	余额（万元）	去年同期（辆）		
汽车总计	11070	8394	66013	71238	10785	133412.37	65944	799449.49	71169		8679
莲　花	6114	5689	39874	37875	7129	94947.84	40215	567066	38313		4674
奥龙之轩	3683	1890	19557	23991	2542	23947.97	18481	148960.79	23754		3031
飞　亚	484	323	1808	1489	310	6359.72	1556	33309.42	1408		497
白雪公主	414	462	1576	1740	408	5720.23	1601	24287.37	1528		468
亚　当	0	30	366	430	21	167.16	372	2961.12	390		9
东方之子	375	0	2832	5713	375	2269.45	3719	22864.79	5776		0

部长：　　科长：　　制表：　　201 年　月　日

图 9－1　生产与销售月报表效果图

技能目标

- 能用 Word 编排、制作各种常用表格文档。
- 能利用 Word 的表格分析功能制作曲线和图表。

环境要求

- 硬件：普通台式计算机或笔记本电脑。
- 软件：Windows 操作系统、MS Office Word 软件或 WPS Office 系列软件中的相应软件。

任务1　编辑报表内容

1. 新建 Word 文档

新建 Word 文档,以"奕轩汽车生产与销售情况月报表.doc"为文件名保存到 E 盘的"销售报表"文件夹下。

【操作步骤】

(1) 双击桌面上的图标,打开 Word 文档。

(2) 单击常用工具栏中的"保存"图标,保存文档。

2. 编辑表格

输入表格标题:奕轩汽车生产与销售情况月报表。将文字格式设置为:黑体、小二、居中。插入一个 11 行 12 列的规则表格。

【操作步骤】

(1) 输入文字并选中文字"奕轩汽车生产与销售情况月报表"。

(2) 选择"格式"→"字体"命令,将文字格式设置为黑体、小二。

(3) 选择"格式"→"段落"命令,将段落格式设置为居中。

(4) 选择"表格"→"插入"→"表格"命令,弹出"插入表格"对话框。

(5) 将列数修改为 12,将行数修改为 11。

(6) 点击"确定"按钮。

3. 合并单元格

【操作步骤】

(1) 选择表格中第 1 行的第 1 列和 2 列,单击表格和边框工具栏上的"合并单元格"图标,或者选择"表格"→"合并单元格"命令,即可将 2 个单元格合并成 1 个单元格。

(2) 用同样的方法将第 1 行第 3 ~ 10 列合并、第 11 ~ 12 列合并。

(3) 用同样的方法将第 2 ~ 3 行的第 1 列合并、第 2 ~ 3 行的第 2 列合并、第 2 ~ 3 行的第 11 列合并,第 2 ~ 3 行的第 12 列合并。

(4) 用同样的方法将第 2 行的第 3 ~ 5 列合并,第 2 行的第 4 ~ 10 列合并。

(5) 用同样的方法将第 11 行的第 11 ~ 12 列合并。

4. 自动调整表格

【操作步骤】

(1) 单击表格左上角的图标,即可选择整个表格。

(2) 选择"表格"→"自动调整"→"根据窗口调整表格"命令,使表格自动适应文档宽度。

5. 调整高度

【操作步骤】

(1) 将鼠标置于表格左边的空白区域,按住鼠标左键向下拖动,选择整个表格。

(2) 选择"表格"→"表格属性"命令,选择"行"选项卡。

(3) 选择“指定高度”复选框,在其后的文本框中输入“1 厘米”,在“行高值是”下拉列表框中选择“最小值”选项,依次点击“确定”按钮,如图 9 - 2 所示。

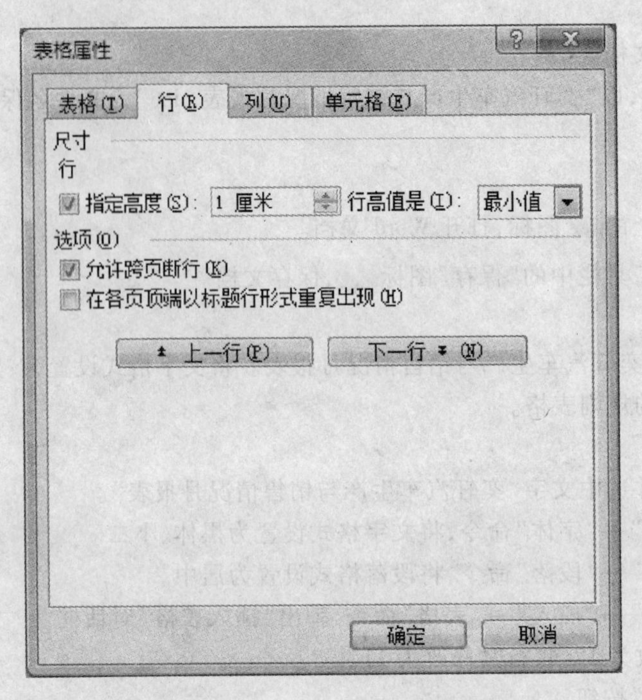

图 9 - 2 “表格属性”对话框

6. 设置表格边框

【操作步骤】

(1) 将鼠标置于表格左边的空白区域,按住鼠标左键向下拖动,选择第 2 行至第 10 行表格。

(2) 将边框的线型设置为直线,粗细设置为 1.5 磅,外侧框线设置为“外框线”。不调整内边框。

(3) 单击常用工具栏上的“保存”图标保存表格。

任务2　统计和分析数据

1. 求和

【操作步骤】

(1) 将插入点置于“汽车总计”单元格右侧的“期初库存”单元格(即B4单元格)内。

(2) 选择“表格”→“公式”命令,打开“公式”对话框。

(3) 在“公式”文本框内输入公式“=SUM(BELOW)”,点击“确定”按钮。

2. 使用自定义公式计算

【操作步骤】

(1) 将插入点置于“汽车总计”单元格右侧的“期末库存”单元格(即L4单元格)内。

(2) 选择“表格”→“公式”命令,打开“公式”对话框。

(3) 在“公式”文本框内输入公式“=B4+C4-F4”(公式的含义为期末库存=期初库存+本月生产-本月销售),点击“确定”按钮。

3. 分析数据

按期末库存值对表格进行降序排序。

【操作步骤】

(1) 选中第4行至第10行。

(2) 选择“表格”→“排序”命令,打开“排序”对话框。

(3) 在“主要关键字”下拉列表框中选择“期末库存”选项,选择“降序”单选按钮,点击“确定”按钮,表格数据即按期末库存数据大小降序排列。

(4) 单击常用工具栏上的“保存”图标保存表格。

任务3　打 印 结 果

1. 为文档加密

【操作步骤】

(1) 选择“工具”→“选项”命令,打开“选项”对话框。

(2) 选择“安全性”选项卡,在“打开文件密码”、“修改文件密码”文本框内输入你要设置的密码,再次键入密码,如图9-3所示。

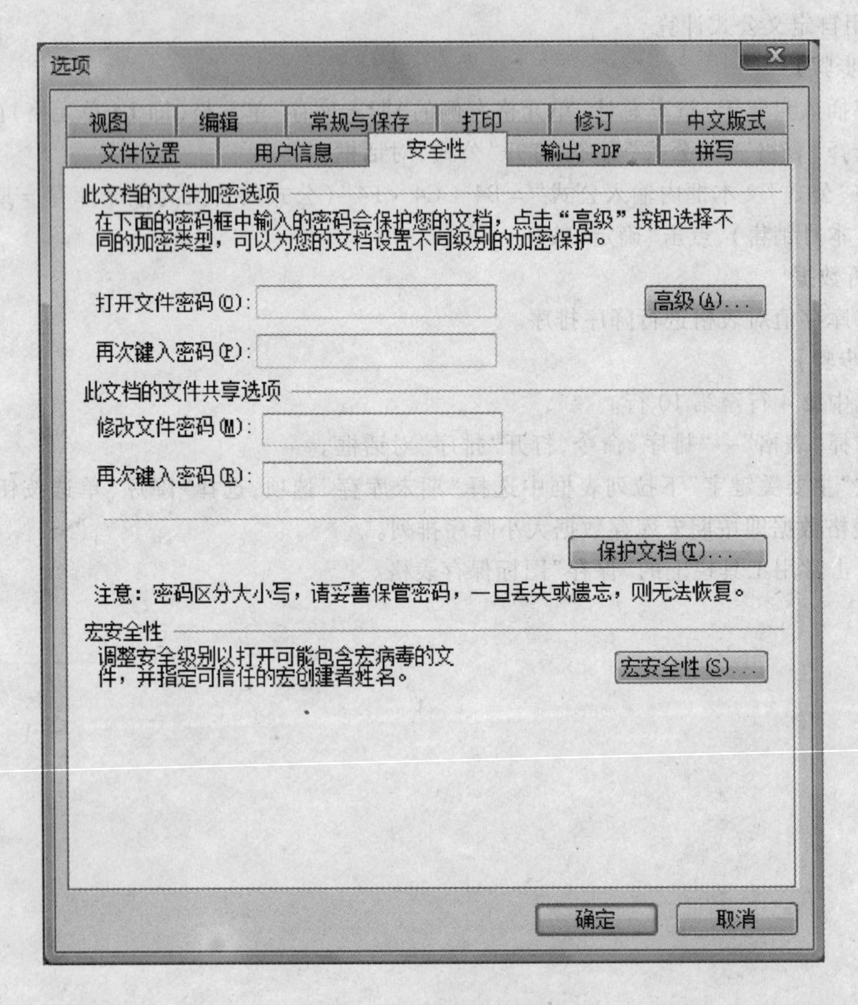

图9-3　“安全性”选项卡

2. 打印文档

【操作步骤】

(1) 为确保文档打印效果较好,单击常用工具栏上的“打印预览”图标,这样可避免盲目打印,节约纸张。

(2) 通过打印预览查看文档的版式和内容，感到满意后单击常用工具栏上的“打印”图标。

(3) 打印当前文档的全部内容。

项目总结

本项目通过制作奕轩汽车生产与销售情况月报表，着重训练了数据表格的创建、表格格式的设置、表格行高和列宽的调整、单元格的合并与拆分、为表格排序、使用公式计算等技能。

对于公司的重要文件，还可以进行加密处理。只有通过对日常工作中常用到的个人简历、实习报告、学习总结、申请书、工作计划、公告文件、调查报告等文档进行编辑和排版，才能逐步积累数据报表编辑排版经验，并在实际工作中灵活自如地运用相关方法和技巧。

项目拓展

制作如图 9－4 所示的奕轩汽车主要规格及价格表，基本要求如下。

(1) 创建一个 78 行 5 列的规范表格。

(2) 将表格的高度调整为最小值 6 磅。

(3) 表格中第一列的对齐方式是中部两端对齐，其他列为中部居中对齐。

(4) 表格的填充颜色为灰色－12.5%。

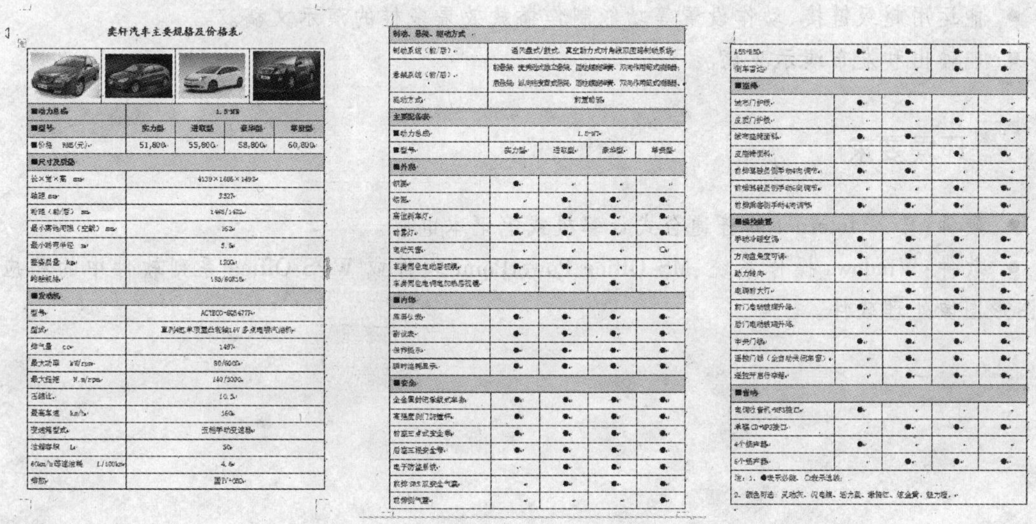

图 9－4 奕轩汽车主要规格及价格表

实训项目 10

制作招商演讲稿

项目描述

奕轩汽车公司将在全国各大城市进行巡回招商演讲，为配合公司宣传，需要制作奕轩汽车招商演讲稿。本项目主要介绍如何制作招商演讲稿，通过本项目的学习，读者将学会幻灯片制作、文字编排、图片的插入、幻灯片版式的更改、幻灯片动画效果的设置、幻灯片放映效果的设置、交互式演讲文稿的创建等方法和技巧。

技能目标

- 能用 PPT 编辑制作含有多媒体信息的感染力强的演示文稿。
- 能灵活运用自定义动画和切换功能制作动感十足的演示文稿。
- 能运用超级链接、动作设置等功能制作播放效果多样的演示文稿。
- 能输出和发布演示文稿。

环境要求

- 硬件：接入 Internet 的普通台式计算机或笔记本电脑。
- 软件：Windows 操作系统、MS Office PowerPoint 软件或 WPS Office 系列软件中的相应软件、图形图像处理软件。

任务1　规划演讲内容

1. 规划演讲步骤

一个完整的演示(讲)基本上包括4个阶段:规划、准备、练习和发表演讲。产品介绍演示文稿需要包括概述、特征与功能、应用、细节等方面的内容。公司招商演讲稿则需要包括公司介绍、公司产品介绍、产品特点、市场前景、联系方法等内容。

2. 规划演示文稿的色彩

当我们看到一种色彩时,心理上会有一定的感觉,这种感觉称为色彩意象。下面讲述各种颜色的色彩意向。

红色:由于红色象征活力、积极、热情、前进等,所以许多企业都用红色来象征自己的企业形象与精神。同时由于它比较醒目、容易识别、具有较强的视觉冲击力,所以也常作为警告、危险、禁止、防火等标示用色。在工业安全用色中,红色是警告、危险、禁止和防火的指定色。

黄色:黄色象征着灿烂、年轻、光明、辉煌、权力、骄傲。在工业安全用色中,黄色是警告危险色,常用来警告有危险或提醒人们注意,如交通上用到了黄灯。

绿色:绿色具有和平、宁静、生机勃勃、清爽的意象,符合卫生保健业的需求,医疗场所常采用绿色作为空间色彩,目的在于给病人生存的希望。工厂中为了避免工人操作时眼睛感到疲劳,许多机械都是绿色的。

蓝色:蓝色象征沉稳、理智、准确、博大等,因此在商业设计中,强调科技水平高、效率高的商品或企业大多选用蓝色作为标准色,如计算机、汽车、摄像器材等产品或生产厂家。另外,蓝色还具有忧郁的意象,因此在文学作品或有感性诉求的商业设计中通常会用到蓝色。

黑色:黑色具有高贵、稳重、科技水平高的意象,许多科技产品,如电视、跑车、摄像机、音响等大多采用黑色。黑色的庄严意象也常使黑色能用在一些特殊场合的空间设计中,例如生活用品和服饰大多利用黑色来塑造高贵的形象,和白色一样,黑色也是永远流行的颜色之一。

白色:白色具有高级、科技水平高的意象,通常需要和其他色彩搭配使用。纯白色会给人寒冷、严峻的感觉,所以在使用白色时都会掺其他色彩,如象牙白、米色、乳白等。

灰色:灰色具有柔和、高雅的意象,属于中性色,男女皆能接受,所以灰色也是永远流行的颜色之一。许多高科技产品,尤其是和金属材料有关的产品,几乎都采用灰色塑造高级、科技水平高的形象。使用灰色时,会发现灰色一旦靠近鲜艳的暖色就会显出冷静的品格,一旦靠近冷色,就会显得温和。

因此,在制作奕轩汽车公司招商演讲稿时,采用蓝色作为演示文稿基准色,塑造奕轩汽车公司沉稳、大气的企业形象。

任务 2 制作演示幻灯片

1. 设计并制作片头

启动 PowerPoint 2003。创建第 1 张幻灯片(如图 10 - 1 所示),在幻灯片中输入文字、插入图片,运用幻灯片设计模板设计并制作幻灯片。

【操作步骤】

(1) 选择“文件”→“新建”命令,新建一个空白的演示文稿。

(2) 以“奕轩汽车招商演讲稿.ppt”为文件名保存演示文稿。

(3) 选择“格式”→“幻灯片设计”命令,应用光盘上的“招商模板.pot”模板。

(4) 插入文本框,输入“奕轩　　招”,将格式设置为微软细黑,60 号,RGB 颜色为红色 0、绿色 0、蓝色 153。

(5) 在“奕轩”与“招”之间的空格处插入图片“汽车.gif”,在汽车图片的下方插入奕轩汽车的标志“yixuan.jpg”,调整 2 张图片的大小、位置和透明度,使图片传达“奕轩汽车推动汽车工业发展”的喻义。

(6) 在“招”字后插入图片“商字.jpg”,使图片传达“与奕轩汽车合作,既有商机,还有钱机”的喻义。

(7) 插入艺术字“民族的,才是世界的”。图片中艺术字的格式设置为:第 2 行第 4 列的艺术字样式,华文琥珀,36 号,深蓝色 0.75 磅线条。设置好艺术字后将其调整到合适的位置。

2. 设计并制作导航界面(如图 10 - 2 所示)

【操作步骤】

(1) 选择“插入”→“新幻灯片”,选择“空白”幻灯片。

(2) 在“单击此处添加标题”处输入“奕轩汽车招商方案目录”。

(3) 插入图片“center. tif”,将其调整至适当的位置。

(4) 添加按钮。分别插入 6 个不同颜色的按钮,将它们调整到适当的位置。

(5) 绘制线条。单击绘图工具栏上的“直线”图标,按住“Shift”键,在每个按钮后面添加直线,双击线条,将线条设置成圆点虚线、2.25 磅的粗线。复制 5 次,将线条调整到适当的位置。

图 10 - 1 第 1 张幻灯片

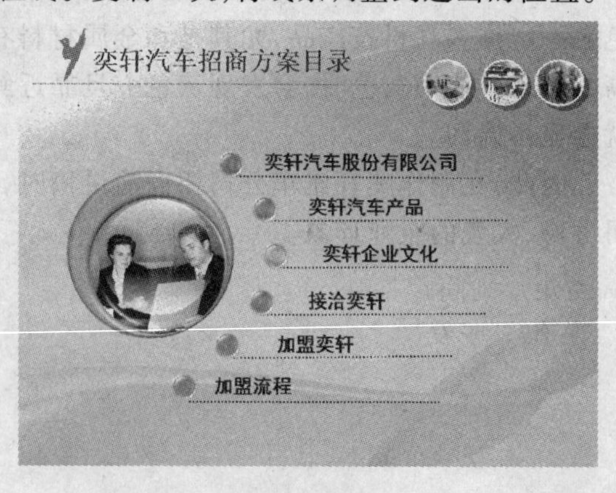

图 10 - 2 第 2 张幻灯片

(6) 插入文本框,输入如图 10 - 2 所示的文字,将文字格式设置为:黑体,24 号,黑色。

(7) 按住“Shift”键,选择蓝色按钮及右边的文本框和虚线,选择绘图工具栏上的“绘图”→“组合”命令,即可将它们组合在一起。重复 5 次。

3. 设计并制作主题幻灯片(如图 10 - 3 所示)

【操作步骤】

(1) 选择“插入”→“新幻灯片”命令,选择“只有标题”幻灯片。

(2) 在下方插入一个圆角矩形,将其填充效果设置为双色,颜色 1 的 RGB 颜色为红色 24、绿色 47、蓝色 94,颜色 2 的 RGB 颜色为红色 51、绿色 102、蓝色 204。

(3) 右击圆角矩形框,在快捷菜单中选择“编辑文本”命令,即可在文本框中录入如图 10 - 3 所示的文字,将文字的格式设置为:微软细黑,18 号,1.45 倍行距。

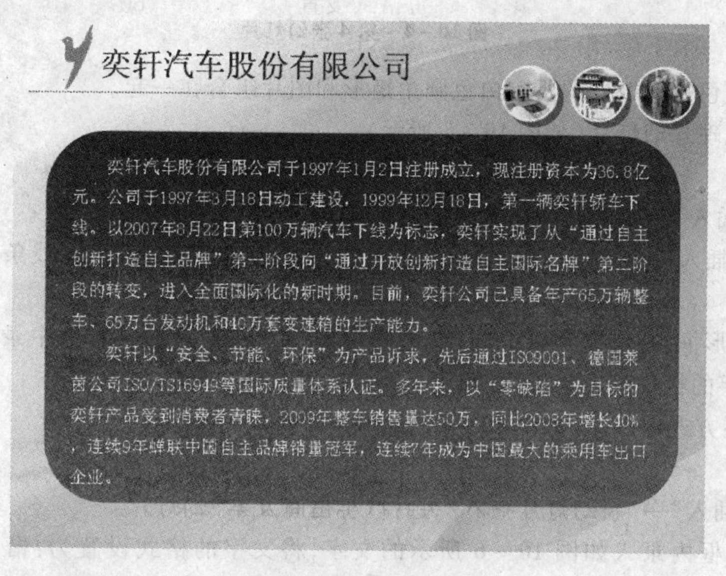

图 10 - 3　第 3 张幻灯片

4. 设计产品介绍幻灯片(如图 10 - 4 所示)

【操作步骤】

(1) 选择“插入”→“新幻灯片”命令,选择“只有标题”幻灯片。

(2) 制作电影胶片效果。

① 在下方插入一个矩形,将其填充颜色设置为深蓝色,线条也为深蓝色。

② 绘制一个圆角矩形,高度为 0.8 厘米,宽度为 0.4 厘米,填充颜色和线条颜色均为白色。

③ 将白色圆角矩形复制 19 次,将它们的对齐或分布效果设置为顶端对齐、横向分布,使每个圆角矩形的间距相等。

④ 组合所有(20 个)圆角矩形。

⑤ 复制圆角矩形,将它们分别置于矩形的上、下端。

⑥ 在圆角矩形中间的空白位置处插入 2 张奕轩产品图片,设置它们的大小和位置。

⑦ 重复第②、③、④、⑤、⑥步,插入 2 张不同的奕轩产品图片,设置它们的大小和位置。效果如图 10 - 4 所示。

图 10－4　第 4 张幻灯片

⑧ 将除深蓝色矩形以外的所有白色圆角矩形和图片组合在一起。

5. 设计文化理念幻灯片(如图 10－5 所示)

【操作步骤】

(1) 选择“插入”→“新幻灯片”命令,选择“只有标题”幻灯片。

(2) 在下方插入一个矩形,将其填充颜色设置为白色、透明度为 25%,线条为深蓝色、25 磅、实线。

(3) 右击矩形框,在快捷菜单中选择“编辑文本”命令,即可在文本框中录入如图 10－5 所示的文字,将文字的格式设置为楷体、28 号。

6. 设计联系方式幻灯片(如图 10－6 所示)

【操作步骤】

(1) 选择“插入”→“新幻灯片”命令,选择“标题和文本”幻灯片。

(2) 在文本框内录入如图 10－6 所示的文字,将文字的格式设置为:楷体,26 号,1.5 倍行距。

(3) 添加项目符号❖。

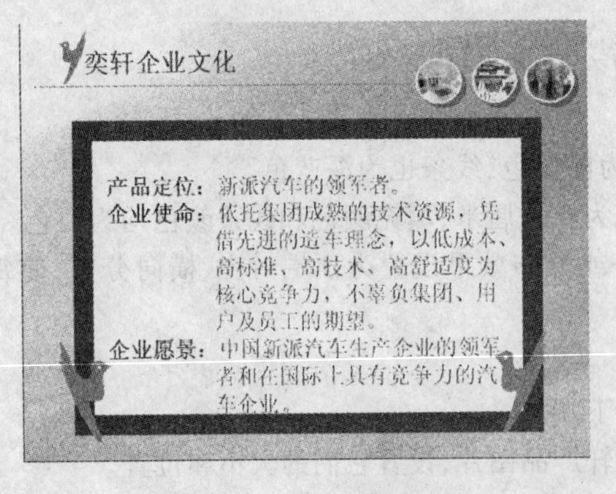

图 10－5　第 5 张幻灯片

图 10－6　第 6 张幻灯片

7. 插入演示文稿文件作为片尾

【操作步骤】

（1）选择“插入”→“幻灯片（从文件）”命令，从光盘文件中选择“奕轩招商片尾. ppt”文件，选择“保留源格式”复选框之后点击“全部插入”按钮，如图 10 – 7 所示。

（2）保存文件。

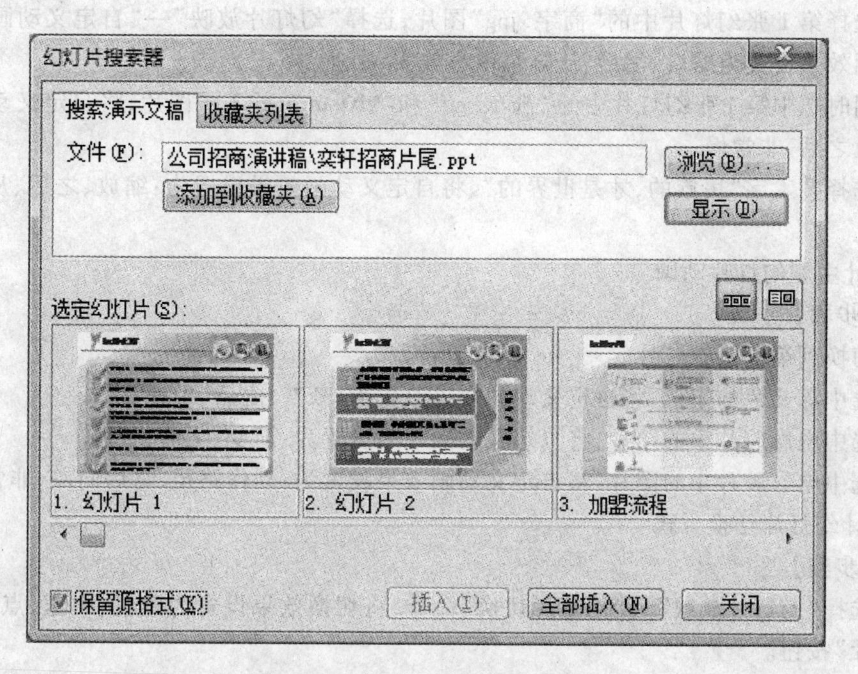

图 10 – 7 “幻灯片搜索器”对话框

任务 3　设计播放动作和特效

1. 设计动画效果

【操作步骤】

（1）选择第 1 张幻灯片中的“商字. jpg”图片，选择“幻灯片放映”→“自定义动画”命令，将自定义动画效果设置为缩放、之后、从屏幕中心放大、中速。

（2）同时选中第 1 张幻灯片中的“汽车. gif”和“yixuan. jpg”2 张图片，将自定义动画效果设置为：升起、之后、非常慢。

（3）选择艺术字“民族的，才是世界的”，将自定义动画效果设置为：缩放、之后、从屏幕中心放大、中速。

2. 设计主题幻灯片动画

【操作步骤】

（1）切换到第 4 张幻灯片。

（2）选中深蓝色的矩形，将自定义动画效果设置为：渐变、之后、中速。

（3）选中电影胶片中的图片，将自定义动画效果设置为：渐变、之前、中速。

（4）选中电影胶片中的图片，将自定义动画效果设置为：动作路径、之后向左、非常慢。

3. 设计幻灯片切换方式

【操作步骤】

（1）选择“幻灯片放映”→“幻灯片切换”命令，将切换效果设置为随机、中速，点击“应用于所有幻灯片”按钮。

（2）选择第 2 张幻灯片，将切换方式设计为从中央向左右扩展、快速。切勿点击“应用于所有幻灯片”按钮。

4. 设计超链接（也称为超级链接）效果

【操作步骤】

（1）切换到第 2 张幻灯片。

（2）选择“奕轩汽车股份有限公司”文本框，选择“插入”→“超链接”命令，在弹出的对话框中选择链接到本文档中的“幻灯片 3”，点击“确定”按钮，如图 10 – 8 所示。

（3）用同样的方法为其他文本框与演示文稿中相应的幻灯片建立超链接。

5. 设置动作

【操作步骤】

（1）切换到最后一张幻灯片。

（2）选择“REPLAY”文本框，选择“幻灯片放映”→“动作设置”命令，在弹出的对话框中选择超链接到第 1 张幻灯片，点击“确定”按钮，如图 10 – 9 所示。

（3）用同样的方法为最后一张幻灯片中的“重播”文本框设置动作。

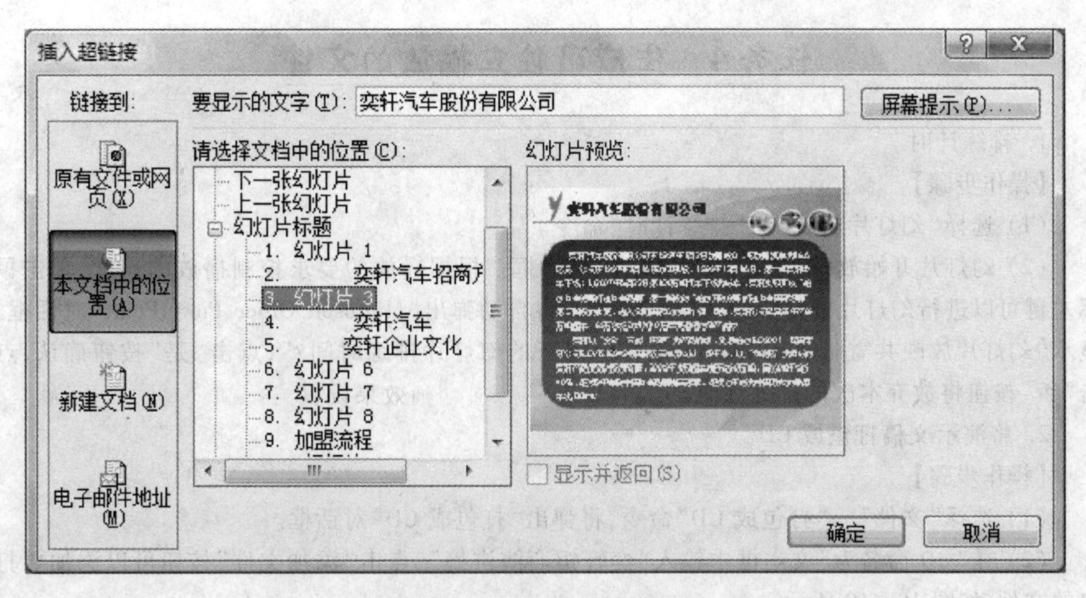

图 10－8　“插入超链接”对话框

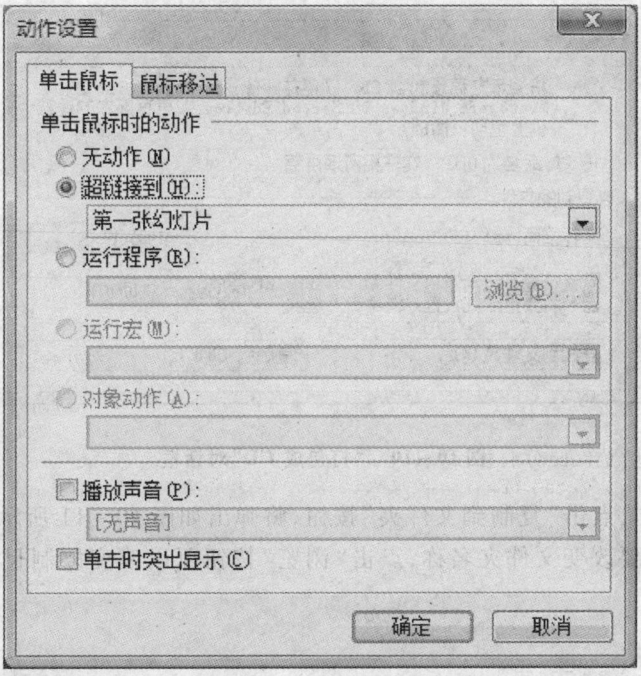

图 10－9　“动作设置”对话框

任务 4　生成可独立播放的文件

1. 排练计时

【操作步骤】

(1) 选择“幻灯片放映”→“排练计时”命令。

(2) 幻灯片开始放映,同时出现“预演”对话框。根据播放的要求控制播放的速度,单击鼠标左键可以进行幻灯片的排练,全部播放完毕,将自动弹出“Microsoft Office PowerPoint”对话框,显示“幻灯片放映共需时间 0:45:00,是否保留新的幻灯片排练时间?”,点击“是”按钮确认,点击“否”按钮将放弃本次的排练计时。

2. 将演示文稿打包成 CD

【操作步骤】

(1) 选择“文件”→“打包成 CD”命令,将弹出“打包成 CD”对话框。

(2) 在“CD 命名为”文本框中输入“奕轩招商演讲稿”,点击“添加文件”按钮可以添加要打包的文件,如图 10 - 10 所示。

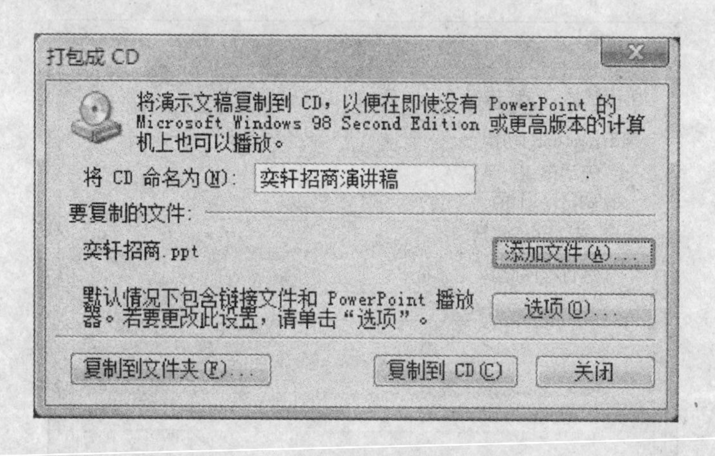

图 10 - 10　“打包成 CD”对话框

(3) 在对话框中,点击“复制到文件夹”按钮,将弹出如图 10 - 11 所示的“复制到文件夹”对话框,可以根据需要改变文件夹名称,点击“浏览”按钮可以改变复制目的地。点击“确定”按钮。

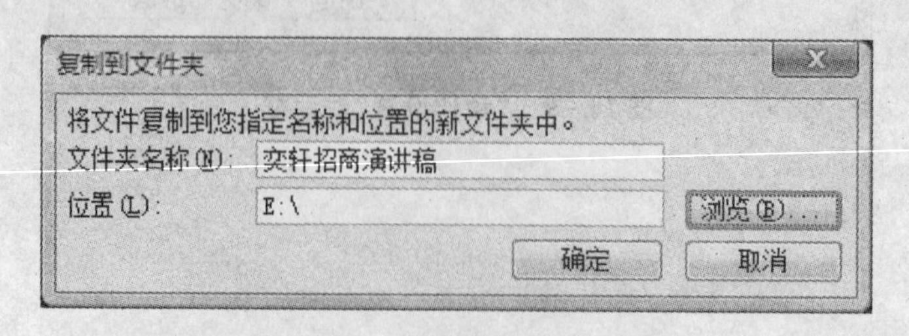

图 10 - 11　“复制到文件夹”对话框

3. 发布幻灯片

【操作步骤】

(1) 将演示文稿另存为 Web 网页。

(2) 选择“文件”→“另存为网页”命令，打开“另存为”对话框。

(3) 在该对话框中选择保存位置，再点击“保存”按钮。

任务 5 演示并讲解作品

1. 放映幻灯片

【操作步骤】

(1) 选择“幻灯片放映”→“观看放映”命令或按“F5”键开始放映幻灯片。

(2) 若在编辑的时候想查看当前幻灯片的放映效果,点击按钮或按“Shift” + “F5”键即可。

(3) 单击鼠标左键继续放映幻灯片,直到结束。若想在中途停止播放,可以按“ESC”键取消放映。

2. 取消排练计时

【操作步骤】

选择“幻灯片放映”→“观看放映”命令时,将换片方式改换成手动,即可在人工控制播放时取消排练计时,如图 10 - 12 所示。

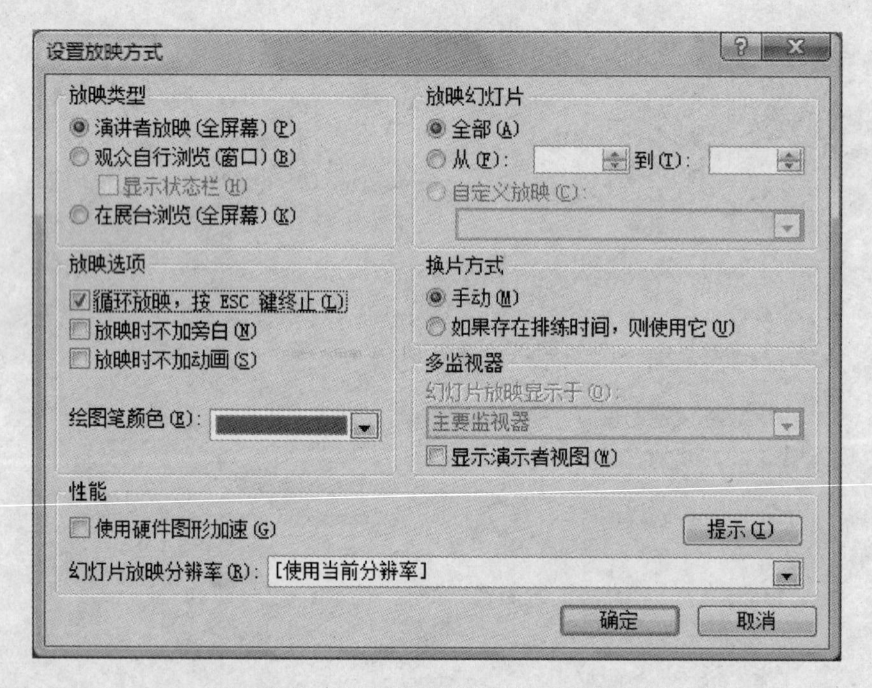

图 10 - 12 “设置放映方式”对话框

3. 添加旁白

在播放的时候如需要边演示边讲解作品内容,可以添加旁白。

【操作步骤】

选择“幻灯片放映”→“录制旁白”命令,在出现的“录制旁白”对话框中点击“确定”按钮,即可边放映边进行解说,如图 10 - 13 所示。

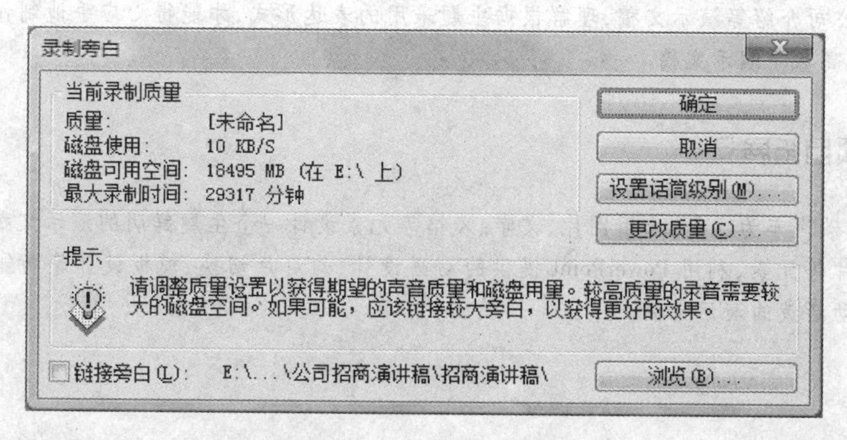

图 10－13 “录制旁白”对话框

4. 设置白屏解说

在播放的时候如需要用笔来说明作品内容,可以将屏幕切换成白屏。

【操作步骤】

在放映幻灯片的时候,右击幻灯片,选择“指针选项”→“圆珠笔”命令,也可更改墨迹颜色,选择“屏幕”→“白屏”命令,这样就可以用圆珠笔在白屏上写字了,如图 10－14 所示。

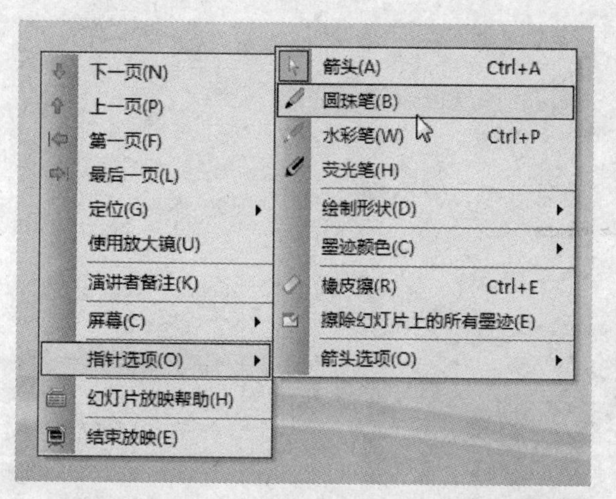

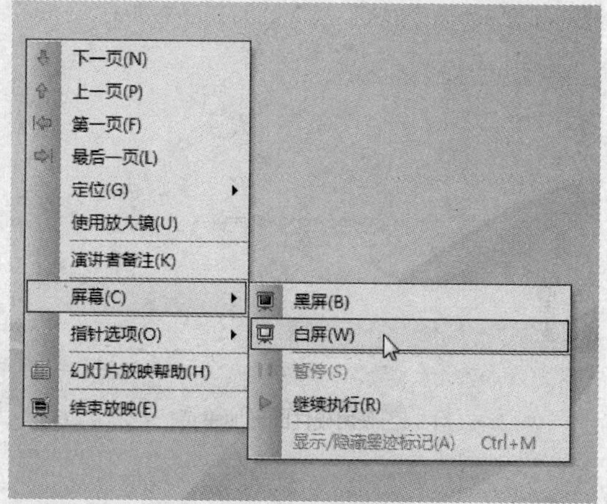

图 10－14 白屏解说设置

项目总结

本项目通过制作奕轩汽车招商演讲稿,重点训练了利用 PowerPoint 软件制作演示文稿的技能,其中需要重点掌握插入图文信息、修饰美化演示文稿、放映幻灯片的方法。

要制作精美的演示文档,除了熟练掌握和运用 PowerPoint 软件的功能外,还需要了解幻灯片的版式规划和配色方案。只有多学习和观摩日常工作中用到的技术报告、产品展示文稿、会议报告、个人或公司介绍等演示文稿，理解根据主题采用的表达形式，才能得心应手地制作图文并茂、生动活泼的高水平演示文稿。

项目拓展

请以低碳汽车为主题，选用图片、文字、表格等元素设计一个主题鲜明的演示文稿，适当地插入音乐、影片等元素，利用 PowerPoint 提供的动画设计、幻灯片切换、模板设计等功能，制作一个精美的、生动活泼的演示文稿。

实训项目 11

制作市场分析报告

项目描述

奕轩汽车公司在向全国各大城市进行巡回招商演讲后，与各经销商详细分析汽车市场，制作市场分析报告。本项目要求读者学会幻灯片的制作、文字编排、图片的插入、图表的制作、表格的制作、设计模板的选用、幻灯片版式的更改、幻灯片动画效果的设置、幻灯片放映效果的设置、放映方式的设置、交互式演讲文稿的创建等技能。

技能目标

- 能用 PPT 编辑制作含有多媒体信息的感染力强的演示文稿。
- 能灵活运用自定义动画和切换功能制作动感十足的演示文稿。
- 能运用超级链接、动作设置等功能制作播放效果灵活多样的演示文稿。
- 能输出和发布演示文稿，会将演示文稿打包并在网上发布。

环境要求

- 硬件：普通台式计算机或笔记本电脑。
- 软件：Windows 操作系统、MS Office PowerPoint 软件或 WPS Office 系列软件中的相应软件。

任务1　设计、规划演示文稿与准备素材

演示文稿的设计过程可以分成如下几个阶段。首先获得基本资料，制作方案，从文稿中提取关键词，在关键词的基础上确定幻灯片的版式，制作出基本的幻灯片。然后设计幻灯片母版，进行整体设计，通过设置格式、制作图表、插入对象等操作详细地设计每张幻灯片。需要叙述的时候，可以录制叙述内容插入到幻灯片中，在对象及文本上应用设置好的动画，最终完成整个文稿的制作。最后，设置画面切换时间，让幻灯片自动放映。

获得基本资料，制作好方案后，就可以详细设计每张幻灯片，可以将设计思路记录在如表11－1所示的脚本设计表中。

表11－1　演示文稿脚本设计表

序号	幻灯片主题	关键词	幻灯片版式	素材		动画效果	
				类型	内容	自定义动画	幻灯片切换
1	演示文稿封面	分析报告	文本型幻灯片	文本	公司名称	擦除	溶解
					报告名称	缩放	
					制作者名字	擦除	
2	导航目录	目录	文本型幻灯片	文本	目录	—	—
3	前言幻灯片	前言	文本型幻灯片	文本	前言	出现	—
4	导航幻灯片	特征描述	文本型幻灯片	文本	调查样本总体特征描述	出现	—
5	主题幻灯片	—	图表型、文本型幻灯片	图表	饼图	擦除	—
					柱形图	下降	
					文字	—	
6	主题幻灯片	—	图表型幻灯片	图表	柱形图	—	—
					文字	—	
7	主题幻灯片	—	图表型幻灯片	图表	折线图	—	—
					文字	—	
8	主题幻灯片	—	组织结构型幻灯片	组织结构图	—	—	—
9	主题幻灯片	—	表格型幻灯片	表格	—	—	—
10	主题幻灯片	—	自选图形型幻灯片	自选图形	—	—	—

续表

序号	幻灯片主题	关键词	幻灯片版式	素材		动画效果	
				类型	内容	自定义动画	幻灯片切换
11	主题幻灯片	—	自选图形型幻灯片	自选图形	—	—	
12	主题幻灯片	—	自选图形型幻灯片	自选图形	—	—	—
13	主题幻灯片	—	自选图形型幻灯片	自选图形	—	—	—
14	主题幻灯片	—	自选图形型幻灯片	自选图形			—
15	主题幻灯片	—	插入文件型幻灯片	文件	—	—	
16	片尾幻灯片	—	图片型幻灯片	图片	—	—	—

任务 2　制作演示文稿

1. 制作演示文稿封面

【操作步骤】

(1) 打开光盘上的演示文稿模板“骄子之路. dpt”(WPS Office 系列软件中的 WPS 演示文件)。

(2) 将幻灯片以“汽车消费市场分析报告. ppt”为文件名保存。

2. 设计演示文稿封面

【操作步骤】

(1) 将“骄子之路. dpt”模板中的文字用图 11 - 1 中所显示的文字替换。

(2) 将文字“汽车消费市场分析报告”的格式设置为黑体、36 号。

3. 制作目录

【操作步骤】

将模板中的第 2 张幻灯片进行如下修改。

(1) 复制红色条形框,作为最后一条。

(2) 在“点击添加文字”处添加图 11 - 2 所示的文字。

图 11 - 1　封面幻灯片

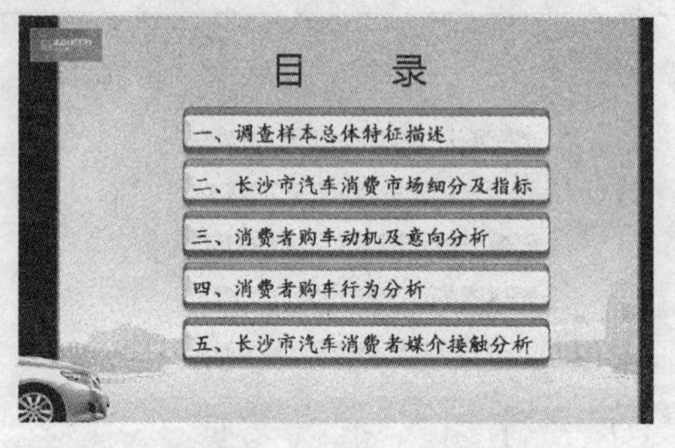

图 11 - 2　目录幻灯片

4. 制作主题幻灯片(修改文本)

【操作步骤】

(1) 交换“骄子之路. dpt”模板中的第 3 张幻灯片和第 4 张幻灯片的位置。

(2) 修改模板中的第 3 张幻灯片,在“请输入相应说明介绍……”处添加图 11 - 3 所示的文字。

(3) 用同样的方法参照图 11 - 4 修改第 4 张幻灯片。

5. 制作主题幻灯片(制作图表)

【操作步骤】

(1) 插入一张新幻灯片作为第 5 张幻灯片,将幻灯片的内容版式设计为大标题、两项小型内容和一项大型内容,如图 11 - 5 所示。

(2) 单击左上角“单击图标添加内容”中的第 2 个图标(插入图表),进入图表编辑状态。

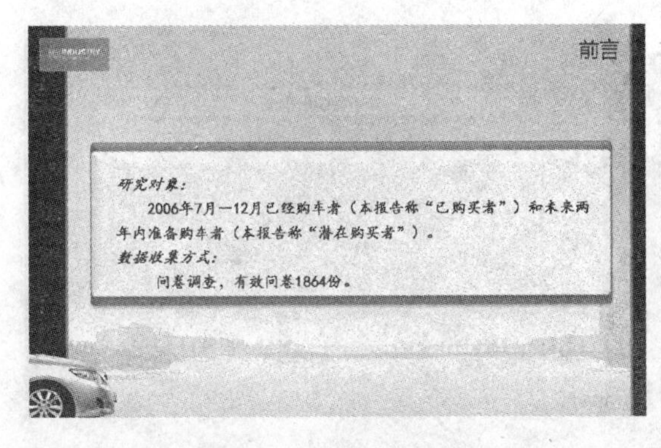

图 11－3　前言幻灯片

图 11－4　第 4 张幻灯片

(3) 在图表编辑区域右击，选择标准类型中的饼图类型，子类型为三维饼图。

(4) 将下方的 Excel 数据表内容删除，在原“第 1 季度”处用“男”替换，并将“第 3 季度”和“第 4 季度”所在的列删除，将“西部”和“北部”所在的行删除。修改后的 Excel 数据表内容如图 11－6 所示。

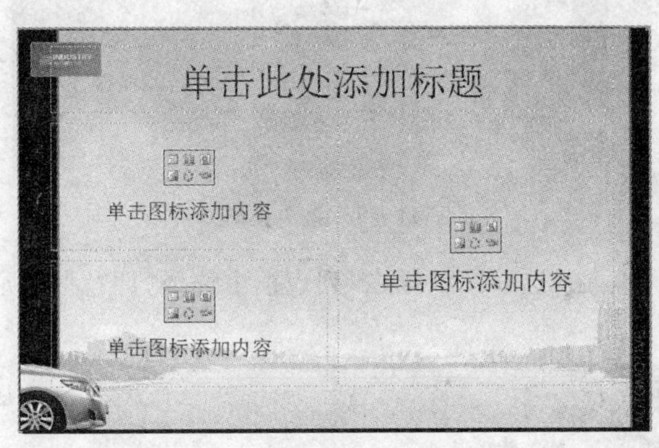

图 11－5　第 5 张幻灯片

调查样本性别比例

19.84%

80.17%

男

女

汽车市场分析报告.ppt - 数据表

		A	B	C
		男	女	
1	三维饼图 1	80.17%	19.84%	
2				
3				
4				

图 11－6　修改后的图表

(5) 在图表编辑区域右击，选择“图表选项”命令，在“标题”选项卡中添加图表标题“调查样本性别比例”。在“数据标签”选项卡中选择“值”复选框。

(6) 用同样的方法在第 5 张幻灯片的左下角添加柱形图表。将右边的占位符修改成文本框并输入文字。效果如图 11－7 所示。

(7) 将“骄子之路. dpt”模板中的第 6 张幻灯片复制后作为第 6 张幻灯片。参照图 11－8 所示的文字修改“添加文本”处的文字及“文本”处的文字，并根据文本中的数字修改柱形图的长度。

6. 制作主题幻灯片（制作组织结构图）

(1) 插入如图 11－9 所示的组织结构图。

【操作步骤】

① 选择“格式”→“幻灯片版式”命令，打开“幻灯片版式”窗格。在“应用幻灯片版式”列表框中向下拖动滚动条，显示 “其他版式”选项区域。

② 点击“标题和图示或组织结构图”选项右侧的按钮，选择“插入新幻灯片”命令。

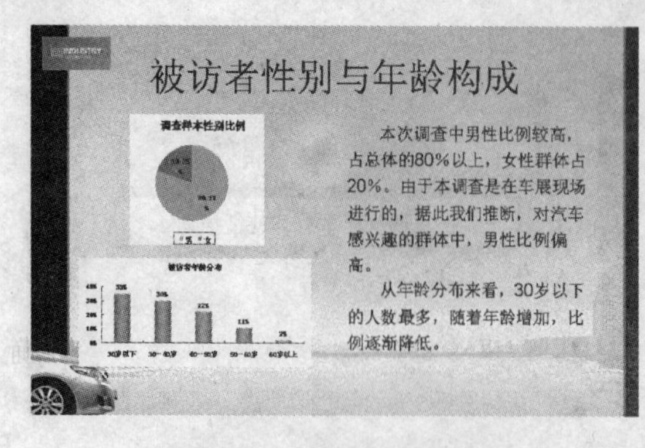

图 11－7　第 5 张幻灯片效果

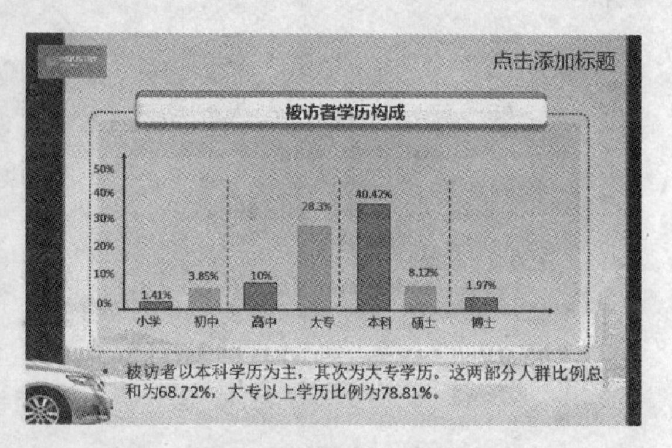

图 11－8　第 6 张幻灯片

③ 双击组织结构图占位符，单击组织结构图图标，点击“确定”按钮，幻灯片中插入了默认的组织结构图，同时显示组织结构图工具栏。

④ 添加如图 11－9 所示的组织结构图的内容。

(2) 修饰组织结构图。

【操作步骤】

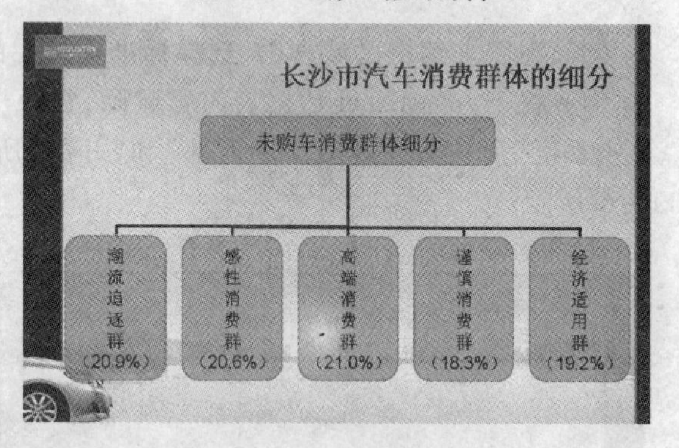

图 11－9　第 7 张幻灯片

① 更改组织结构图的样式。在组织结构图工具栏上单击“自动套用格式”图标，打开“组织结构图样式库”对话框，如图 11－10 所示。在“选择图示样式”列表框中选择“原色”选项，点击“确定”按钮。

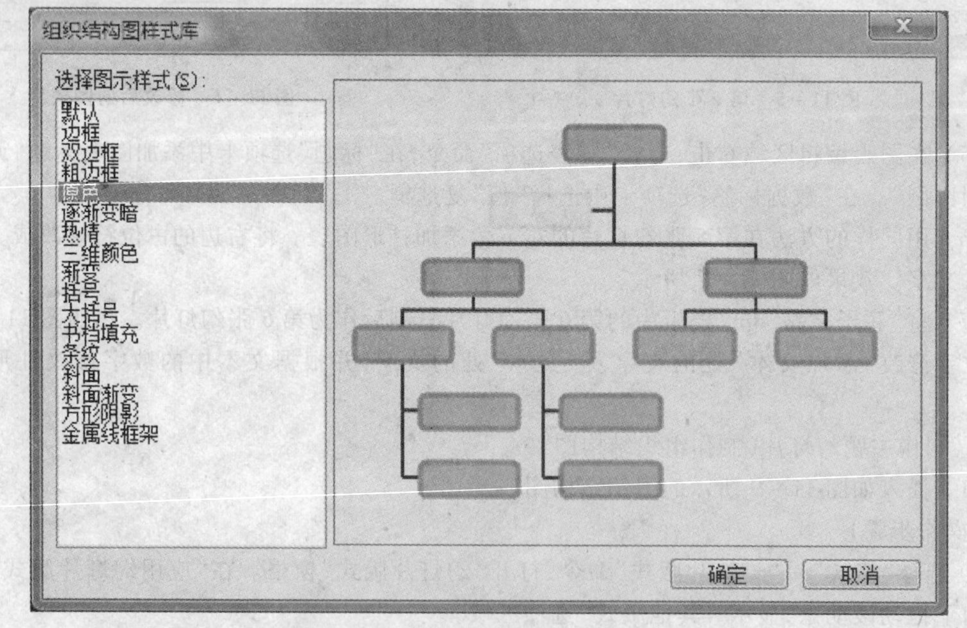

图 11－10　“组织结构图样式库”对话框

② 将文字格式更改为:方正姚体、24 磅。第 2 层文字的格式为:宋体、20 磅。

③ 调整形状大小。组织结构图的默认版式为自动版式。此时形状的大小是不可调整的,使其处于未选中状态,改变组织结构图的默认版式。适当调整各形状的宽度,容纳下文本即可。

7. 制作主题幻灯片(制作表格)

(1) 插入表格。

【操作步骤】

选择“插入”→“表格”命令,弹出“插入表格”对话框,输入表格行数(9)、列数(6),点击“确定”按钮后,可以看到幻灯片中出现了相应的表格。接下来在标题占位符中输入标题,在表格中输入如图 11－11 所示的内容。

(2) 编辑与修饰表格。

【操作步骤】

选中表格中第 1 列的内容,单击格式工具栏上的“左对齐”图标,可以让表格内容在水平方向靠左,单击表格和边框工具栏上的“垂直居中”图标,可以让表格内容在垂直方向居中,选择“填充颜色”命令,将填充色设置为蓝色。用同样的方法给第 2 ~6 列依次填充橙色、浅黄色、灰色、水绿色、青色。给第 1 行填充白色。

8. 制作主题幻灯片(使用自选图形工具绘制)

【操作步骤】

(1) 复制“骄子之路. dpt”模板中的第 5 张幻灯片作为 PPT 中的第 9 张幻灯片。

(2) 将模板中的“添加文本”处添加如图 11－12 所示的文字。

	经济适用群	谨慎消费群	高端消费群	感性消费群	潮流追逐群
男性比例(%)	100.0	100.0	100.0	0.0	100.0
平均年龄	43.0	40.0	38.8	34.1	27.0
文化程度	低	高	高	较高	较高
已婚比例(%)	99.4	100.0	99.0	68.6	1.5
个人月收入(元)	4215	5214	7702	4995	4944
家庭月收入(元)	5836	6902	10399	7639	7442
能够承受的价位(万元)	11.8	12.4	18.4	14.3	17.1
人数所占比例(%)	12.9	12.3	14.1	13.8	14.0

图 11－11　第 8 张幻灯片

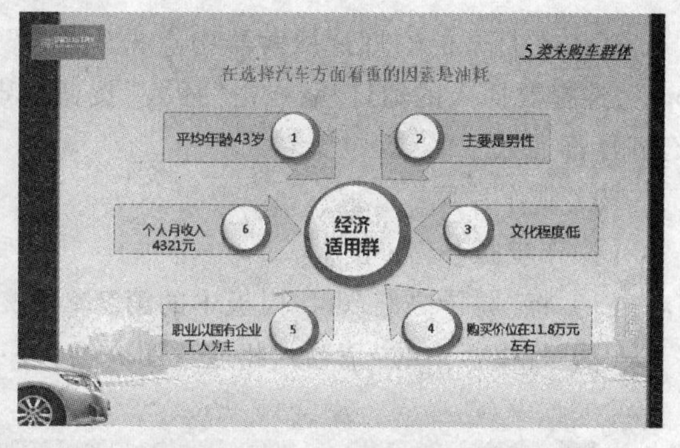

图 11－12　第 9 张幻灯片

(3) 用同样的方法制作如图 11－13、图 11－14、图 11－15、图 11－16 所示的幻灯片。

9. 制作主题幻灯片(将文件中的内容插入幻灯片)

将“产品特征调查及市场预测. ppt”合并到当前演示文稿中。

【操作步骤】

(1) 把鼠标定位到第 13 张幻灯片之后。

(2) 选择“插入”→“幻灯片(从文件)”命令。

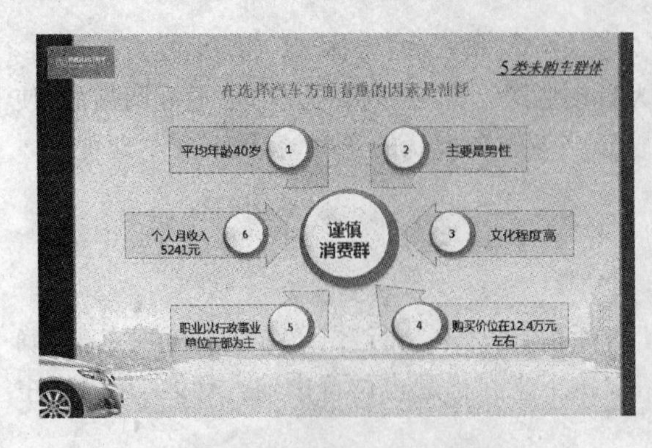

图 11－13　第 10 张幻灯片

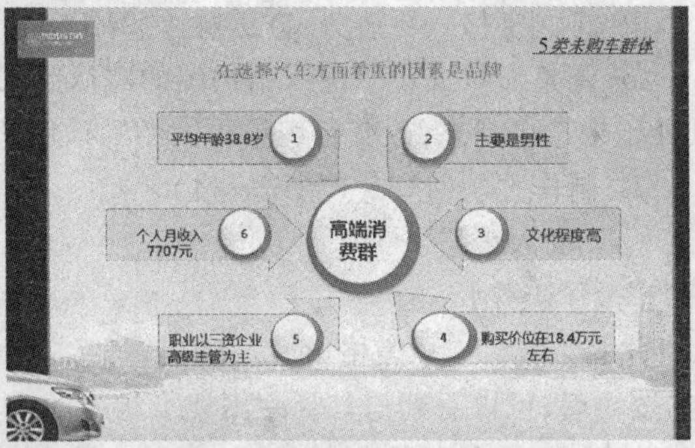

图 11－14　第 11 张幻灯片

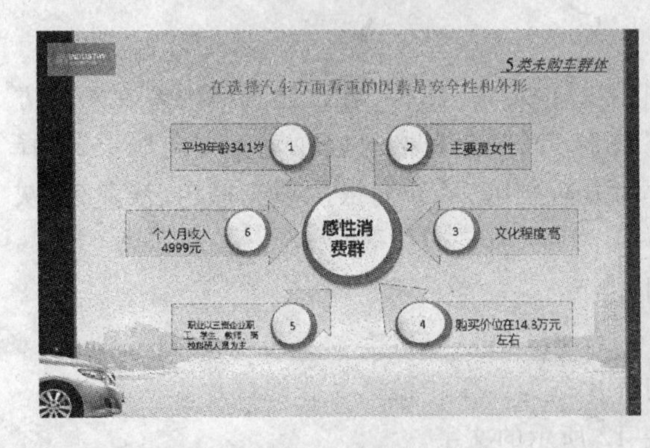

图 11－15　第 12 张幻灯片

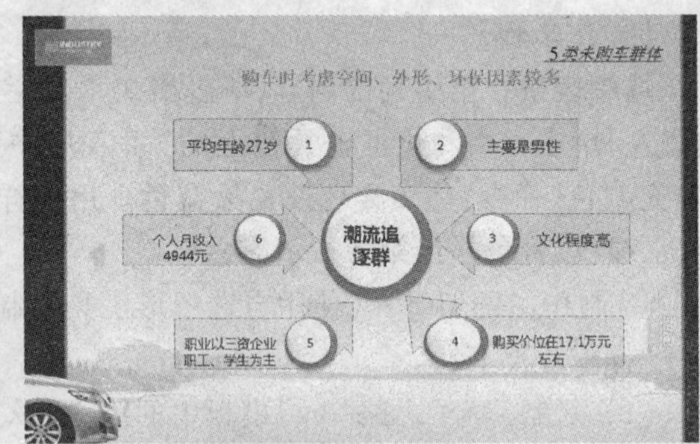

图 11－16　第 13 张幻灯片

（3）在打开的幻灯片搜索器中点击“浏览”按钮，定位到“汽车市场分析报告（部分素材）.ppt”，选择要插入的幻灯片，点击“插入”按钮。点击“全部插入”按钮，则当前演示文稿内的所有幻灯片都插入了。

10. 制作片尾

【操作步骤】

（1）将“骄子之路. dpt”模板中的第 7、8 张幻灯片复制到 PPT 中。

（2）将模板中的“请输入相应说明介绍……”文本替换为如图 11－17 所示的文字。

图 11－17　片尾幻灯片

任务3　设置播放动作和特效

1. 为带有组织结构图的幻灯片设置动画效果

【操作步骤】

(1) 选中组织结构图占位符,将自定义动画的“进入”效果设置为“翻转式由远及近”,将“图示动画”设置为“依次每个级别”,如图 11－18 所示,点击“确定”按钮。

(2) 选中组织结构图占位符,将自定义动画的“强调”效果设置为“补色 2”,将“图示动画”设置为“每个分支,依次每个图形”,如图 11－19 所示,点击“确定”按钮。

(3) 选中组织结构图占位符,将自定义动画的“退出”效果设置为“基本型”中的“棋盘”,保持“图示动画”的默认值“整批发送”,点击“确定”按钮。

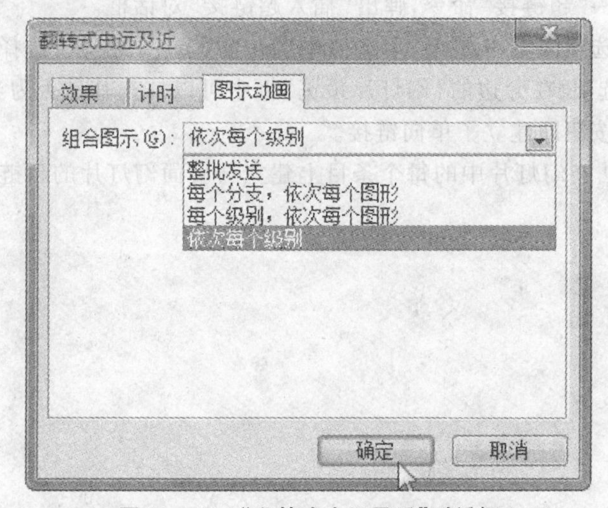

图 11－18　“翻转式由远及近”对话框

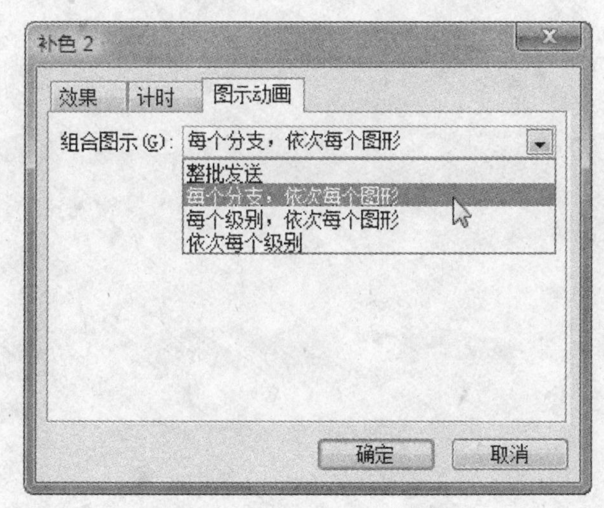

图 11－19　“补色 2”对话框

2. 为带有图表的幻灯片设置动画效果

【操作步骤】

(1) 选择第 5 张幻灯片,给标题设置“旋转”的“进入”动画效果。

(2) 选择饼图图表占位符,将自定义动画的“进入”效果设置为“基本型”中的“擦除”,开始时间为“之后”,方向为“自底部”,速度为“中速”。

(3) 选择柱形图图表占位符,将自定义动画的“进入”效果设置为“温和型”中的“下降”,开始时间为“之后”,速度为“中速”。

(4) 给右部文本框设置从右侧飞入的动画效果,预览效果。

3. 在第 2 张幻灯片中的条形按钮上建立与后面幻灯片的超级链接

【操作步骤】

(1) 打开第 2 张幻灯片,选择“二、长沙市汽车消费市场细分及指标”条目。

(2) 选择“插入”→“超链接”命令,弹出“插入超链接”对话框。

(3) 在“链接到”选项区域中选择“本文档中的位置”选项,在“请选择文档中的位置”列表框中选择“幻灯片 4”选项,在旁边的“幻灯片预览”框中可以核查其是否为当前需要的幻灯片。

(4) 点击“确定”按钮即建立了单向链接。

(5) 用同样的方法在幻灯片中的每个条目上建立与后面幻灯片的超链接。

任务4　生成可独立播放的文件

1. 自动放映幻灯片

【操作步骤】

(1) 选择“文件”→“另存为”命令,在出现的“另存为”对话框中的“保存类型”下拉列表框中选择“PowerPoint 放映”选项(即文件扩展名为. pps)。

(2) 点击“确定”按钮。

2. 打印演示文稿

【操作步骤】

(1) 选择“文件”→“页面设置”命令,弹出如图 11 - 20 所示的“页面设置”对话框,在“幻灯片大小”下拉列表框中选择“A4 纸张”选项,点击“确定”按钮。

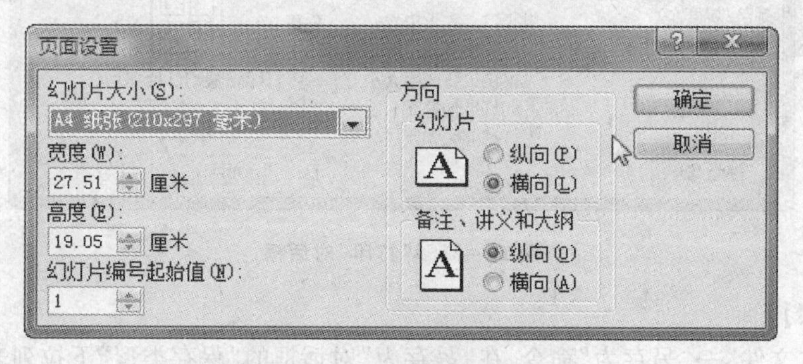

图 11 - 20　“页面设置”对话框

(2) 选择“文件”→“打印”命令,弹出如图 11 - 21 所示的“打印”对话框。在“打印内容”下拉列表框中选择“讲义”选项,在“颜色/灰度”下拉列表框中选择“灰度”选项,然后设置右边的其他参数,如每页打印的幻灯片数、打印顺序、是否加框等,右边小图展示了排列效果,设置完毕后点击“确定”按钮即可。

3. 制作市场分析报告模板(修改幻灯片母版)

在每张幻灯片的下方添加公司标识和部门标识。

【操作步骤】

(1) 选择“视图”→“母版”→“幻灯片母版”命令,进入母版编辑状态。

(2) 在母版中插入竖排的“奕轩汽车股份有限公司”文本框,调整文本框位置和文字大小。

(3) 在母版中插入一张“奕轩标志. gif”动画图片,选择图片,选择“插入”→“超链接”命令,将图片与第 2 张幻灯片进行超链接。

(4) 选择“关闭母版视图”命令,返回幻灯片视图。这时,每张幻灯片中都出现了公司的名称,单击“奕轩标志. gif”动画图片可以实现所有幻灯片与第 2 张幻灯片之间的双向链接,从而使演示文稿具有交互性。

4. 制作市场分析报告模板(生成模板文档)

基于当前的演示文稿生成“数据分析报告”模板。

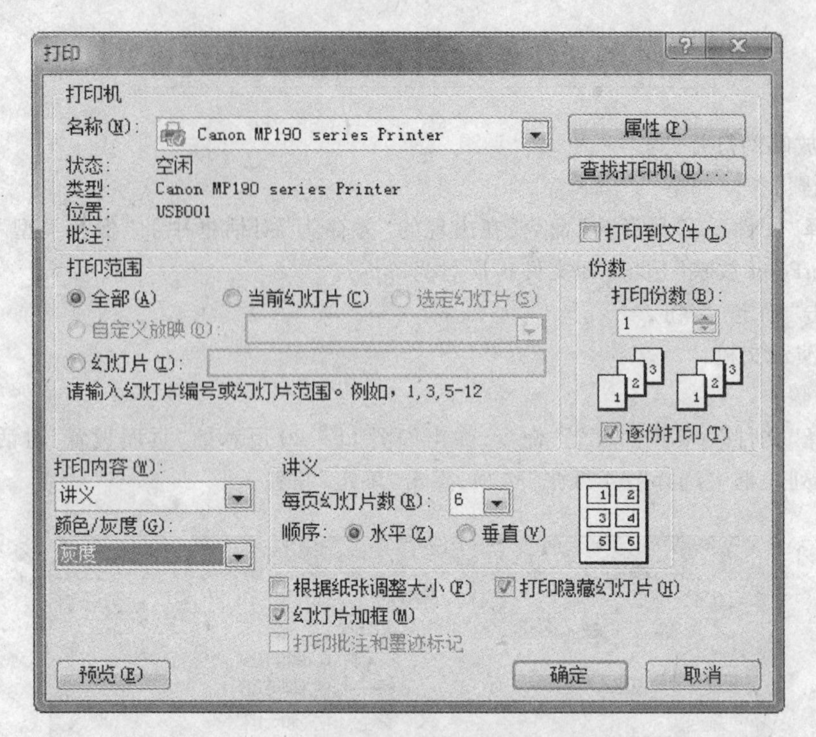

图 11-21　“打印”对话框

【操作步骤】

(1) 选择“文件”→“另存为”命令,在“另存为”对话框的“保存类型”下拉列表框中选择“演示文稿设计模板”选项。

(2) 输入文件名“市场分析报告”,点击“确定”按钮。

项目总结

本项目通过制作“汽车消费市场分析报告”演示文稿,着重训练了 PowerPoint 演示文稿中组织结构图的编辑与修改、表格与数据图表的添加、演示文稿的打印、数据分析报告模板的生成以及自定义动画和幻灯片切换效果的制作等方面的技能。

通过本项目的学习,以及对日常工作中常用的销售计划、用户市场分析、产品管理分析、公司市场环境分析等表格的学习,了解不同类型的数据统计方法和数据图表制作方法,才能积累数据统计分析报告演示文稿的设计和制作经验,为今后完成数据分析报告打下坚实的基础。

项目拓展

(1) 某公司在劳动节前推出了一款时尚汽车,请设计新品推广演示文稿,选用图片、文字、表格、图表、自选图形、组织结构图等多种元素设计一个主题鲜明的演示文稿,适当地插入音乐、影片等元素,利用 PowerPoint 的动画设计、幻灯片切换、模板设计等功能,制作一个精美的、生动活泼的演示文稿。

(2)利用 PowerPoint 制作图、文、声、像并茂的个人简历,让你所应聘的公司全方位地了解你。具体要求如下。

① 新建演示文稿“×××应聘.ppt”,包含6张基本幻灯片,统一应用设计模板“古瓶荷花”。

② 第1张幻灯片为个人简历封面,尽可能做到动感十足,吸引注意力。

③ 在第2张幻灯片中插入个人的彩色照片,添加文字,文字格式设置为宋体、20号、加粗、左对齐,按文本和线条为文本制定配色方案。第3、4张幻灯片的文字采用相同的设置。在幻灯片中插入一个自选图形“缺角矩形”,在“设置自选图形格式”对话框中进行如下设置:填充颜色取自填充配色方案,线条颜色取自文本和线条配色方案,粗细为1.25磅。矩形框中的文字颜色取自文本和线条配色方案,文字格式为宋体、24号、加粗、居中。第3~5张幻灯片中的矩形及当中的文字采用相同方法配置。

④ 在第3张幻灯片中插入图片,调整图片位置,添加缺角矩形及文字。

⑤ 在第4张幻灯片中插入文字、图片等元素。

⑥ 在第5张幻灯片中添加缺角矩形,对它的设置参见第③步。插入一个10行4列的表格,自行添加内容,文字格式为宋体、18号、居中、首排文字加粗。

⑦ 在第6张幻灯片中插入一张图片。

⑧ 将第1、6张幻灯片的切换效果设置为“中速”、“水平百叶窗”,第2~5张幻灯片的切换效果为“中速”、“盒状收缩”。

⑨ 为演示文稿设置动画效果。将第1张幻灯片的图片动画效果设置为“快速”、“自底部飞入”,第2张幻灯片的图片动画效果设置为“快速”、“自顶部飞入”,第3张幻灯片中文字的动画效果设置为“中速”、“水平百叶窗”。

⑩ 保存演示文稿并打包成CD光盘。

实训项目 12

管理公司商品

项目描述

奕轩汽车公司为了获得更大的利润，决定加强对价格的管理，更好地控制生产成本，并根据公司产品的实际情况及时调整产品的生产和研发。因此，需要制作一份奕轩汽车产品内部信息表，包括车体、车型、颜色、排量、成本价格、销售价格、毛利率等信息，作为公司内部资料，为公司领导层的决策提供参考。本项目要求读者掌握工作表数据的输入和编辑排版方法，具备数据表格制作与处理能力，能完成常用数据表格的录入与制作工作。

表格最终效果如图 12－1 所示。

奕轩汽车产品内部信息表

制表日期: 2010-4-12

项目 车体类型	序号	型号	名称	生产批号	颜色	排量	配置类型	成本价格	销售价格	毛利率	外观照
二厢车	1	yxtw0901	奕轩　玲珑	20090230430001	淡蓝色	1.2L	标准	¥66,000.00	¥78,000.00	18.18%	
	2	yxtw0911	奕轩　风云	20090230110001	黄色	1.2L	标准	¥58,000.00	¥63,000.00	8.62%	
	3	yxtw0920	奕轩　风云2	20090430230006	红色	1.0L	标准	¥65,000.00	¥75,000.00	15.38%	
	4	yxtw1002	奕轩　轻风	20090628430008	红色	1.2L	标准	¥71,500.00	¥82,000.00	14.69%	
	5	yxtw1006	奕轩　B5	20090820123009	黑色	1.2L	标准	¥70,000.00	¥86,000.00	22.86%	

图 12－1　奕轩汽车产品内部信息表效果图

技能目标

- 能用 Excel 创建数据表格。

- 能用 Excel 为数据表格设置格式并进行打印。

环境要求

- 硬件：普通台式计算机或笔记本电脑。
- 软件：Windows 操作系统、MS Office Excel 软件或者 WPS Office 系列软件中的相应软件。

任务 1　创建商品管理表格

1. 新建工作簿

建立一个新的工作簿，把“Sheet1”工作表重命名为“奕轩汽车产品内部信息表”，将工作表标签的颜色更改为红色，删除工作簿中多余的工作表。以“奕轩汽车产品内部信息表. xls”为文件名将文件保存到 E 盘的“商品管理表格”文件夹下。

【操作步骤】

（1）点击“开始”按钮，在弹出的菜单中选择“所有程序”→“Microsoft Office”→“Microsoft Office Excel 2003”命令，启动 Excel 2003，此时会自动创建一个空白的工作簿文件“Book1”。

（2）双击“Sheet1”工作表的标签，此时进入标签重命名状态，输入“奕轩汽车产品内部信息表”，按“Enter”键确认。用鼠标右击标签，在弹出的快捷菜单中选择“工作表标签颜色”命令，再选取红色，点击“确定”按钮，工作表标签颜色就变成了红色。

（3）删除多余工作表。按住“Ctrl”键不放，分别单击“Sheet2”和“Sheet3”这 2 个标签，同时选中这 2 个工作表，在其中的一个工作表标签上右击，在弹出的快捷菜单中选择“删除”命令。

（4）单击常用工具栏中的“保存”图标或按“Ctrl”+“S”键，打开“另存为”对话框。

（5）点击“保存位置”下拉列表框右侧的按钮展开计算机盘符列表，选择目的驱动器（E 盘），双击目标文件夹“商品管理表格”。若没有此文件夹，可新建文件夹，单击“新建文件夹”图标，在弹出的“新文件夹”对话框中输入文件夹的名称“商品管理表格”，然后点击“确定”按钮。

（6）在“文件名”下拉列表框中输入文件名“奕轩汽车产品内部信息表”，最后点击“保存”按钮，Excel 在保存文档时将自动增加扩展名“. xls”。

2. 输入表格标题和制表日期

【操作步骤】

（1）在 A1 单元格中输入表格标题“奕轩汽车产品内部信息表”。

（2）在 J2 单元格中输入“制作表日期：”，同时在 K2 单元格中输入“2010 - 4 - 12”。

3. 输入表格列标题和行标题

【操作步骤】

（1）在 B3:L3 单元格区域中分别输入“序号”、“型号”、“名称”、“生产批号”、“颜色”、“排量”、“配置类型”、“成本价格”、“销售价格”、“毛利率”和“外观照”作为表格的列标题。

（2）在 A4、A11 和 A21 单元格中分别输入“二厢车”、“三厢车”和“SUV”作为表格的行标题。

4. 输入表格数据

“序号”列各单元格的值以自动填充的方式获得，“毛利率”列各单元格的值以通过公式计算的方式获得，输入其他数据时可参照本书所附光盘中“实训项目 12”文件夹中的“奕轩汽车产品内部信息表（素材）. xls”文件。

【操作步骤】

(1) 依次在表格中对应的行单元格内输入每个车型的信息。

(2) 针对序号列使用自动填充方式:选定单元格 B4 输入初始值“1”,将鼠标移到 B4 单元格右下角的填充柄上,按住“Ctrl”键,待鼠标指针变为 ✚ 时,按住鼠标左键向下拖动填充柄,就会进行自动填充。

(3) 输入毛利率。在 K4 单元格中输入公式“=(J4-I4)/I4”,将鼠标移到 K4 单元格右下角的填充柄上,按住鼠标左键向下拖动填充柄,就会自动把公式复制到其他单元格中。

5. 插入图片

插入本书所附光盘中“实训项目 12”文件夹中的“素材图片”子文件夹中的照片,作为每种车型的外观照片。

【操作步骤】

(1) 选择要插入图片的单元格 L4,选择“插入”→“图片”→“来自文件”命令,打开“插入图片”对话框。

(2) 点击“查找范围”下拉列表框右侧的按钮 ▾ 展开计算机磁盘列表,找到要插入的图片存放的位置。

(3) 在“文件类型”下拉列表框中选择“JPEG 文件交换格式”选项,然后选择素材中的“奕轩玲珑.jpg”,点击“插入”按钮,即可完成图片的插入,此时表格中的数据如图 12-2 所示。

	A	B	C	D	E	F	G	H	I	J	K	L	M	N	O
1	奕轩汽车产品内部信息表														
2									制表日期:	2010-4-12					
3		序号	型号	名称	生产批号	颜色	排量	配置类型	成本价格	销售价格	毛利率	外观照			
4	二厢车	1	yxtw0901	奕轩　玲珑	2.009E+13		1.2L	标准	66000	78000	0.181818				
5		2	yxtw0911	奕轩　风云	2.009E+13		1.2L	标准	58000	63000	0.086207				
6		3	yxtw0920	奕轩　风云2	2.009E+13		1.0L	标准	65000	75000	0.153846				
7		4	yxtw1002	奕轩　轻风	2.009E+13		1.2L	标准	71500	82000	0.146853				
8		5	yxtw1006	奕轩　B5	2.009E+13		1.2L	标准	70000	86000	0.228571				
9		6	yxtw1008	奕轩　B6	2.009E+13		1.0L	标准	75000	89000	0.186667				
10		7	yxtw1009	奕轩　骄阳	2.009E+13		1.2L	豪华	90000	110000	0.222222				
11	三厢车	1	yxtr0802	奕轩　骑风	2.009E+13		1.2L	标准	73000	81000	0.109589				
12		2	yxtr0803	奕轩　飘飘	2.009E+13		1.4L	标准	75000	89000	0.186667				
13		3	yxtr0808	奕轩　A3	2.009E+13		1.4L	标准	68000	76000	0.117647				
14		4	yxtr0905	奕轩　远航	2.01E+13		1.4L	标准	69000	83000	0.202899				
15		5	yxtr0906	奕轩　远洋	2.01E+13		1.6L	标准	86000	97000	0.127907				
16		6	yxtr0912	奕轩　金刚	2.01E+13		1.6L	标准	69000	81000	0.173913				
17		7	yxtr0918	奕轩　金刚2	2.01E+13		1.6L	豪华	83000	98000	0.180723				
18		8	yxtr1008	奕轩　风云3	2.009E+13		1.6L	豪华	78000	89999	0.153833				
19		9	yxtr1010	奕轩　乐风	2.01E+13		1.6L	标准	75000	87600	0.168				
20		10	yxtr0811	奕轩　红运	2.01E+13		1.6L	标准	80500	93500	0.161491				
21	SUV	1	yxsv0810	奕轩　X5	2.008E+13		2.4L	标准	132000	150000	0.136364				
22		2	yxsv0910	奕轩　X6	2.009E+13		2.6L	标准	165000	182000	0.10303				
23		3	yxsv0912	奕轩　Q5	2.009E+13		2.6L	标准	140000	154000	0.1				
24		4	yxsv1002	奕轩　Q6	2.01E+13		3.0L	标准	176000	196000	0.113636				
25		5	yxsv1010	奕轩　X4	2.008E+13		2.4L	标准	128000	143000	0.117188				
26		6	yxsv1018	奕轩　Q7	2.01E+13		3.0L	豪华	189000	205000	0.084656				
27															

图 12-2　插入图片后的表格

6. 调整图片大小

【操作步骤】

(1) 右击图片,从弹出的快捷菜单中选择“设置图片格式”命令。

(2) 在打开的“设置图片格式”对话框中选择“大小”选项卡。

(3) 在“比例”选项区域中的“高度”文本框中输入“50%”,点击“确定”按钮,则图片大小调整完毕,如图 12-3 所示。

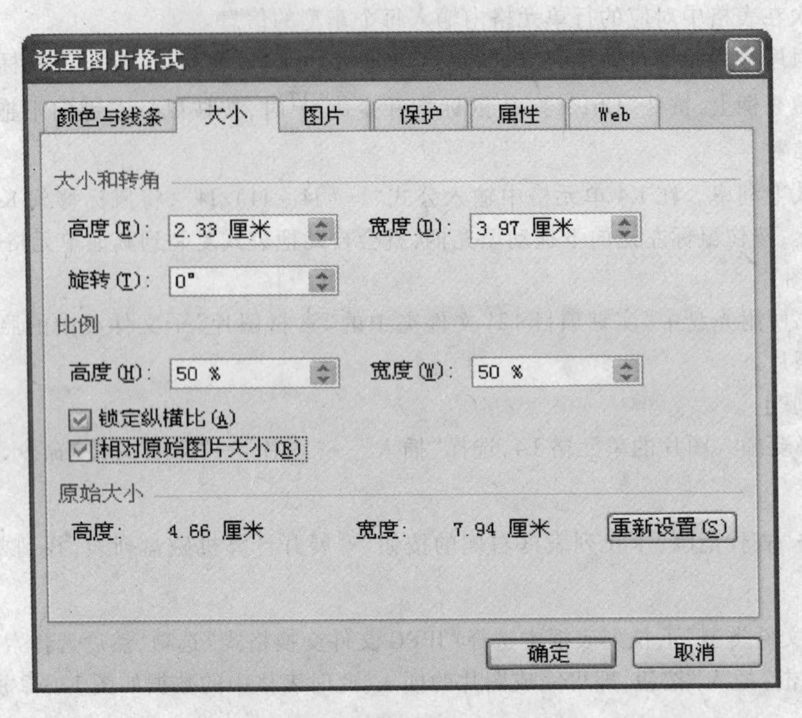

图 12－3　“设置图片格式”对话框

7. 移动图片

【操作步骤】

(1) 单击图片使其处于被选中状态,当光标变为 形状时拖动鼠标就可以对图片进行移动了。

(2) 用相同的方法插入其他图片。

8. 调整行高和列宽

把所有的行高调整为 75.00(100 像素),L 列的列宽调整为 21.5(177 像素),对其他各列的列宽根据实际情况进行适当调整。

【操作步骤】

(1) 调整行高。按“Ctrl”+“A”键选择全部单元格,选择“格式”→“行”→“行高”命令,在弹出的“行高”对话框中输入 75.00,点击“确定”按钮即完成了对行高的调整。

(2) 调整列宽。单击 L 列的列标选中 L 列,选择“格式”→“列”→“列宽”命令,在弹出的“列宽”对话框中输入 21.5,点击“确定”按钮可完成对列宽的调整。

(3) 也可通过拖动鼠标调整行高和列宽。首先把鼠标指针移到 2 列或 2 行的交界处,当鼠标指针变成↔或↕时,按住鼠标左键不放,向右或向下拖曳,当显示宽度为 21.50、高度为 75.00 时松开鼠标,如图 12－4 和图 12－5 所示。

9. 绘制斜线表头

在 A3 单元格中绘制斜线表头,斜线上方输入“项目”,斜线下方输入“车体类型”。

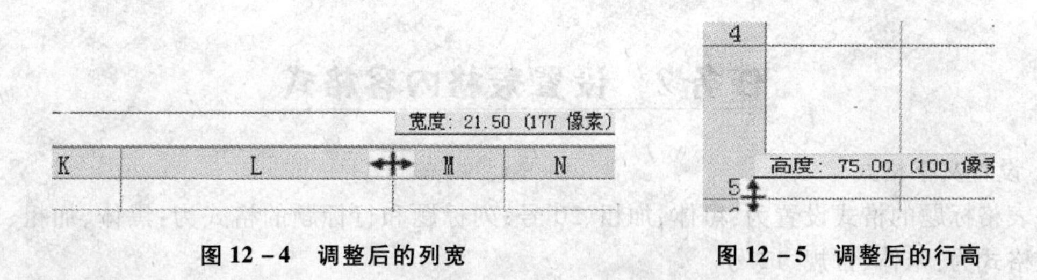

图 12－4　调整后的列宽　　图 12－5　调整后的行高

【操作步骤】

(1) 单击 A3 单元格将其选中,右击,在弹出的快捷菜单中选择“设置单元格格式”命令,在打开的“单元格格式”对话框中选择“边框”选项卡,在“边框”选项区域中单击右下角的图标,然后点击“确定”按钮即可完成添加斜线的操作。

(2) 在斜线上、下添加标题。在斜线上、下各添加一个文本框,在两个文本框中分别输入“项目”、“车体类型”,将文本框的边框颜色和填充颜色均设置为无色,操作方法与 Word 中使用的方法相同。

任务 2　设置表格内容格式

1. 设置文字格式

将表格标题的格式设置为:黑体、加粗、20 号;列标题和行标题的格式为:黑体、加粗、12 号;数据的格式为:宋体、常规、12 号。

【操作步骤】

(1) 设置表格标题格式。单击 A1 单元格将其选中,右击,选择“设置单元格格式”命令,打开“单元格格式”对话框,选择“字体”选项卡,将字体设置为黑体,字形设置为加粗,字号设置为 20,如图 12－6 所示。

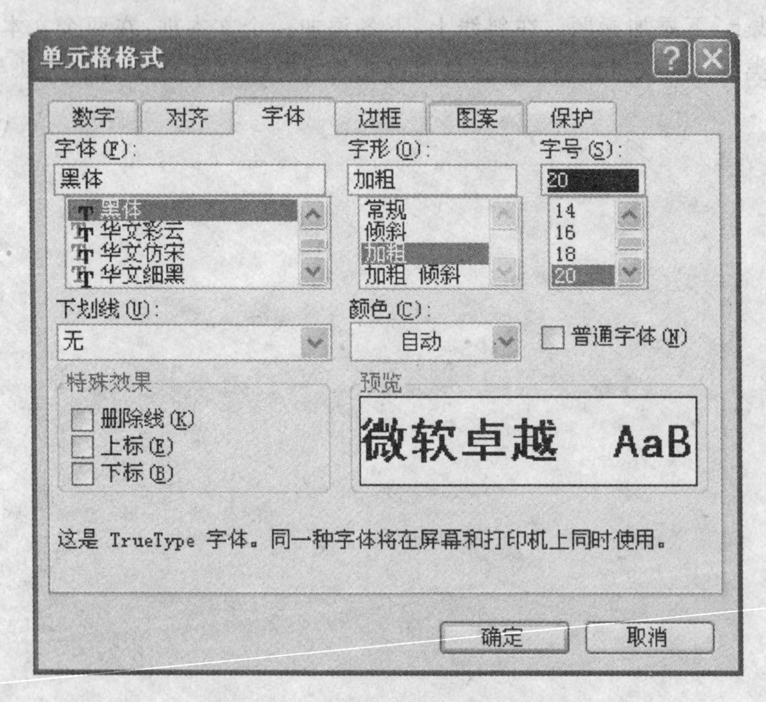

图 12－6　对字体、字形、字号的设置

(2) 设置列标题和行标题的格式。选择第 3 行和列 A,将字体设置为宋体,字形设置为加粗,字号设置为 12。

(3) 设置 B4:K26 单元格区域的格式。字体为宋体,字形为常规,字号为 12。所有操作都可通过使用格式工具栏完成。

2. 设置对齐方式

【操作步骤】

(1) 将表格标题对齐方式设置为合并居中。单击 A1 单元格将其选中,打开“单元格格式”对话框,选择“对齐”选项卡,将水平对齐方式设置为居中,垂直对齐方式设置为居中,选择“合并单元格”复选框,点击“确定”按钮完成设置,如图 12－7 所示。

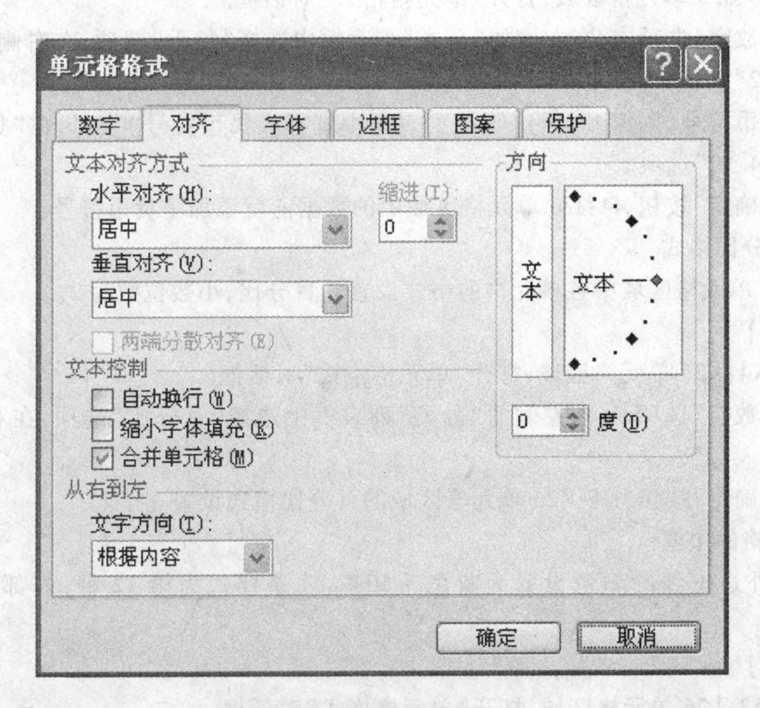

图12-7　对对齐方式等的设置

(2) 将列标题设置为水平居中和垂直居中。选择第3行,打开"单元格格式"对话框,选择"对齐"选项卡,将水平对齐方式设置为居中,垂直对齐方式设置为居中,点击"确定"按钮完成设置。

(3) 设置行标题的对齐方式。选择A4:A10单元格区域,打开"单元格格式"对话框,选择"对齐"选项卡,将对齐方式设置为水平居中和垂直居中,在"方向"选项区域把文字方向设置为竖排,并在"文本控制"选项区域中选择"自动换行"和"合并单元格"2个复选框,点击"确定"按钮完成设置。用同样的方法设置A11:A20和A21:A26这2个单元格区域的格式。

(4) 将B4:K26单元格区域的对齐方式设置为水平居中和垂直居中。

3. 设置特殊值的格式

将E列各单元格的格式设置为数值,小数位数为0。

【操作步骤】

(1) 单击E4单元格将其选中,打开"单元格格式"对话框。

(2) 选择"数字"选项卡,在"分类"列表框中选择"数值"选项,在右侧的"小数位数"微调框中输入"0"。

(3) 点击"确定"按钮,E4单元格中的数字格式将为数值。

(4) 使用格式刷复制E4单元格的格式,在E5:E26单元格区域中应用。

4. 设置货币格式

将I4:J26单元格区域各单元格的格式设置为货币,小数位数为2。

【操作步骤】

（1）选择 I4:J26 单元格区域，打开“单元格格式”对话框。

（2）选择“数字”选项卡，在左侧的“分类”列表框中选择“货币”选项，在右侧的“小数位数”微调框中输入“2”。

（3）在“货币符号（国家/地区）”下拉列表框中选择人民币符号“￥”，在“负数”列表框中选择“￥-1,234.10”选项。

（4）点击“确定”按钮，I4:J26 单元格区域中的数据前就添加了货币符号。

5. 设置百分比格式

将 K4:K26 单元格区域中各单元格的格式设置为百分比，小数位数为 2。

【操作步骤】

（1）选择 K4:K26 单元格区域，打开“单元格格式”对话框。

（2）选择“数字”选项卡，在左侧的“分类”列表框中选择“百分比”选项，在右侧的“小数位数”微调框中输入“2”。

（3）点击“确定”按钮，K4:K26 单元格区域的百分比格式设置完毕。

6. 设置表格的边框

将表格的外边框线的颜色设置为灰色-50%，线条样式为第 12 种，内部线条样式为第 13 种。

【操作步骤】

（1）选择 A2:L26 单元格区域，打开“单元格格式”对话框。

（2）选择“边框”选项卡，在“颜色”下拉列表框中选择“灰色-50%”选项。

（3）在“线条”选项区域中选择第 12 种样式，在“预置”选项区域中单击“外边框”图标，完成对表格外边框的设置。

（4）在“线条”选项区域中选择第 13 种样式，在“预置”选项区域中单击“内部”图标。

（5）点击“确定”按钮，对整个表格区域内外边框线的设置完成。

7. 设置单元格区域的底纹

为列标题和行标题所在的单元格区域设置不同颜色的底纹。

【操作步骤】

（1）选择 A3:L3 单元格区域，打开“单元格格式”对话框。

（2）选择“图案”选项卡，将底纹颜色设置为灰色-25%，如图 12-8 所示。

（3）点击“确定”按钮，为 A3:L3 单元格区域添加底纹的操作完成。

（4）用同样的方法给 A4:A10、A11:A20 和 A21:A26 这 3 个单元格区域分别加上淡蓝、象牙色和冰蓝的底纹。

8. 冻结窗口

为了方便浏览，我们可以冻结表格前 3 行和前 4 列。

【操作步骤】

（1）单击 E4 单元格，选择“窗口”→“冻结窗格”命令，对表格进行水平和垂直冻结，完成对表格前 3 行和前 4 列进行冻结的操作。

（2）取消对窗口的冻结。选择“窗口”→“取消冻结窗格”命令，即可取消对窗格的冻结。

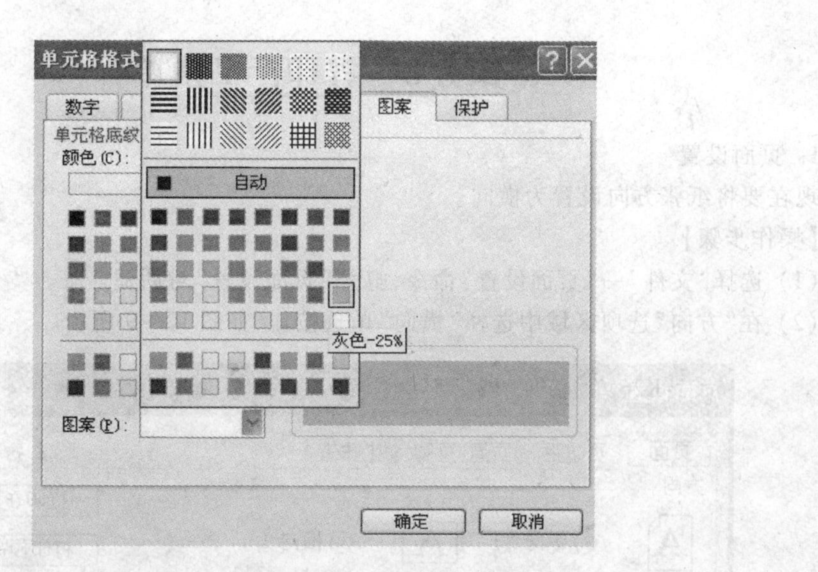

图 12－8　对单元格区域底纹的设置

任务 3　打印产品清单

1. 页面设置

现在要将纸张方向设置为横向。

【操作步骤】

(1) 选择“文件”→“页面设置”命令,打开“页面设置”对话框。

(2) 在“方向”选项区域中选择“横向”单选按钮,如图 12－9 所示。

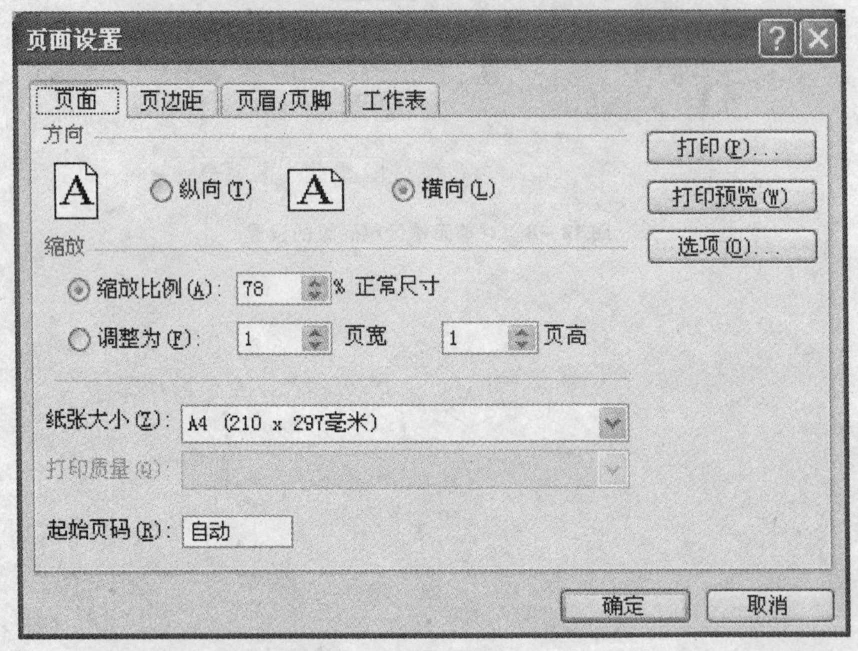

图 12－9　对纸张方向的设置

(3) 点击“确定”按钮即完成了设置。

2. 将 $3:$3 区域设置为表格的打印标题行

【操作步骤】

(1) 选择“文件”→“页面设置”命令,打开“页面设置”对话框。

(2) 选择“工作表”选项卡,点击“顶端标题行”文本框右侧的折叠按钮,打开“页面设置—顶端标题行”对话框。

(3) 用鼠标选择第 3 行(打印时的标题行),点击右侧的折叠按钮。也可直接在“顶端标题行”文本框中输入“ $3: $3”,如图 12－10 所示。

(4) 点击“确定”按钮,即可完成设置。

3. 设置页眉和页脚

将页眉内容设置为“内部使用,请勿外传”,页脚内容设置为“第 1 页,共 ? 页”。

【操作步骤】

(1) 选择“视图”→“页眉和页脚”命令,点击“自定义页眉”按钮,打开“页眉”对话框。

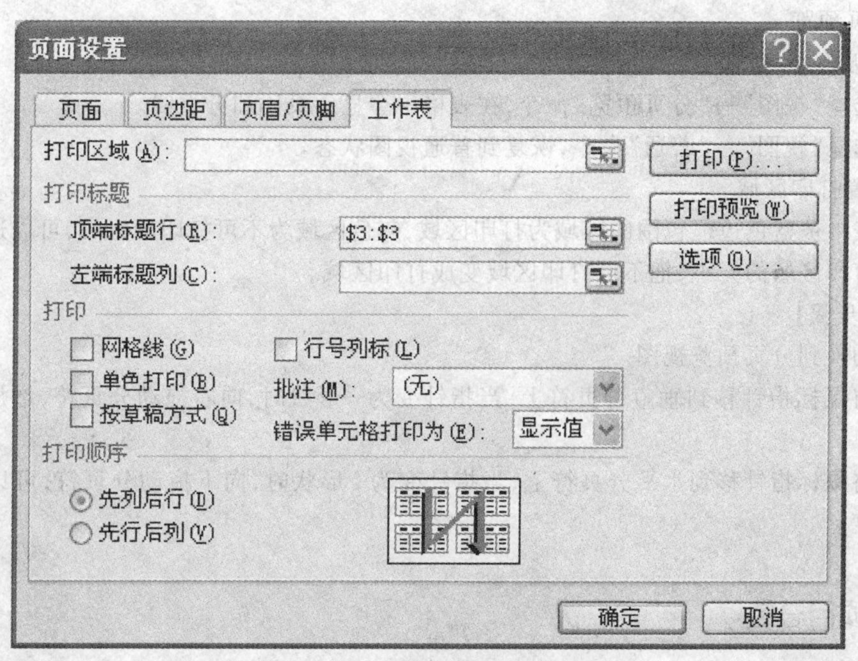

图 12－10　对打印标题行的设置

（2）在文本区域中输入“内部使用，请勿外传”作为页眉的内容，点击“确定”按钮，页眉设置完成。

（3）在“页脚”下拉列表框中选择“第 1 页，共 ？ 页”选项，如图 12－11 所示。

（4）点击“确定”按钮，页眉和页脚设置完毕。

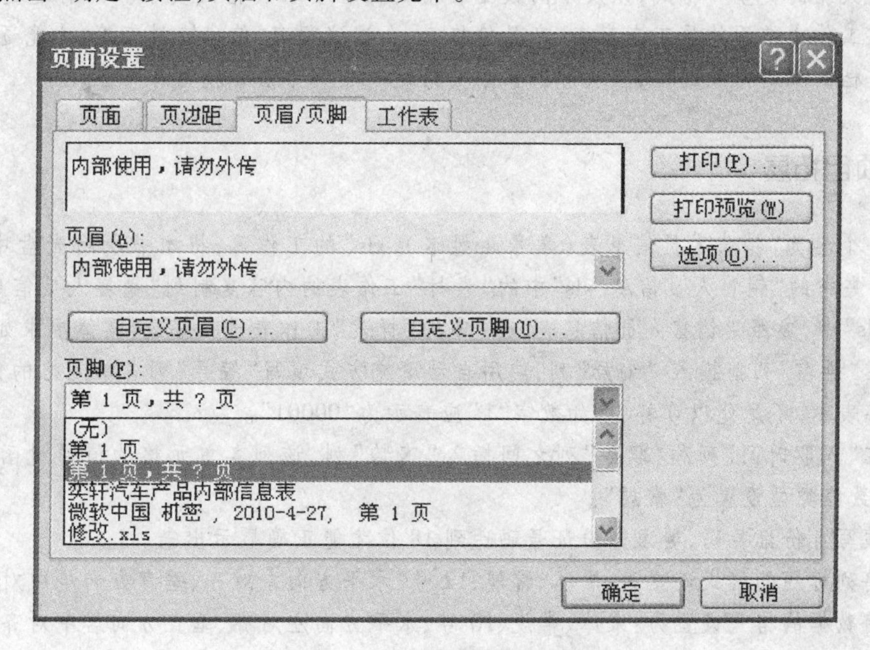

图 12－11　对页眉和页脚的设置

4. 分页预览

【操作步骤】

(1) 选择“视图”→“分页预览”命令,在表格中会显示页码和分页线。

(2) 选择“视图”→“普通”命令,恢复到普通视图状态。

5. 设置打印区域

工作表中被蓝色边框包围的区域为打印区域,灰色区域为不可打印的区域,可以通过拖动分页符调整打印区域的大小,把不可打印区域变成打印区域。

【操作步骤】

(1) 切换到分页预览视图。

(2) 将鼠标指针移到垂直分页符上,当指针变为↔形状时,向右拖动分页符,增加打印区域的宽度。

(3) 将鼠标指针移到水平分页符上,当指针变为↕形状时,向下拖动分页符,可以增加打印区域的高度。

项目总结

本项目通过制作奕轩汽车产品内部信息表,着重训练利用 Excel 软件管理公司商品数据的技能,读者主要应掌握产品信息的录入与编辑技能,能用常用的格式工具规范表格,并且能打印输出数据表格。

要编排出整齐、美观的数据文档,除了熟练掌握和运用 Excel 软件的编辑排版功能外,还需要了解不同数据的类型和格式,以及不同数据表格的内容要求和格式要求。只有通过用心观察和研究日常工作中常用的员工考勤表、产品价格表、会议议程表、值班安排表等,才能逐步积累数据报表类文档的编辑排版经验,在实际工作中灵活运用相关方法和技巧。

项目拓展

新建一个名为“销售人员信息表(学号 + 姓名).xls”的工作簿,将本书所附光盘中“实训项目 12”文件夹中的“销售人员信息.xls”中的“素材”工作表的内容复制到“销售人员信息表(学号 + 姓名).xls”中,参照“销售人员信息表.xls”中的“样表”工作表进行修改,具体要求如下。

(1) 在“姓名”列前插入“编号”列,使用自动填充方式填写“编号”列各单元格的值,每个值用 5 位数字表示,不足处以 0 补齐,如数字“1”应表示为“00001”。

(2) 在“入职时间”列和“职务”列之间插入“工龄”列,该列各单元格的值通过函数和公式计算获得,数值类型设置为“常规”。

(3) 填写身份证号码,要求身份证号码达到 18 位才能正确显示出来。

(4) 将列标题的格式设置为:黑体、常规、12 号、水平方向左对齐、垂直方向居中对齐。

(5) 将数据的格式设置为:宋体、常规、10 号、水平方向左对齐、垂直方向居中对齐。

(6) 将“入职时间”列各单元格的日期格式设置为“××××年××月××日”,如“2010-5-8”应显示为“2010 年 5 月 8 日”。

(7) 将表格区域的行高调整为24,根据实际情况调整列宽。

(8) 将列标题单元格区域的底纹颜色设置为玫瑰红,将数据区域的底纹颜色设置为象牙色。

(9) 将表格区域的外部边框设置为红色实线,内部边框设置为蓝色虚线。

(10) 插入艺术字作为表格标题,内容是"奕轩汽车股份有限公司销售人员信息表",将其移至合适位置。

(11) 冻结列标题所在行。

(12) 将纸张方向设置为横向,上下边距均为2.5,左右边距均为3,页眉为"奕轩汽车股份有限公司销售人员信息表",页脚为"第1页,共?页",将表格列标题区域设置为打印标题行区域。

实训项目 13

管理公司客户

项目描述

奕轩汽车公司为了加强与经销商的沟通,及时准确地获取各经销商的销售信息,需要制定一份详细而准确的客户信息表以及周密的拜访计划,了解奕轩汽车在全国各地的销售情况,根据销售金额评定经销商的级别,为公司制定生产和销售战略寻求有益的参考信息。本项目重点训练工作表数据计算和统计分析技能。

技能目标

- 能用 Excel 中的记录单管理客户。
- 会使用列表和图表功能。
- 会对单元格进行批量填充,设置条件格式。

环境要求

- 硬件:普通台式计算机或笔记本电脑
- 软件:Windows 操作系统、MS Office Excel 软件或者 WPS Office 系列软件中的相应软件。

任务1 创建客户资料清单

1. 新建客户资料清单

建立一个名为“奕轩汽车经销商管理表格”的工作簿(如图13-1所示),保存到E盘下的“经销商管理表格”文件夹中。

序号	地区	经销商名称	联系人	职务	联系电话	通讯地址	电子邮箱
1	中南	长沙宏发汽车贸易发展有限公司	李宏发	经理	0731-97985462	湖南长沙芙蓉华沙北路23号	cfqc_2008@1613.c
2	中南	长沙远达汽车	张远达	经理	0731-99563999	湖南长沙天华远东北路5号	ydqc_cs@yahoa.co
3	中南	湖南中湘汽车	张庆元	经理	0731-95602888	湖南长沙芙蓉华沙北路50号	sxabc@1613.net
4	中南	远强汽车销售有限公司	刘远通	营销主管	0731-38956666	湖南长沙东南汽车世界101号	yt888@1216.com
5	东北	大地汽贸集团	万天山	营销主管	024-90478555	辽宁沈阳定远路8号	ddqc528@1613.com
6	东北	大红发汽车行	易红丽	经理	024-99897666	辽宁沈阳解放西定路20号	yuanyua@153.com
7	中南	香江汽车	陈和生	经理	020-96894777	广东广州香江路15号	xiangjaingqc@liv
8	中南	珠江三行汽车有限公司	钱小军	经理	020-95443899	广东广州三行珠江大道125号	zhujiang123@yaho
9	中南	佛山自强汽车	吴宇航	销售经理	0757-96623899	广东佛山青山路20号	zhiqiang@chian.c
10	中南	深汽汽贸集团	谭子明	经理	0755-95436688	广东深圳青年路88号	shenqi_28@yahoa.
11	华东	上海风神汽车贸易有限公司	曹军华	销售经理	021-96552388	上海浦东金世纪大道南段56号	fensqc@158.com
12	华东	上海大胜汽车贸易有限公司	李胜利	经理	021-98657888	上海浦东金星路58号	dashengc@1613.co
13	华东	上海正德汽车贸易有限公司	刘正德	经理	021-89325129	上海松江路87号	zhede@zhede.com
14	华东	杭州中天汽车服务有限公司	伍中天	经理	0571-97564988	浙江杭州西湖路55号	ztzt@tam.com
15	华东	济南大和汽车销售有限公司	周和生	经理	0531-95642899	山东济南五一二大道126号	dahegc@tam.com
16	华东	济南昌明汽车销售集团	陈昌明	经理	0531-95897855	山东济南文化路7号	changmin@jn.com

图13-1 奕轩汽车经销商管理表格

【操作步骤】

(1) 启动Excel 2003,新建一个空白工作簿。

(2) 把工作表“Sheet1”重命名为“奕轩汽车经销商资料信息表”。

(3) 以“奕轩汽车经销商管理表格.xls”为文件名把工作簿保存在E盘下的“经销商管理表格”文件夹中。

2. 输入表格数据

参照本书所附光盘中“实训项目13”文件夹中的“素材.xls”输入相关数据。

【操作步骤】

(1) 在A1单元格中输入表格标题“奕轩汽车经销商资料信息表”。

(2) 在B2:L2单元格区域中分别输入“序号”、“地区”、“经销商名称”等作为列标题,参照本书所附光盘中的“实训项目13”文件夹中的“素材.xls”输入其他列标题。

(3) 在A3:L27单元格区域中输入相关数据。注意,在输入账号内容前应先将单元格的数值类型设置为文本,设置方法与实训项目12中设定特殊值的方法相同。

3. 设置标题及数据格式

将表格标题格式设置为:黑体、加粗、20号。列标题格式设置为:宋体、加粗、12号。数据格式设置为:宋体、常规、10号。

【操作步骤】

(1) 选择A1:L1单元格区域,选择“格式”→“单元格”命令,将字体设置为黑体,字形设置为加粗,字号设置为 20,对齐方式设置为水平居中和垂直居中,选择“合并单元格”复选框。

(2) 选择 B2:L2 单元格区域,打开“单元格格式”对话框,将字体设置为宋体,字形设置为加粗,字号设置为 12,水平对齐方式设置为左对齐,单元格的底纹颜色设置为灰色 -25%,设置方法与实训项目 12 中使用的方法相同。

(3) 选择 B3:L27 单元格区域,将字体设置为宋体,字形设置为常规,字号设置为 10,水平对齐方式设置为左对齐。

(4) 将 A2:L27 单元格区域的行高设置为 18,根据需要调整列宽。

4. 设置底纹颜色

使用“条件格式”对话框将奇偶行的底纹颜色设置得不同(阅读时感觉更清晰),偶数行的底纹颜色为淡蓝色,奇数行的底纹颜色为浅青色。

【操作步骤】

(1) 选择 B3:L27 单元格区域,选择“格式”→“条件格式”命令,打开“条件格式”对话框。

(2) 将偶数行的底纹颜色设置为淡蓝。在“条件 1”下拉列表框中选择“公式”选项,在右边的条件框中输入“=MOD(ROW(),2)=0”,点击“格式”按钮,打开“单元格格式”对话框,选择“图案”选项卡,在“颜色”选项区域选择淡蓝,点击“确定”按钮。

(3) 将奇数行的底纹颜色设置为浅青绿,点击“添加”按钮,在“条件 2”下拉列表框中选择“公式”选项,在右边的条件框中输入“=MOD(ROW(),2)=1”,点击“格式”按钮,将底纹颜色设置为浅青绿,如图 13-2 所示。

(4) 点击“确定”按钮,完成设置。

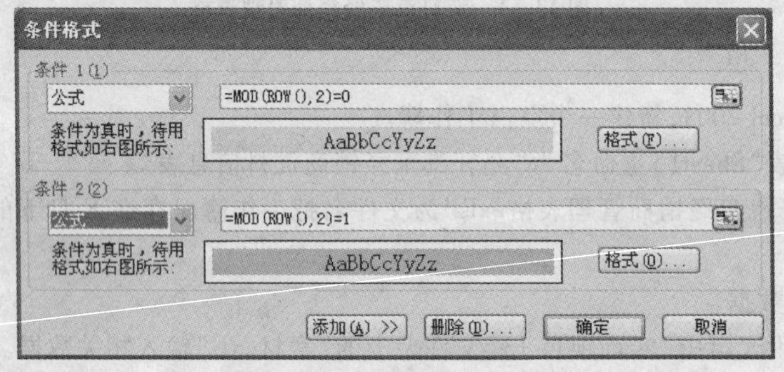

图 13-2　“条件格式”对话框

5. 处理超链接

对超链接的处理包括防止自动超链接、恢复超链接、使用超链接。

【操作步骤】

(1) 防止自动超链接。输入邮箱地址时,在邮箱地址前加英文单引号(')。

(2) 恢复超链接。删除邮箱地址前的英文单引号(')。

(3) 使用超链接。单击建立了超链接的单元格,自动打开 Outlook Express 软件编辑邮件。

6. 使用批注

为 E6 单元格增加内容为“兼财务主管”的批注。

【操作步骤】

(1) 增加批注。单击 E6 单元格,选择“插入”→“批注”命令,在弹出的批注框中输入批注文本“兼财务主管”,也可以在输入前删除批注框中的用户名,输入文本后,E6单元格的右上角会出现一个红色三角形批注标识符。

(2) 编辑批注。单击E6单元格,右击,在弹出的快捷菜单中选择“编辑批注”命令,在批注框中编辑批注内容。

(3) 显示或隐藏批注。选择“视图”→“批注”命令即可显示或隐藏批注。

7. 利用记录单管理客户信息

利用记录单可以在“奕轩汽车经销商资料信息表”中添加、修改和删除信息。

【操作步骤】

(1) 打开记录单。选择数据表中的任意单元格,选择“数据”→“记录单”命令,打开一个与工作表名称相同的记录单,如图13－3所示。

(2) 添加记录。在记录单中点击“新建”按钮,输入需要添加的信息,完成后点击“关闭”按钮即可。

(3) 修改和删除记录。在记录单中点击“上一条”或“下一条”按钮进行记录的定位,也可以通过拖动滚动条查找要修改或删除的记录。可以直接在记录单中修改记录信息,也可以点击“删除”按钮删除记录。

8. 保护工作簿文件

将“奕轩汽车经销商管理表格”工作簿的打开密码设置为“123”,修改密码设置为“456”,没有得到授权的用户将不能打开和修改工作簿。

【操作步骤】

(1) 设置工作簿的打开密码。打开“奕轩汽车经销商管理表格”工作簿文件,选择“工具”→“选项”命令,在“安全性”选项卡的“此工作簿的文件加密设置”选项区域中的“打开权限密码”文本框中输入要设置的密码“123”,如图13－4所示。

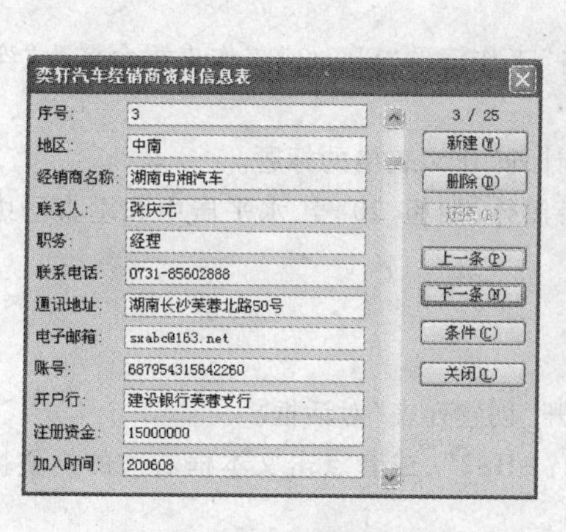

图13－3　记录单

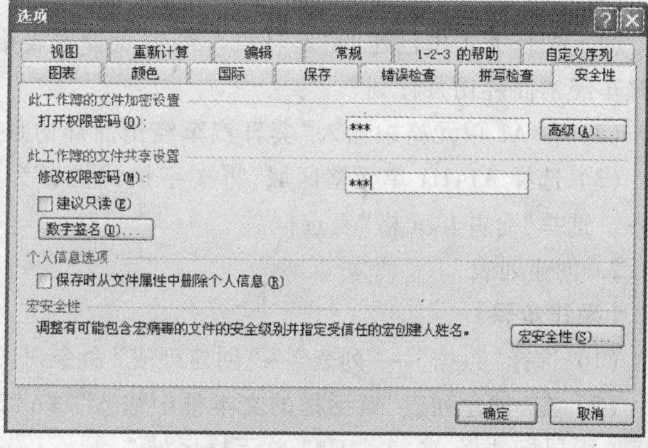

图13－4　“安全性”选项卡

(2) 设置工作簿的修改密码。在“此工作簿的文件共享设置”选项区域中的“修改权限密码”文本框中输入要设置的密码“456”。

(3) 点击“确定”按钮,依次输入打开密码的确认密码和修改密码的确认密码。

(4) 取消与修改密码。在“安全性”选项卡中删除或修改密码。

任务 2　制定客户拜访计划

1. 创建客户拜访计划工作表(图 13－5)

奕轩汽车经销商拜访月计划

序号	日期	地区	经销商名称	访问人	拜访内容	拜访方式	拜访经费	辅助列
1	5月8号	中南	长沙宏发汽车贸易发展有限公司	王小虎	客情维护	上门	￥500.00	王小虎上门
2	5月8号	中南	长沙远达汽车	王小虎	客情维护	上门	￥450.00	王小虎上门
3	5月9号	中南	湖南申湘汽车	王小虎	销售询问	电话	￥0.00	王小虎电话
4	5月10号	中南	远通汽车销售有限公司	王小虎	业务指导	上门	￥250.00	王小虎上门
5	5月10号	东北	大地汽贸集团	李丽娜	销售询问	电话	￥0.00	李丽娜电话
6	5月10号	东北	大红发汽车行	李丽娜	客情维护	上门	￥300.00	李丽娜上门
7	5月11号	中南	香江汽车	王小虎	销售询问	电话	￥0.00	王小虎电话
8	5月12号	中南	珠江汽车有限公司	王小虎	业务培训	上门	￥600.00	王小虎上门
9	5月12号	中南	佛山自强汽车	王小虎	销售询问	电话	￥0.00	王小虎电话
10	5月12号	中南	粤汽汽贸集团	王小虎	销售询问	电话	￥0.00	王小虎电话
11	5月14号	华东	上海风神汽车贸易有限公司	李丽娜	业务指导	上门	￥500.00	李丽娜上门
12	5月14号	华东	上海大胜汽车贸易有限公司	李丽娜	客情维护	上门	￥650.00	李丽娜上门
13	5月15号	华东	上海正能汽车贸易有限公司	李丽娜	客情维护	电话	￥0.00	李丽娜电话
14	5月16号	华东	杭州中天汽车服务有限公司	李丽娜	客情维护	电话	￥0.00	李丽娜电话
15	5月19号	华东	济南大和汽车销售有限公司	李丽娜	销售询问	电话	￥0.00	李丽娜电话
16	5月20号	华东	济南昌明汽车销售集团	李丽娜	业务培训	上门	￥500.00	李丽娜上门
17	5月21号	华北	北京世纪汽车有限公司	李丽娜	业务培训	上门	￥550.00	李丽娜上门
18	5月22号	华北	北京林奥汽车贸易公司	李丽娜	销售询问	电话	￥0.00	李丽娜电话
19	5月23号	华北	海淀吉祥汽车	李丽娜	客情维护	上门	￥300.00	李丽娜上门
20	5月26号	华北	长安通达汽车有限公司	李丽娜	客情维护	电话	￥0.00	李丽娜电话
21	5月27号	西南	重庆天天汽车服务有限公司	王小虎	客情维护	电话	￥0.00	王小虎电话
22	5月28号	西南	重庆江河汽车贸易公司	王小虎	业务指导	上门	￥800.00	王小虎上门
23	5月29号	西南	昆明天朋汽车有限公司	王小虎	销售询问	电话	￥0.00	王小虎电话
24	5月29号	西南	丽汽有限公司	王小虎	客情维护	上门	￥400.00	王小虎上门
25	5月30号	西南	长江汽车有限公司	王小虎	业务指导	上门	￥700.00	王小虎上门
汇总							￥6,500.00	

图 13－5　客户拜访计划工作表

【操作步骤】

(1) 把任务 1 中创建的“奕轩汽车经销商管理表格”工作簿的“Sheet2”工作表重命名为“奕轩汽车经销商拜访月计划”。

(2) 在 A1 单元格中输入“奕轩汽车经销商拜访月计划”作为表格的标题。

(3) 选择 A1:H1 单元格区域,将文字格式设置为:黑体、加粗、20 号、水平居中和垂直居中对齐。选择“合并单元格”复选框。

2. 创建列表

【操作步骤】

(1) 选择“数据”→“列表”→“创建列表”命令,打开“创建列表”对话框。

(2) 在“创建列表”对话框的文本框中输入“ $A$2: $H$2”,或者点击文本框右边的折叠按钮,用鼠标选择 $A$2: $H$2 单元格区域。

(3) 选择“列表有标题”复选框,点击“确定”按钮,完成列表的创建。列表创建好后,列表周围会出现蓝色边框,在列表区域内用“ * ”号代表插入行,如图 13－6 所示。

序号	日期	地区	经销商名称	访问人	拜访内容	拜访方式	拜访经费
*							

图 13－6　列表效果

3. 输入列标题

【操作步骤】

(1) 单击列表区域激活列表。

(2) 在A2:H2单元格区域中分别输入“序号”、“地区”、“经销商名称”、“访问人”、“拜访内容”、“拜访方式”和“拜访经费”作为列标题。

(3) 选择A2:H2单元格区域,将字体设置为宋体,字形设置为加粗,字号设置为12,水平对齐方式设置为左对齐,单元格的底纹颜色设置为灰色-25%。

4. 输入表格内容

使用批量填充功能填写序号,将中南、西南地区的访问人填写为“王小虎”,东北、华北和华东地区的访问人填写为“李丽珊”,表格内容的格式设置为:宋体、常规、10号、水平左对齐、奇偶行的底纹以不同的颜色显示。

【操作步骤】

(1) 在A3单元格输入数字“1”,将鼠标指针移至单元格的填充柄处,按住“Ctrl”键不放,当鼠标指针变为+时,向下拖动鼠标,即可完成对序号列的批量填充。

(2) B列、C列、D列、F列、G列和H列的数据,可以从本书所附光盘中“实训项目13”文件夹中的“素材.xls”中复制得到。

(3) 按住“Ctrl”键不放,选择所有与中南、西南地区对应的访问人所在单元格,输入“王小虎”,再按“Ctrl”+“Enter”键,完成对这些不连续单元格的批量填充。

(4) 用相同的方法把所有与东北、华北和华东地区对应的访问人所在单元格批量填充为“李丽珊”。

(5) 选择A3:L27单元格区域,将格式设置为:宋体、常规、10号、水平方向左对齐。将L3:L27单元格区域的数值类型设置为货币。

(6) 使用本项目任务1中所用的方法,为A3:L27单元格区域奇偶行的底纹设置不同的颜色。

5. 添加汇总行并求和

添加汇总行对拜访经费求和。

【操作步骤】

(1) 单击列表区域激活列表,单击列表工具栏中的“切换汇总行”图标Σ切换汇总行,汇总行出现在插入行的下方。

(2) 单击H29单元格将其选中,再点击单元格右侧的按钮▾,在展开的下拉列表中选择“求和”选项,拜访经费的总和就会显示出来。

6. 创建客户拜访统计表

分别统计王小虎和李丽珊两人电话拜访和上门拜访的总次数,以及需要的拜访经费。

【操作步骤】

(1) 在K1单元格内输入“奕轩汽车5月份经销商拜访统计表”作为统计表的标题,选择K1:N1单元格区域,将格式设置为:黑体、加粗、12号、合并居中对齐。

(2) 制作表头。合并K3、K4这2个单元格,输入“访问人”;合并L2、M2这2个单元格,输入“拜访方式”;在L3、M3单元格中分别输入“电话”和“上门”;合并N3、N4这2个单元格,输入

"拜访经费"。

(3) 设置表头格式。字体为宋体、字形为加粗、字号为 12、对齐方式为水平居中和垂直居中。

7. 输入表格内容

【操作步骤】

(1) 增加 I 列作为辅助列,在 I3 单元格内输入"=E3&G3",拖动 I3 单元格把公式批量复制到 I 列的其他单元格中。

(2) 在 K4 单元格中输入"王小虎",在 K5 单元格中输入"李丽珊"。

(3) 在 L4 单元格中输入"=COUNTIF($I$3:$I$27,$K4&L$3)",拖动鼠标把公式复制到 L5、M4、M5 这 3 个单元格中。

(4) 在 N4 单元格中输入"=SUMIF($E$3:$E$27,K4,$H$3:$H$27)",把公式复制到 N5 单元格中。

(5) 设置统计表的内外边框,统计表的最终效果如图 13-7所示。

奕轩汽车 5 月份经销商拜访统计表

访问人	拜访方式		拜访经费
	电话	上门	
王小虎	6	7	3700
李丽珊	6	6	2800

图 13-7 统计表效果

8. 查找拜访经费最高值和最低值

【操作步骤】

(1) 在 G30 单元格内输入最大值。单击 H30 单元格,输入公式"=MAX(H2:H26)",按"Enter"键即可显示拜访经费最高值。

(2) 在 G31 单元格内输入最小值。单击 H31 单元格,输入公式"=MIN(H2:H26)",按"Enter"键即可显示拜访经费最低值。

9. 隐藏网格线

【操作步骤】

(1) 选择"工具"→"选项"命令,选择"视图"选项卡,在"窗口选项"选项区域中取消对"网格线"复选框的选择。

(2) 点击"确定"按钮,完成隐藏网格线的操作。

任务 3　制作客户销售份额表

1. 创建客户销售份额分布表

【操作步骤】

(1) 把任务 1 中的“奕轩汽车经销商管理表格”工作簿的“Sheet3”工作表重命名为“2009 年奕轩汽车经销商销售份额分布表”。

(2) 输入表格标题。在 A1 单元格中输入“2009 年奕轩汽车经销商销售份额分布表”作为表格的标题,选择 A1:G1 单元格区域,将格式设置为:黑体、加粗、20 号、水平居中和垂直居中对齐,选择“合并单元格”复选框。

(3) 输入表格列标题。在 A2:G2 单元格区域中分别输入“序号”、“地区”、“经销商名称”、“销售金额”、“所占比例”、“排名和等级”作为列标题,将格式设置为:宋体、加粗、12 号。

(4) 选择“文件”→“保存”命令保存文件。

2. 输入表格内容

【操作步骤】

(1) 自动填充 A 列。

(2) 参照本书所附光盘中“实训项目 13”文件夹中的“素材. xls”输入 B、C、D 列中各单元格的内容。

(3) 使用公式和函数计算得到 E 列的值。在 E1 单元格中输入“ = D3/SUM(D$3:D$27)”,通过拖动鼠标,把公式复制到 E 列的其他单元格中。

(4) 在 F 列显示各经销商的排名。选择“插入”→“函数”命令,在“选择类别”的下拉列表框中选择“全部”选项,再从“选择函数”列表框中选择“RANK”选项,打开“函数参数”对话框,在“Number”文本框中输入“D3”,在“Ref”文本框中输入“D$3:D$27”,点击“确定”按钮,完成插入函数的所有操作,如图 13 - 8 所示。

(5) 单击 F3 单元格将其选中,向下拖动鼠标,将 F3 单元格中的函数复制到 F3:F26 区域的其他单元格中。

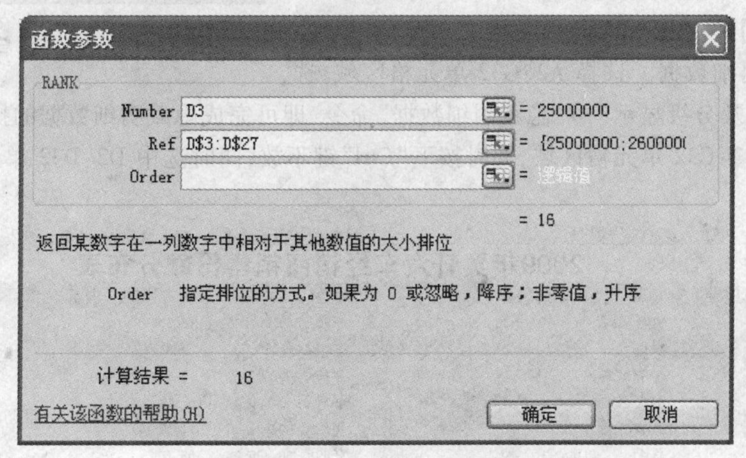

图 13 - 8　“函数参数”对话框

3．填充等级

销售金额小于 1 500 万元定为“一星级”；销售金额大于等于 1 500 万元且小于 2 500 万元定为“二星级”；销售金额大于等于 2 500 万元且小于 3 500 万元定为“三星级”；销售金额大于等于 3 500 万元定为“四星级”。

【操作步骤】

（1）在 G3 单元格中输入“ = IF(D3 > = 35000000 ," 四星级" , IF(D3 > = 25000000 ," 三星级" , IF(D3 > = 15000000 ," 二星级" ," 一星级")))”。

（2）单击 G3 单元格将其选中，向下拖动鼠标，将 G3 单元格中的函数复制后粘贴到 G3：G26 区域的其他单元格中。

4．分类汇总

按地区进行分类汇总，汇总方式为求和，汇总项为销售金额和所占比例。

【操作步骤】

（1）单击“地区”所在列的任意单元格，然后点击工具栏上的“升序排序”图标，将同一地区的记录排在一起。

（2）选择 A2：G27 单元格区域，选择“数据”→“分类汇总”命令，打开“分类汇总”对话框。

（3）在“分类汇总”对话框中，在“分类字段”下拉列表框中选择“地区”选项，在“汇总方式”下拉列表框中选择“求和”选项。

（4）在“选定汇总项”列表框中选择“销售金额”和“所占比例”2 个选项，如图 13－9 所示。

（5）点击“确定”按钮，完成分类汇总操作。如果想取消分类汇总，点击“分类汇总”对话框中的“全部删除”按钮即可。

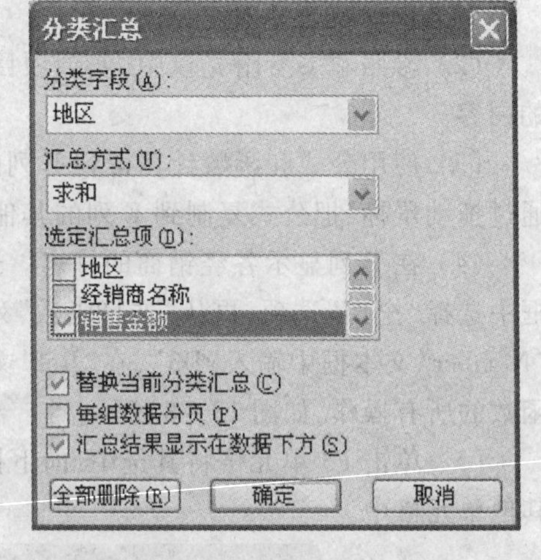

图 13－9　“分类汇总”对话框

5．插入饼图

根据销售份额分布表，按地区制作饼图，插入当前工作表中，并对饼图进行美化。

【操作步骤】

（1）隐藏明细数据。选择 A2：G32 单元格区域，选择“数据”→“组及分级显示”→“隐藏明细数据”命令，即可完成隐藏明细数据的操作。

（2）选择 B2：C32 单元格区域，同时按下“Ctrl”键不放，同时选中 D2：D32 单元格区域，如图 13－10 所示。

	A	B	C	D	E	F	G
1	2009年奕轩汽车经销商销售份额分布表						
2	序号	地区	经销商名称	销售金额	所占比例	排名	等级
11		中南 汇总		￥202,500,000.00	16.33%		
14		东北 汇总		￥45,000,000.00	3.63%		
21		华东 汇总		￥188,000,000.00	15.16%		
26		华北 汇总		￥113,000,000.00	9.11%		
32		西南 汇总		￥142,800,000.00	11.52%		
33		总计		￥691,300,000.00	55.76%		

图 13－10　隐藏明细数据后的数据表

(3) 选择"插入"→"图表"命令,打开"图表向导"对话框,在"图表类型"列表框中选择"饼图"选项。

(4) 点击"下一步"按钮,在"系列产生在"选项区域中选择"列"单选按钮。

(5) 点击"下一步"按钮,在"数据标志"选项卡中,选择"类别名称"和"百分比"2个复选框,如图13-11所示。选择"标题"选项卡,在"图表标题"文本框中输入"2009年奕轩汽车各地区销售份额分布图"。

(6) 点击"下一步"按钮,选择"作为其中的对象插入"单选按钮,如图13-12所示。

(7) 点击"完成" 按钮,即可完成图表的插入操作。

(8) 选择图表,按住鼠标左键不放,拖动鼠标把图表移动到合适的位置。

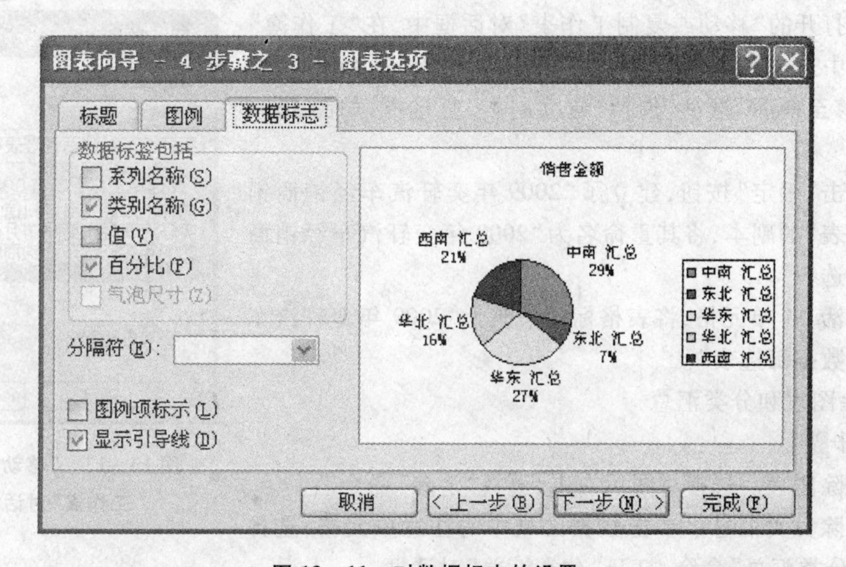

图13-11　对数据标志的设置

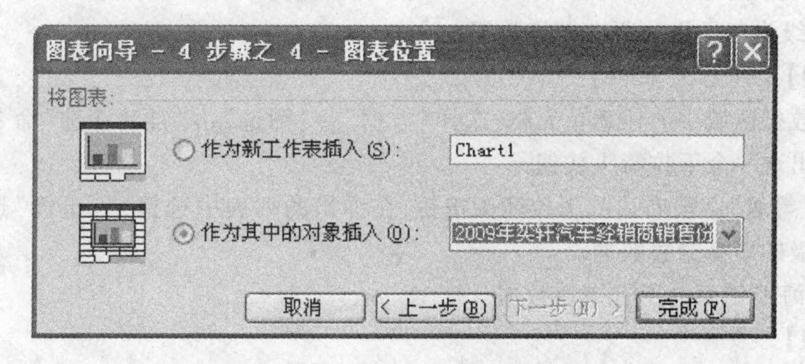

图13-12　对图表插入位置的设置

任务 4 筛选客户销售数据

1. 建立工作数据表

复制工作表“2009 年奕轩汽车经销商销售份额分布表”作为工作数据表，命名为“2009 年奕轩汽车经销商销售数据筛选表”，将表格标题更改为“2009 年奕轩汽车经销商销售数据筛选表”。

【操作步骤】

(1) 在工作表“2009 年奕轩汽车经销商销售份额分布表”的标签上右击，在弹出的快捷菜单中选择“移动或复制工作表”命令。

(2) 在打开的“移动或复制工作表”对话框中，在“工作簿”下拉列表框中选择当前工作簿，在“下列选定工作表之前”列表框中选择“移至最后”选项，选择“建立副本”复选框，如图 13－13 所示。

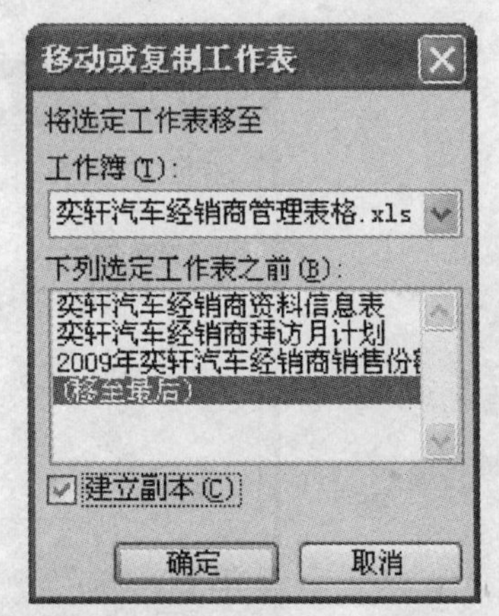

图 13－13 “移动或复制工作表”对话框

(3) 点击“确定”按钮，建立了“2009 年奕轩汽车经销商销售份额分布表”的副本，将其重命名为“2009 年奕轩汽车经销商销售数据筛选表”。

(4) 激活 A1 单元格，将表格标题修改为“2009 年奕轩汽车经销商销售数据筛选表”。

2. 删除图表和分类汇总

【操作步骤】

(1) 删除图表。选择饼图后右击，选择“清除”命令。

(2) 删除分类汇总。单击数据区域中的任意单元格，选择“数据”→“分类汇总”命令，打开“分类汇总”对话框。

(3) 点击“分类汇总”对话框中的“全部删除”按钮。

3. 筛选等级为三星级的所有销售数据

【操作步骤】

(1) 单击数据区域中的任意单元格，选择“数据”→“筛选”→“自动筛选”命令，在每个字段名的右边都会出现一个下拉箭头按钮▾。

(2) 点击“等级”字段右边的下拉箭头按钮，在弹出的列表中选择“三星级”选项，即可筛选出等级为三星级的所有销售数据。

4. 筛选上海经销商的所有销售数据

【操作步骤】

(1) 单击数据区域中的任意单元格，选择“数据”→“筛选”→“自动筛选”命令。

(2) 点击“经销商名称”字段右边的下拉箭头按钮，在弹出的列表中选择“自定义”选项，打开“自定义自动筛选方式”对话框，如图 13－14 所示。

(3) 在“经销商名称”下拉列表框中选择“等于”选项，在右边的下拉列表框中输入“上海 *”。

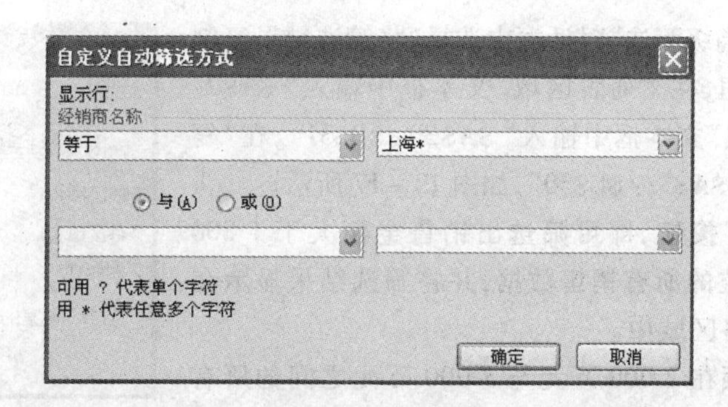

图 13－14　“自定义自动筛选方式”对话框

（4）点击“确定”按钮,即可筛选出上海经销商的所有销售数据。

5. 筛选华北地区销售金额大于 2 800 万元的所有销售数据

【操作步骤】

（1）单击数据区域中的任意单元格,选择“数据”→“筛选”→“自动筛选”命令。

（2）单击“地区”字段右边的下拉箭头按钮,在弹出的列表中选择“华北”选项。

（3）单击“销售金额”字段右边的下拉箭头按钮,在弹出的列表中选择“自定义”选项。

（4）在“自定义自动筛选方式”对话框中“销售金额”下拉列表框中选择“大于”选项,在其右边的下拉列表框中输入“ ￥28,000,000.00”,如图 13－15 所示。

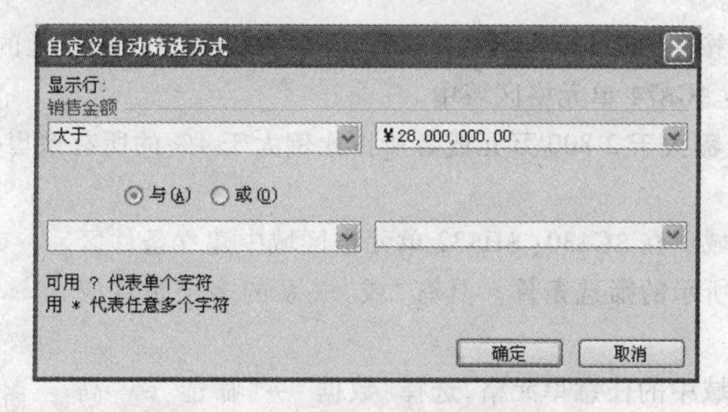

图 13－15　对销售金额筛选条件的设置

（5）点击“确定”按钮,即可筛选出华北地区销售金额大于 2800 万元的所有销售数据。

6. 显示全部数据

点击下拉箭头按钮,在列表中选择“全部”选项,或者选择“数据”→“筛选”→“自动筛选”命令,取消对“自动筛选”选项的勾选,使用这 2 种方法均可显示全部数据。

7. 筛选出销售金额大于 1 800 万元且排名在前 10 位的所有销售数据

【操作步骤】

（1）建立条件区域。在 $A$30：$B$31 单元格区域中建立条件区域,设置如图 13－16 所示的筛选条件。注意,条件区域与数据表区域之间至少空一行,具有“与”关系的多个条件应位于同一行。

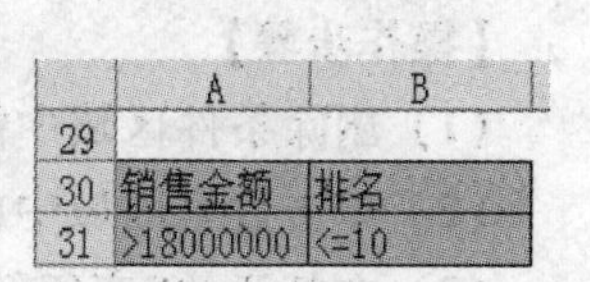

	A	B
29		
30	销售金额	排名
31	>18000000	<=10

图 13－16　筛选条件 1

（2）单击数据区域中的任意单元格,选择“数据”→“筛选”→“高级筛选”命令。

（3）在打开的“高级筛选”对话框中选择“将筛选结果复制到其他位置”单选按钮，在“列表区域”文本框中输入“$A$2:$G$27”，在“条件区域”文本框中输入“$A$30:$B$31”，在“复制到”文本框中输入“$A$37:$G$50”，如图 13－17 所示。

（4）点击“确定”按钮，即可筛选出销售金额大于 1 800 万元且排名在前 10 位的所有销售数据，并将筛选结果显示在 $A$37:$G$50单元格区域中。

高级筛选
方式
在原有区域显示筛选结果(F)
将筛选结果复制到其他位置(O)
列表区域(L): $A$2:$G$27
条件区域(C): $A$30:$B$31
复制到(T): $A$37:$G$50
选择不重复的记录(R)
确定　取消

图 13－17　“高级筛选”对话框

8. 筛选销售金额在 2 000 万元与 3 000 万元之间的所有销售数据

【操作步骤】

（1）建立条件区域。在 $D$30:$E$31 单元格区域中建立条件区域，设置如图 13－18 所示的筛选条件。

（2）单击数据区域中的任意单元格，选择“数据”→“筛选”→“高级筛选”命令。

	D	E
29		
30	销售金额	销售金额
31	>=20000000	<=30000000

图 13－18　筛选条件 2

（3）在打开的“高级筛选”对话框中，选择“将筛选结果复制到其他位置”单选按钮，在“列表区域”文本框中输入“$A$2:$G$27”，在“条件区域”文本框中输入“$D$30:$E$31”，在“复制到”文本框中输入“$A$55:$G$74”。

（4）点击“确定”按钮，即可筛选出销售金额为 2 000 万～3 000 万元的所有销售数据，将筛选结果显示在 $A$55:$G$74 单元格区域中。

9. 筛选出销售金额大于 2 800 万元或者所占比例大于 4% 的所有销售数据

【操作步骤】

（1）建立条件区域。在 $G$30:$H$32 单元格区域中建立条件区域，设置如图 13－19 所示的筛选条件。具有“或”关系的多个条件应位于不同的行。

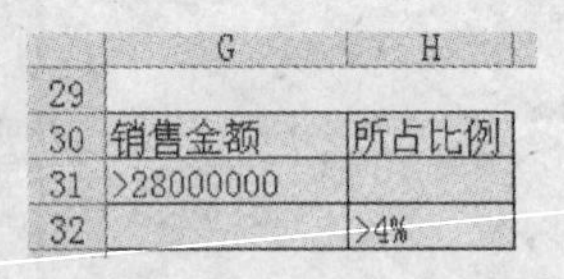

	G	H
29		
30	销售金额	所占比例
31	>28000000	
32		>4%

图 13－19　筛选条件 3

（2）单击数据区域中的任意单元格，选择“数据”→“筛选”→“高级筛选”命令。

（3）在打开的“高级筛选”对话框中，选择“将筛选结果复制到其他位置”单选按钮，在“列表区域”文本框中输入“$A$2:$G$27”，在“条件区域”文本框中输入“$G$30:$H$32”，在“复制到”文本框中输入“$A$78:$G$95”。

（4）点击“确定”按钮，即可筛选出销售金额大于 2 800 万元或者所占比例大于 4% 的所有销售数据，并将筛选结果显示在 $A$78:$G$95 单元格区域中。

10. 清除高级筛选条件

【操作步骤】

（1）删除条件区域中的各行。

（2）单击数据区域中的任意单元格，选择“数据”→“筛选”→“高级筛选”命令。

（3）在打开的“高级筛选”对话框中删除“条件区域”文本框中的内容。

（4）点击“确定”按钮，即可清除高级筛选条件。

项目总结

本项目通过制作客户资料信息表和奕轩汽车经销商拜访月计划，着重训练利用 Excel 软件管理公司客户数据的技能，其中应主要掌握客户信息的录入与编辑，公式与函数的使用，数据排序、分类汇总和筛选的操作技巧。

应根据数据种类和统计分析要求来确定使用哪种数据统计分析方法。在日常工作中，常要制作和分析业务数据统计分析表、加班记录统计表、工资统计分析表、财务报表等表格，因此应结合具体业务数据及编辑、分析要求来训练工作表数据的计算与分析技能，利用常用函数进行分析、计算，掌握数据统计分析技能。

项目拓展

新建一个名为“销售人员 5 月份工资表(学号 + 姓名).xls”工作簿，将本书所附光盘中“实训项目 13”文件夹中的“销售人员 5 月份工资表.xls”的工作表“素材表”中的内容复制到“销售人员 5 月份工资表(学号 + 姓名).xls”中，参照“销售人员 5 月份工资表.xls”的工作表“样表”进行修改，具体要求如下。

(1) 计算应发工资。应发工资 = 岗位工资 + 薪级工资 + 业务提成 + 特殊津贴。

(2) 计算住房公积金、养老保险、医疗保险、失业保险。住房公积金为应发工资的 10%，养老保险为岗位工资与薪级工资 2 项之和的 8%，医疗保险为应发工资的 2%，失业保险为应发工资的 0.5%。

(3) 计算实发工资。实发工资 = 应发工资 -(住房公积金 + 养老保险 + 医疗保险 + 失业保险)。

(4) 在“实发工资”列后增加“收入等级”列，当实发工资大于等于 7 000 元时为高收入，实发工资大于等于 4 000 元而小于 7 000 元时为中等收入，实发工资在 4 000 元以下时为低收入。

(5) 冻结列标题所在行和前 4 列。

(6) 将列标题的格式设置为：黑体、常规、12 号、水平方向左对齐、垂直方向居中对齐。

(7) 将数据内容的格式设置为：宋体、常规、10 号、水平方向左对齐、垂直方向居中对齐。

(8) 将职务为经理的行的字符颜色设置为蓝色。

(9) 将岗位工资、薪级工资、业务提成、特殊津贴、住房公积金、养老保险、医疗保险、失业保险这 8 列的数字格式设置为会计专用，保留 2 位小数。

(10) 将列标题单元格区域的底纹颜色设置为玫瑰红，将数据区域的底纹颜色设置为象牙色。

(11) 将表格区域的外部边框设置为红色实线，内部边框设置为蓝色虚线。

(12) 为住房公积金、养老保险、医疗保险、失业保险 4 个列标题字段增加批注，批注内容为计算方式，例如，住房公积金的批注内容为“应发工资 * 10%”。

(13) 以表格区域为数据源创建列表，为列表中的岗位工资、薪级工资、业务提成、特殊津贴、住房公积金、养老保险、医疗保险、失业保险 8 个字段增加求和汇总项。

(14) 创建“收入等级”统计表格，显示各个收入等级对应的总人数，并以该统计表为数据源创建一个三维饼图，饼图的标题为“收入等级统计图表”，标题格式为宋体、红色、12 号，要求显示数值和百分比。

(15) 使用高级筛选功能筛选出岗位工资大于等于 750 元且薪级工资大于等于 650 元，或者实发工资大于等于 4 500 元的所有数据，使筛选出来的数据显示在表格的下方。

(16) 使用自动筛选功能筛选出所有姓张的销售人员的数据。

实训项目 14

分析销售数据

项目描述

当前汽车销售市场竞争激烈、瞬息万变,奕轩汽车公司作为在汽车市场中竞争的一员,需要及时、准确地掌握市场销售情况,从而让公司管理人员和销售人员对市场作出正确判断。因此,制作月度和季度销售数据分析表(如图 14 - 1 所示)非常重要。做完本项目后,要求读者掌握利用 Excel 整理和分析数据的方法,学会使用数据透视表、图表等的数据分析功能。

	A	B	C	D	E
1	地区	(全部)			
2					
3			数据		
4	分区经理	经销商名称	目标销售额	实际销售额	完成率
5	何润发	佛山自强汽车	¥ 2,500,000.00	¥ 2,400,000.00	96.00%
6		深汽汽贸集团	¥ 3,000,000.00	¥ 3,500,000.00	116.67%
7		香江汽车	¥ 1,800,000.00	¥ 1,850,000.00	102.78%
8		珠江汽车有限公司	¥ 2,300,000.00	¥ 2,500,000.00	108.70%
9	胡哥华	大地汽贸集团	¥ 2,000,000.00	¥ 2,500,000.00	125.00%
10		大红发汽车行	¥ 3,200,000.00	¥ 3,000,000.00	93.75%
16	李艾嘉	上海大胜汽车贸易有限公司	¥ 1,500,000.00	¥ 1,800,000.00	120.00%
17		上海风神汽车贸易有限公司	¥ 2,800,000.00	¥ 3,400,000.00	121.43%
18		上海正德汽车贸易有限公司	¥ 3,200,000.00	¥ 3,100,000.00	96.88%
19	刘小红	杭州中天汽车服务有限公司	¥ 2,100,000.00	¥ 2,300,000.00	109.52%
20		济南昌明汽车销售集团	¥ 3,000,000.00	¥ 2,950,000.00	98.33%
21		济南大和汽车销售有限公司	¥ 1,800,000.00	¥ 1,900,000.00	105.56%
26	钟军	北京林奥汽车贸易公司	¥ 3,250,000.00	¥ 3,500,000.00	107.69%
27		北京世纪汽车有限公司	¥ 1,900,000.00	¥ 2,400,000.00	126.32%
28		长安通运汽车有限公司	¥ 1,600,000.00	¥ 1,850,000.00	115.63%
29		海淀吉祥汽车	¥ 2,600,000.00	¥ 2,900,000.00	111.54%
30	总计		¥ 57,400,000.00	¥ 62,300,000.00	108.54%

图 14 - 1　销售数据透视表

技能目标

- 会利用数据透视表和数据透视图对数据进行整理和分析。
- 能熟练运用图表分析数据、建立动态图表。

环境要求

- 硬件:普通台式计算机或笔记本电脑。
- 软件:Windows 操作系统、MS Office Excel 软件或者 WPS Office 系列软件中的相应软件。

任务 1　分析月度销售数据

1. 创建数据源

创建一个名为“奕轩汽车 2010 年 4 月份销售分析表. xls”的工作簿，保存在 E 盘下的“销售数据”文件夹中。

【操作步骤】

(1) 启动 Excel 2003，新建一个空白工作簿。

(2) 把工作表“Sheet1”重命名为“2010 年 4 月份”，删除“Sheet2”、“Sheet3”这 2 个工作表。

(3) 以“奕轩汽车 2010 年 4 月份销售分析表. xls”为文件名把工作簿保存在 E 盘下的“销售数据”文件夹中。

2. 构建工作表

【操作步骤】

(1) 在 A1 单元格中输入表格标题“奕轩汽车 2010 年 4 月份销售分析表”。

(2) 在 B2:F2 单元格区域分别输入“序号”、“地区”、“分区经理”、“经销商名称”、“目标销售”和“实际销售”作为列标题。

(3) 在 A3:F27 单元格区域中输入数据内容，可以从本书所附光盘中的“实训项目 14”文件夹中的“素材表. xls”中复制数据。

3. 格式化表格

将表格标题格式设置为：黑体、加粗、20 号；列标题格式为：宋体、加粗、12 号；数据内容的格式为：宋体、常规、10 号。

【操作步骤】

(1) 选择 A1:F1 单元格区域，选择“格式”→“单元格”命令，将字体设置为黑体，字形设置为加粗，字号设置为 20，对齐方式设置为水平居中和垂直居中，选择“合并单元格”复选框。

(2) 选择 B2:F2 单元格区域，打开“单元格格式”对话框，将字体设置为宋体，字形设置为加粗，字号设置为 12，水平对齐方式设置为左对齐，方法与实训项目 12 中采用的方法相同。

(3) 选择 B3:F27 单元格区域，将字体设置为宋体，字形设置为常规，字号设置为 10 号，水平对齐方式设置为左对齐。

(4) 选择 E3:F27 单元格区域，将单元格的数值类型设置为“会计专用”。

(5) 将 A2:F27 单元格区域的行高设置为 18，根据需要调整列宽，使其内外都有边框。

4. 创建数据透视表

以 A2:F27 为源数据区域创建数据透视表，使其在新建工作表中显示，新建工作表，命名为“奕轩汽车 2010 年 4 月份销售数据透视分析表”。

【操作步骤】

(1) 选择“数据”→“数据透视表和数据透视图”命令，打开“数据透视表和数据透视图向导 -- 3步骤之 1”对话框。

（2）在“请指定待分析数据的数据源类型”选项区域中选择“Microsoft Office Excel 数据列表或数据库”单选按钮，在“所需创建的报表类型”选项区域中选择“数据透视表”单选按钮。

（3）点击“下一步”按钮，打开“数据透视表和数据透视图向导 --3 步骤之 2”对话框，在“选定区域”文本框中输入“ $A$2: $F$27”，或点击右边的折叠按钮，用鼠标选择 $A$2: $F$27 单元格区域。

（4）点击“下一步”按钮，打开“数据透视表和数据透视图向导 --3 步骤之 3”对话框，在“数据透视表显示位置”选项区域中选择“新建工作表”单选按钮。

（5）点击“完成”按钮，关闭对话框，系统自动新建一个名为“Sheet4”的工作表。

（6）把“Sheet4”工作表重命名为“奕轩汽车 2010 年 4 月份销售数据透视分析表”。

5. 为透视表布局

将页字段设置为“地区”，行字段设置为“分区经理”和“经销商名称”，数据项设置为“目标销售”和“实际销售”。

【操作步骤】

（1）在“数据透视表字段列表”窗格中选择“地区”字段，将其拖到“请将页字段拖至此处”区域 A1:F1。或者先选择“地区”字段，在“添加到”下拉列表框中选择“页面区域”选项，再点击“添加到”按钮，这样也可以把“地区”字段设置为页字段，如图 14 – 2 所示。

（2）在“数据透视表字段列表”窗格中，选择“分区经理”和“经销商名称”这 2 个字段，分别将它们拖到“将行字段拖至此处”区域 A3:A16。在数据透视表中，当行字段达到 2 个以上时，系统会自动添加求和的分类汇总项。

（3）在“数据透视表字段列表”窗格中，选择“目标销售”和“实际销售”这 2 个字段，分别将它们拖到“请将数据项拖至此处”区域 C5:H37，如图 14 – 3 所示。

（4）选择 C3 单元格，将“数据”字段拖到 D3 单元格，使“求和项:目标销售”和“求和项:实际销售”展开显示。

6. 取消求和的分类汇总项

取消对“分区经理”的求和分类汇总。

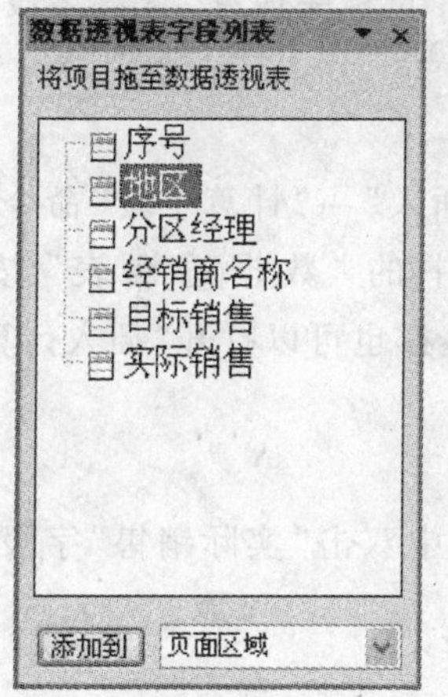

图 14 – 2　对页字段的设置

	A	B	C	D
1	地区	(全部)		
2				
3	分区经理	经销商名称	数据	汇总
4	何润发	佛山自强汽车	求和项:目标销售	2500000
5			求和项:实际销售	2400000
6		深汽汽贸集团	求和项:目标销售	3000000
7			求和项:实际销售	3500000
8		香江汽车	求和项:目标销售	1800000
9			求和项:实际销售	1850000
10		珠江汽车有限公司	求和项:目标销售	2300000
11			求和项:实际销售	2500000
12	何润发 求和项:目标销售			9600000
13	何润发 求和项:实际销售			10250000
14	胡哥华	大地汽贸集团	求和项:目标销售	2000000
15			求和项:实际销售	2500000
16		大红发汽车行	求和项:目标销售	3200000
17			求和项:实际销售	3000000
18	胡哥华 求和项:目标销售			5200000
19	胡哥华 求和项:实际销售			5500000

图 14 – 3　增加数据项后的透视表

【操作步骤】

（1）单击 A4 单元格，将“分区经理”选中，在该单元格上右击，在弹出的菜单中选择“字段设置”命令，打开“数据透视表字段”对话框。

（2）在“数据透视表字段”对话框中的“分类汇总”选项区域中选择“无”单选按钮，如图 14－4所示。

（3）点击“确定”按钮，关闭对话框，“分区经理”字段的求和汇总项消失。

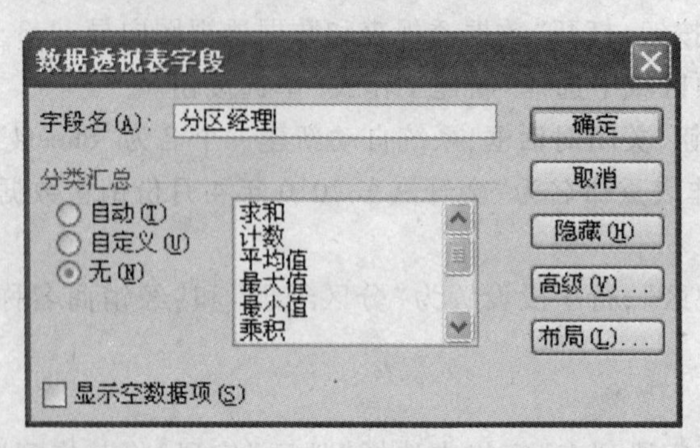

图 14－4　取消对“分区经理”的求和分类汇总

7．设置字段名称及格式

将“求和项:目标销售”和“求和项:实际销售”这 2 个字段的名称设置为“目标销售额”和“实际销售额”，并把这 2 个字段的数值类型设置为“会计专用”。

【操作步骤】

（1）设置字段名。选择“求和项:目标销售”字段，打开“数据透视表字段”对话框，在“名称”文本框中将“求和项:目标销售”改为“目标销售额”。

（2）设置字段格式。点击“数据透视表字段”对话框中的“数字”按钮，打开“单元格格式”对话框，在“分类”列表框中选择“会计专用”选项。

（3）用相同的方法完成对“求和项:实际销售”字段的设置。

8．插入计算字段

为了显式地指出销售目标的完成情况，需要在透视表中增一个“目标完成率”计算字段，将数值类型设置为“百分比”。

【操作步骤】

（1）在数据透视表中的数据项区域中选择任一单元格，选择“插入”→“计算字段”命令，打开“插入计算字段”对话框，或者点击数据透视表工具栏中的“数据透视表”按钮 数据透视表(P) ▾ ，在弹出的菜单中选择“公式”→“计算字段”命令，这样也可以打开“插入计算字段”对话框。

（2）在“名称”文本框中输入“目标完成率”。

（3）输入公式。删除“公式”文本框中的数字“0”，在字段列表中双击“实际销售”字段，在“公式”文本框中输入除号“/”，在字段列表中双击“目标销售”字段。

（4）点击对话框中的“添加”按钮，如图 14－5 所示。

（5）点击“确定”按钮，关闭对话框，完成插入计算字段的操作。

（6）将“目标完成率”字段的数值类型设置为“百分比”。

9. 创建“求和”透视表

创建一个按分区经理求和的透视表，把它作为下一步创建数据视图的源数据，并将该透视表命名为“分区经理求和透视表”。

【操作步骤】

（1）用前面介绍过的方法创建一个以 B2:F27 为源数据区域的数据透视表，数据透视表显示在新建工作表中，将新建工作表命名为“分区经理求和透视表”。

（2）把“分区经理”字段添加到行字段区域中，把“实际销售”字段添加到数据项区域中，并将“求和项:实际销售”改为“实际销售额”，如图 14－6 所示。

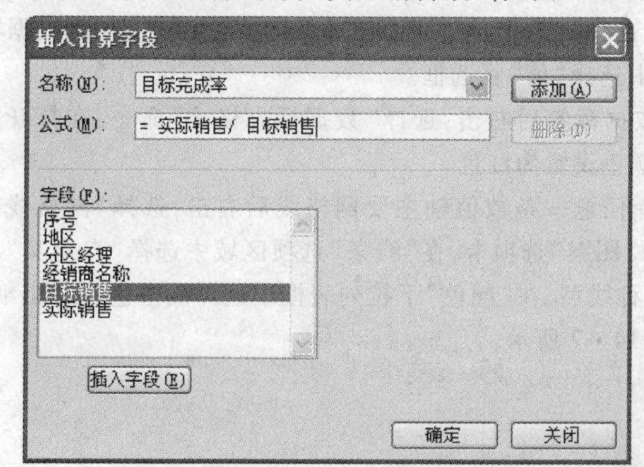

图 14－5　“插入计算字段”对话框

	A	B
1		
2		
3	实际销售额	
4	分区经理	汇总
5	何润发	10250000
6	胡哥华	5500000
7	黄建军	12900000
8	李艾嘉	8300000
9	刘小红	7150000
10	张卫健	7550000
11	钟军	10650000
12	总计	62300000

图 14－6　分区经理求和透视表

10. 创建数据透视图

以分区经理求和透视表为源数据创建数据透视图，将显示数据透视图的工作表命名为“分区经理销售透视图”。

【操作步骤】

（1）选择“分区经理求和透视表”中任一非空单元格，选择“插入”→“图表”命令，系统会自动创建一个名为“Chart1”的工作表，并在该工作表中创建一个柱形图。

（2）将“Chart1”工作表重命名为“分区经理销售透视图”。

11. 修改图表格式

将图表类型修改为簇状柱形图，隐藏数据透视图的字段按钮，将图表标题修改为“奕轩汽车2010 年 4 月份分区经理销售透视图”，将标题格式设置为宋体、倾斜、20 号、浅橙色，将绘图区的边框和区域设置为“无”，增加数值标签，将标签文字颜色设置为红色，将网格线设置为第 3 种线型，颜色为浅橙色。

【操作步骤】

（1）更改图表类型。在图表上右击，在弹出的菜单中选择“图表类型”命令，打开“图表类型”对话框，在“子图表类型”列表框中选择第 1 种类型(簇状柱形图)，点击“确定”按钮，关闭对话框。

（2）隐藏数据透视图字段按钮。在图表中右击“实际销售额”按钮或“分区经理”按钮，在弹出的菜单中选择“隐藏数据透视图字段按钮”命令。

(3) 修改图表标题。在图表上右击,在弹出的菜单中选择“图表选项”命令,选择“标题”选项卡,在“图表标题”文本框中输入“奕轩汽车 2010 年 4 月份分区经理销售透视图”,在“分类(X)轴”文本框中输入“分区经理”,在“数值(Y)轴”文本框中输入“销售金额”,点击“确定”按钮,关闭对话框。

(4) 修改图表标题格式。在图表的标题上右击,在弹出的菜单中选择“图表标题格式”命令,打开“图表标题格式”对话框,在该对话框中将标题格式设置为宋体、倾斜、20 号、浅橙色,点击“确定”按钮,关闭对话框。

(5) 设置绘图区格式。在绘图区上右击,在弹出的菜单中选择“绘图区格式”命令,打开“绘图区格式”对话框,在“边框”选项区域和“区域”选项区域中选择“无”单选按钮。

(6) 增加数据标签。在图表上右击,在弹出的菜单中选择“图表选项”命令,选择“数据标志”选项卡,在“数据标签包括”选项区域中选择“值”复选框。

(7) 设置数据标签格式。选择任一数据标签后右击,选择“数据标志格式”命令,在打开的“数据标志格式”对话框中将数据标志的颜色设置为红色。

(8) 设置网格线格式。在绘图区选择任意一条数值轴主要网格线后右击,选择“网格线格式”命令,打开“网格线格式”对话框,选择“图案”选项卡,在“线条”选项区域中选择“自定义”单选按钮,在“样式”下拉列表框中选择第 3 种线型,在“颜色”下拉列表框中选择浅橙色,在“粗细”下拉列表框中选择第 1 项,最终效果如图 14 - 7 所示。

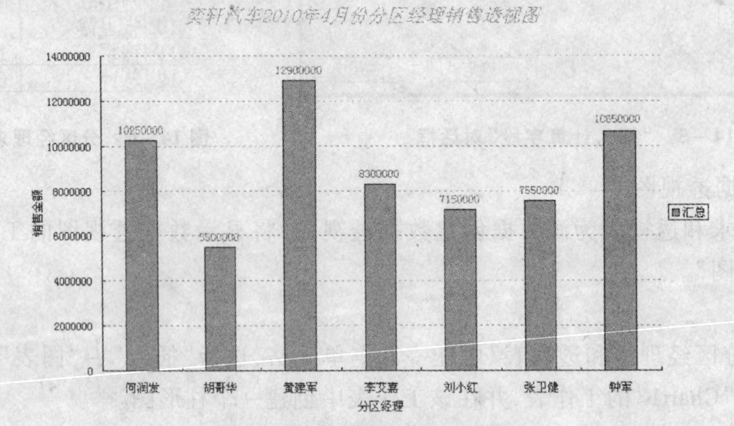

图 14 - 7　簇状柱形图最终效果

任务2　分析季度销售数据

1. 创建源数据

创建一个名为“奕轩汽车2010年第一季度销售分析表.xls”的工作簿,保存到E盘下的“销售数据”文件夹中。

【操作步骤】

(1) 启动Excel 2003,新建一个空白工作簿。

(2) 把工作表“Sheet1”重命名为“奕轩汽车第一季度销售数据分析”,删除“Sheet2”、“Sheet3”这2个工作表。

(3) 以“奕轩汽车2010年第一季度销售分析表.xls”为文件名把工作簿保存到E盘下的“销售数据”文件夹中。

2. 构建数据表

数据表中分别列出今年、去年和上个季度的销售数据,计算出同比增长值和环比增长值,参照本书所附光盘中“实训项目14”文件夹中的“素材表.xls”构建数据表格,并设置相应的格式。

【操作步骤】

(1) 从“实训项目14”文件夹中把素材表的内容复制到“奕轩汽车第一季度销售数据分析”工作表中。

(2) 设置表格格式。总表标题格式为:黑体、加粗、20号、浅橙色、合并居中对齐;所有分表标题格式为:黑体、加粗、12号、合并居中对齐;所有列标题格式为:宋体、加粗、12号、水平左对齐;所有数据项格式为:宋体、常规、10号、水平左对齐,行高为18.0,根据需要调整列宽。

(3) 为表格插入特殊编号。选择“插入”→“符号”命令,打开“符号”对话框,选择“符号”选项卡,在“字体”下拉列表框中选择“Wingdings”选项,在下面的列表框中选择“❶”选项,将颜色设置为浅橙色,用同样的方法向其他数据表中插入特殊编号。

(4) 隐藏工作表的网格线。

3. 创建柱形图

为每个数据表创建柱形图,直观地显示今年、去年和上个季度的销售情况,并对图表的格式进行相应设置。

先以第1个数据表为源数据创建一个柱形图,调整其格式,然后通过复制柱形图、更改源数据区域的方法快速创建其他柱形图。

【操作步骤】

(1) 选择“插入”→“图表”命令,打开“图表向导-4步骤之1-图表类型”对话框,在“图表类型”列表框中选择“柱形图”选项,在“子图表类型”列表框中选择第1种类型(簇状柱形图)。

(2) 点击“下一步”按钮,打开“图表向导-4步骤之2-图表源数据”对话框,点击“数据区域”文本框右边的折叠按钮,选择“$A$4:$D$9”作为图表的数据区域,再次点击折叠按钮展开对话框,在“系列产生在”选项区域中选择“列”单选按钮。

(3) 点击“下一步”按钮,打开“图表向导-4步骤之3-图表选项”对话框,保持默认设置。

(4) 点击“下一步”按钮,打开“图表向导-4步骤之4-图表位置”对话框,选择“作为其中的对象插入”单选按钮。

(5) 点击“完成”按钮,完成柱形图表的插入操作。

(6) 选择柱形图,通过柱形图四周的 8 个控制点调整柱形图的大小,将它移动到合适的位置。

4. 设置柱形图的格式

将图表区和绘图区的边框和区域均设置为“无”,网格线为第 3 种线型、浅橙色。

【操作步骤】

(1) 设置图表区格式。在图表区上右击,在弹出的菜单中选择“图表区格式”命令,打开“图表区格式”对话框,在“边框”选项区域和“区域”选项区域中选择“无”单选按钮。

(2) 设置绘图区格式。使用本实训项目任务 1 中讲述的方法,将绘图区的边框和背景都设置为“无”。

(3) 设置网格线格式。使用本实训项目任务 1 中讲述的方法,将网格线的线型设置为第 3 种线型,颜色为浅橙色,粗细为第 1 种。

(4) 设置 X 轴和 Y 轴的格式。选择 X 轴后右击,在弹出的菜单中选择“坐标轴格式”命令,在打开的“坐标轴格式”对话框中将字号设置为 10。

5. 创建其他柱形图

【操作步骤】

(1) 复制已经创建好的柱形图,把它粘贴到第 2 个数据表的右侧。

(2) 选择刚刚通过复制操作创建的第 2 个簇状柱形图后右击,在弹出的菜单中选择“源数据”命令,在打开的“源数据”对话框中,将“数据区域”文本框中的内容换成“ =奕轩汽车第一季度销售数据分析!$A$17：$D$22”,如图 14 – 8 所示。

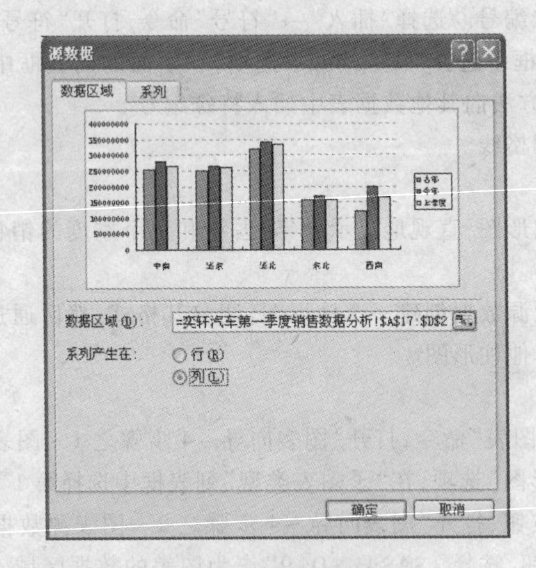

图 14 – 8　设置源数据

(3) 点击“确定”按钮,完成第 2 个柱形图的创建。

(4) 用相同的方法完成其余 8 个柱形图的创建。

6. 创建分离型三维饼图

为了更加直观地显示出各地区和各车体类型的销售情况、对公司第一季度销售的贡献率，需要创建分离型三维饼图。

先以第1个数据表为源数据创建一个分离型三维饼图，调整好格式，然后通过复制分离型三维饼图、更改源数据区域的方法快速创建其他分离型三维饼图。

【操作步骤】

(1) 选择“插入”→“图表”命令，打开“图表向导－4步骤之1－图表类型”对话框，在“图表类型”列表框中选择“饼图”选项，在“子图表类型”列表框中选择第5种类型（分离型三维饼图）。

(2) 点击“下一步”按钮，打开“图表向导－4步骤之2－图表源数据”对话框，选择“$A$4：$A$9，$C$4：$C$9”作为图表的数据区域，在“系列产生在”选项区域中选择“列”单选按钮。

(3) 点击“下一步”按钮，打开“图表向导－4步骤之3－图表选项”对话框，选择“标题”选项卡，输入“分地区汽车销售数量贡献率”作为图表标题，选择“数据标志”选项卡，在“数据标签包括”选项项区域中勾选“类别名称”、“值”、“百分比”3个复选框。

(4) 点击“下一步”按钮，打开“图表向导－4步骤之4－图表位置”对话框，选择“作为其中的对象插入”单选按钮。

(5) 点击“完成”按钮，完成分离型三维饼图的插入操作。

(6) 选择分离型三维饼图，通过分离型三维饼图四周的8个控制点调整分离型三维饼图的大小，将它移动到合适的位置。

7. 设置分离型三维饼图的格式

调整绘图区域使其大小合适，将其移至合适位置。将数据标签的文字大小设置为10号，将图表区的边框和区域均设置为“无”。

【操作步骤】

(1) 调整绘图区域大小。单击绘图区的空白处，通过拖动4个角上的控制点来调整绘图区的大小。

(2) 调整绘图区域位置。单击绘图区的空白处，将鼠标指针放在空白处或边框上，按住鼠标左键，把绘图区拖动到合适的位置，然后松开鼠标左键。

(3) 设置数据标签格式。参照在柱形图中设置数据标签格式的方法，把文字大小设置为10号。

(4) 设置图表区格式。参照在柱形图中设置图表区格式的方法，将边框和区域设置为“无”。

8. 创建其他分离型三维饼图

通过复制创建好的分离型三维饼图、更改源数据区域的方法，快速创建其他分离型三维饼图，方法与快速创建柱形图的方法相同，这里不再列出快速创建其他3个分离型三维饼图的操作步骤，只需注意在更改源数据区域后要修改相应的图表标题。

9. 创建动态图表

“奕轩汽车第一季度销售数据分析”工作表由多张数据表组成，整个表格的幅面较大，不便于阅读，为此我们把所有工作表及其图表放到一个较小的区域中，通过移动滚动条动态地显示各张数据表及其图表。

【操作步骤】

(1) 在“奕轩汽车 2010 年第一季度销售分析表.xls”工作簿中的工作表标签上右击,插入一个新的工作表,将其重命名为“动态分析图表”。

(2) 在 A1 单元格中输入“奕轩汽车第一季度销售数据动态分析”作为标题,将字体设置为:黑体、加粗、20 号、浅橙色。选择 A1:F1 单元格区域,使其合并居中。

10. 插入自定义名称

通过插入自定义名称,动态引用“奕轩汽车第一季度销售数据分析”工作表中各个数据表的标题。

【操作步骤】

(1) 选择“插入”→“名称”→“定义”命令,打开“定义名称”对话框。

(2) 在“在当前工作簿中的名称”文本框中输入“td”。

(3) 在“引用位置”文本框中输入“ = CHOOSE(动态分析图表!$A$12,奕轩汽车第一季度销售数据分析!$A$3,奕轩汽车第一季度销售数据分析!$A$16,奕轩汽车第一季度销售数据分析!$A$49,奕轩汽车第一季度销售数据分析!$A$62,奕轩汽车第一季度销售数据分析! $A$75,奕轩汽车第一季度销售数据分析!$A$88,奕轩汽车第一季度销售数据分析!$A$101,奕轩汽车第一季度销售数据分析!$A$114)”。

(4) 点击“确定”按钮,完成对名称“td”的定义。

11. 插入窗体滚动条

插入窗体滚动条,并进行如下设置:当前值为 1、最小值为 1、最大值为 8、步长为 1、页步长为 1、单元格链接为 $A$12。

【操作步骤】

(1) 选择“视图”→“工具栏”→“窗体”命令,显示窗体工具栏。

(2) 点击窗体工具栏上的“滚动条”按钮,把鼠标指针移动到表格中,此时鼠标指针变成“十”字形,按住鼠标左键,拖动鼠标,确定滚动条的大小和位置后松开鼠标,就会在工作表中插入一个滚动条。

(3) 调整滚动条的大小和位置。在滚动条上右击,通过拖动滚动条四周的 8 个圆形空心控制点使滚动条具有合适的大小。将鼠标移到滚动条上,当指针变为时,按住鼠标左键,将滚动条移到合适的位置,松开鼠标就完成了位置移动操作。用上述方法把滚动条移动到第 12 行上,宽度与 A12:F12 单元格区域的宽度相同。

(4) 设置控件格式。在滚动条上右击,在弹出的菜单中选择“设置控件格式”命令,打开“设置控件格式”对话框,选择“控制”选项卡,进行如下设置:当前值为 1、最小值为 1、最大值为 8、步长为 1、页步长为 1,在“单元格链接”文本框中输入“ $A$12”,如图 14 - 9 所示。

12. 调用数据表

(1) 调用数据表标题。单击 A3 单元格将其选中,在单元格中输入“ = td”。

(2) 调用数据表中的数据。在 A4 单元格中输入“ = OFFSET(td,ROW() - 3,COLUMN() - 1)”,通过拖动 A4 单元格,将函数复制到 A4:F10 单元格区域的其他单元格中。

(3) 设置表格格式。参照“奕轩汽车第一季度销售数据分析”工作表中数据表的格式设置。

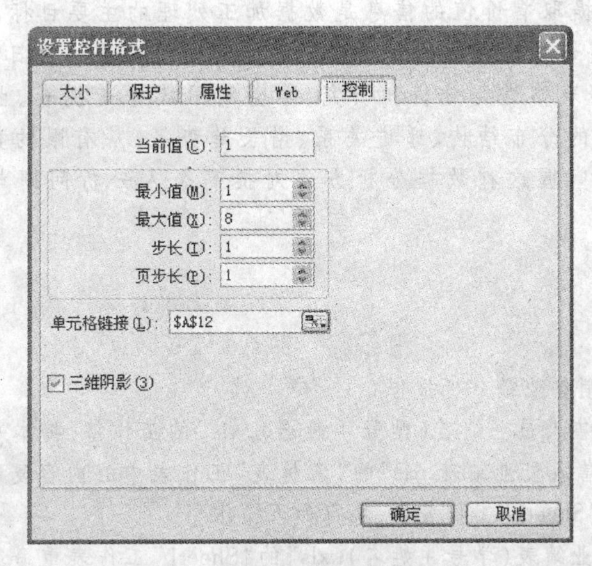

图 14－9　滚动条控件格式

13. 创建图表

以 A4:D9 为数据区域插入簇状柱形图。

【操作步骤】

(1) 采用前面介绍的方法,以 A4:D9 为数据区域插入簇状柱形图。

(2) 设置图表格式。参照“奕轩汽车第一季度销售数据分析”工作表中簇状柱形图的格式。

至此,动态图表已经创建完成,可以通过拖动滚动条在 A4:M12 区域中动态显示“奕轩汽车第一季度销售数据分析”工作表中各张数据表及其图表,如图 14－10 所示。

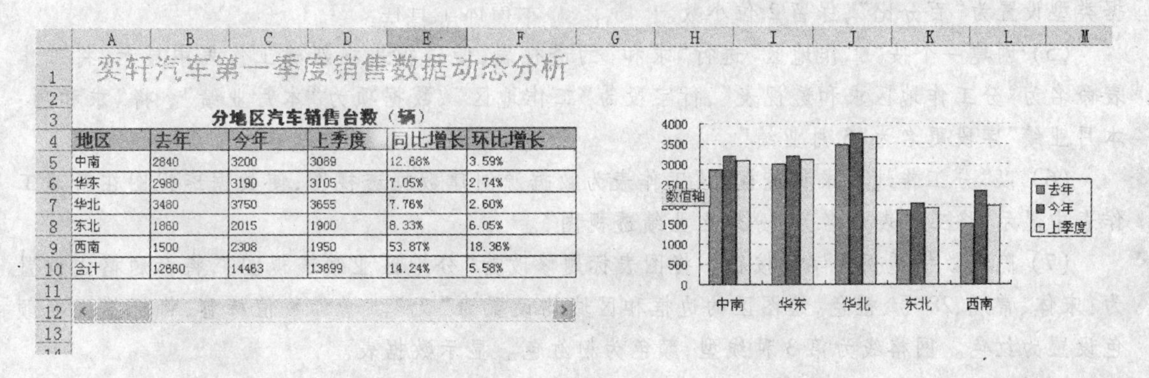

奕轩汽车第一季度销售数据动态分析

分地区汽车销售台数（辆）

地区	去年	今年	上季度	同比增长	环比增长
中南	2840	3200	3089	12.68%	3.59%
华东	2980	3190	3105	7.05%	2.74%
华北	3480	3750	3655	7.76%	2.60%
东北	1860	2015	1900	8.33%	6.05%
西南	1500	2308	1950	53.87%	18.36%
合计	12660	14463	13699	14.24%	5.58%

图 14－10　动态图表

项目总结

本项目通过制作月度销售数据分析和季度销售数据分析文档,着重训练利用 Excel 软件分析公司销售数据的技能,学生应主要掌握数据透视表和图表的操作技巧和应用方法。

从有限的数据中提取有价值的信息是数据加工处理的主要目标，人们往往借助图表、曲线等方式形象、直观地呈现数据的状态和趋势。我们可以通过对日常工作中常会见到的业绩考核表、评优表等表格进行分析和研究，学会利用数据透视表、曲线图表等分析工具从多个角度观察数据的分布结构、递进关系、增长趋势等，从有限的数据中得到有价值的信息和结论。学习和掌握这种数据分析方法对提高个人分析问题与解决问题的能力很有帮助。

项目拓展

1. 制作一份公司销售业绩分析报告

新建一个名为“销售人员业绩表(学号 + 姓名). xls”的工作簿，将本书所附光盘中“实训项目 14”文件夹中的“销售人员业绩表. xls”的“素材表”工作表中的内容复制到“销售人员业绩表(学号 + 姓名). xls”的“Sheet1”工作表中，执行如下操作。

(1) 将“销售人员业绩表(学号 + 姓名). xls”的“Sheet1”工作表重命名为“销售业绩源表”，并删除“Sheet2”和“Sheet3”这 2 个工作表。

(2) 以“销售业绩源表”为数据源创建数据透视表，使数据透视表显示在新建工作表中，将工作表命名为“奕轩汽车 2010 年 5 月份销售人员业绩透视表”，该透视表的页字段为“工作地区”，行字段为“姓名”和“职务”，数据区域包含“本月业绩”和“上月业绩”。

(3) 取消对“姓名”的求和分类汇总，将“求和项:本月业绩”字段更名为“5 月业绩”，“求和项:上月业绩”字段更名为“4 月业绩”。

(4) 插入计算字段“环比增长”用于计算本月的环比增长值，计算方法为：环比增长率 =(本月业绩 - 上月业绩)/上月业绩。将“求和项：环比增长”字段更名为“环比增长值”，将该列的数据类型设置为“百分比”，保留 2 位小数。

(5) 创建一个按“工作地区”进行“求和”的透视表，使透视表在新建工作表中显示，将工作表命名为“分工作地区求和透视表”，行字段为“工作地区”，数据项为“本月业绩”，将“求和项：本月业绩”字段更名为“5 月业绩”。

(6) 以“分工作地区求和透视表”工作表为数据源创建数据透视图，使数据透视图在新建工作表中显示，将工作表命名为“分地区业绩透视图”。

(7) 隐藏数据透视图字段按钮。将图表标题修改为“分地区业绩透视图”，将标题格式设置为：宋体、常规、28 号、橙色，绘图区的边框和区域均设置为“无”。增加数值标签，将标签文字颜色设置为红色。网格线为第 3 种线型，颜色为粉红色。显示数据表。

2. 制作一份公司销售人员业绩考核报告

新建一个名为“销售人员业绩动态图表(学号 + 姓名). xls”的工作簿，将本书所附光盘中的“实训项目 14”文件夹中的“销售人员业绩表. xls”的“素材表”工作表中的内容复制到“销售人员业绩表(学号 + 姓名). xls”的“Sheet1”工作表中，执行如下操作。

(1) 将“销售人员业绩动态图表(学号 + 姓名). xls”的“Sheet1”工作表重命名为“销售人员业绩表”，删除“Sheet2”和“Sheet3”这 2 个工作表。

(2) 通过运行宏代码，将“销售人员业绩表”按工作地区分成若干个新的工作表，工作表的名称为工作地区名称。宏代码的内容可参考本书所附光盘中“实训项目 14”文件夹中的“宏代码.txt”。

(3) 在工作表“销售人员业绩表”之后新建一个工作表,命名为“分地区动态图表”,用于动态显示各地区销售人员的业绩情况。

(4) 插入窗体滚动条控件,通过拖动滚动条在 A3:F14 单元格区域动态显示各地区的销售业绩数据,在 A3:F14 右侧区域把各地区的销售业绩以三维簇状柱形图的形式表现出来,具体效果请参见本书所附光盘中“实训项目 14”文件夹中的“销售人员业绩动态图表.xls”。

(5) 将三维簇状柱形图绘图区的边框和区域均设置为“无”,网格线为第 3 种线型,颜色为橙色。

实训项目 15

制作产品电子相册

项目描述

奕轩汽车公司今年推出了一个新系列产品，为了加大宣传力度，永久保存产品的照片，需运用 PhotoFamily 软件制作出欣赏性强、具有不同风格的电子相册，如图 15－1 所示。

图 15－1　电子相册效果图

技能目标

- 能利用看图软件阅读不同类型和格式的图片文件。
- 能用 PhotoFamily 制作新产品电子相册。
- 能对图片文件进行简单的编辑处理。

- 能分类整理图片资料和刻录光盘。

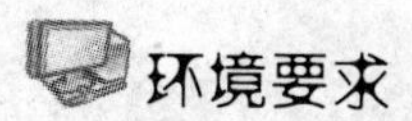

环境要求

PhotoFamily 软件只能安装在 IBM 兼容系统中。计算机配置满足以下条件才能保证 PhotoFamily 正常运行：奔腾 II/赛扬 CPU；64 MB 内存；150 MB 可用硬盘空间；16 位显卡；显示器屏幕分辨率为 800 像素 ×600 像素（或以上）；操作系统为 Windows 98/2000/Me，装有 Internet Explorer 4.0 或 Netscape 4.5。

任务 1　阅读与编辑图像

市面上有多种图片文件阅读和编辑软件,本任务主要目的是使读者学习和掌握 ACDSee 软件的看图操作与使用方法。

1. 安装运行 ACDSee

ACDSee 软件官方下载网址为 http://cn.acdsee.com。按操作说明和提示即可完成 ACDSee 软件的安装与配置。

2. 打开图 15－2 中的第 2 张图片,为其设置"水面"效果。

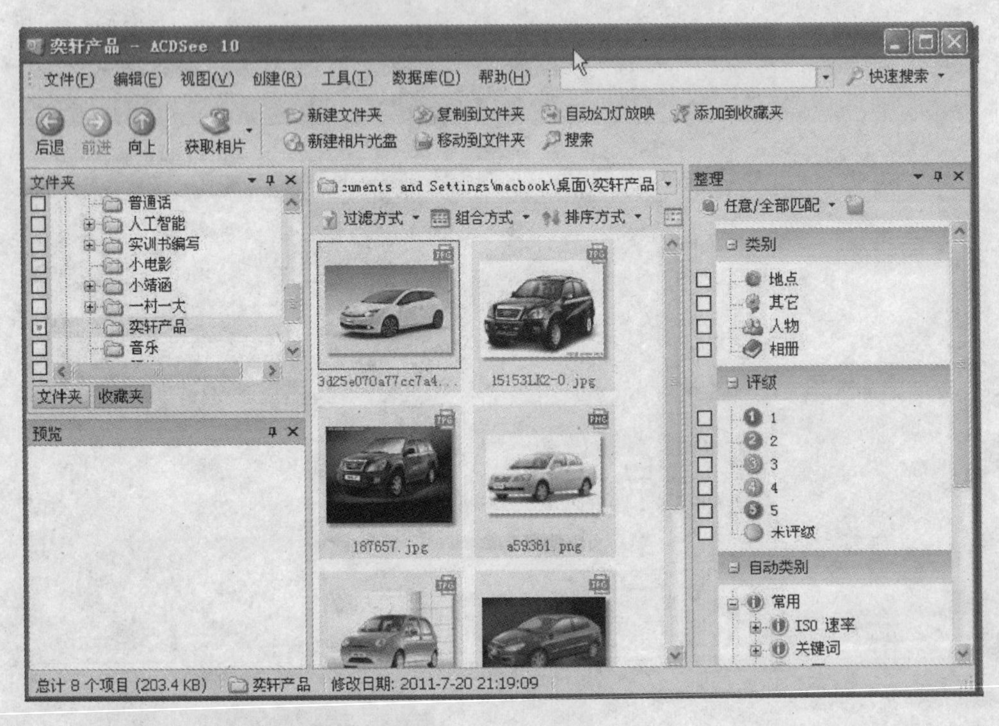

图 15－2　奕轩产品

【操作步骤】

(1) 在显示窗口中双击图片,打开如图 15－3 所示的窗口。

(2) 选择"修改"→"编辑模式"命令,打开图片编辑窗口,如图 15－4 所示。

(3) 在"编辑面板:主菜单"窗格中选择"效果"选项,打开"效果"面板。

(4) 点击"选择类别"下拉列表框右侧的下拉箭头按钮,在打开的列表中选择"自然"选项,在其下方显示的效果类别选项中双击"水面"选项,如图 15－5 所示。

(5) "水面"效果有 5 个预设值,对它们进行如下设置:位置为 14,振幅为 8,波长为 12,透视为 10,光线为 7。在预览窗口中可以随时查看效果,如图 15－6 所示。

(6) 设置满意后,点击底部的"完成"按钮,返回"编辑面板:主菜单"窗格,点击"保存"按钮保存效果,点击"完成编辑"按钮,退出图片编辑窗口。

图 15－3　浏览窗口

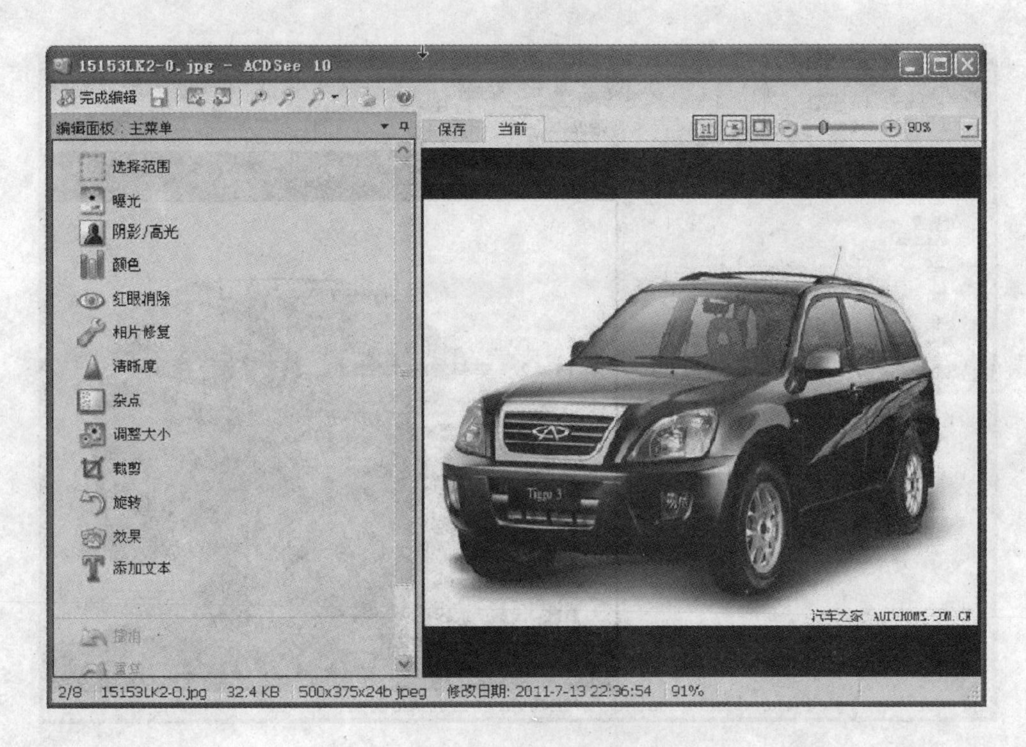

图 15－4　图片编辑窗口

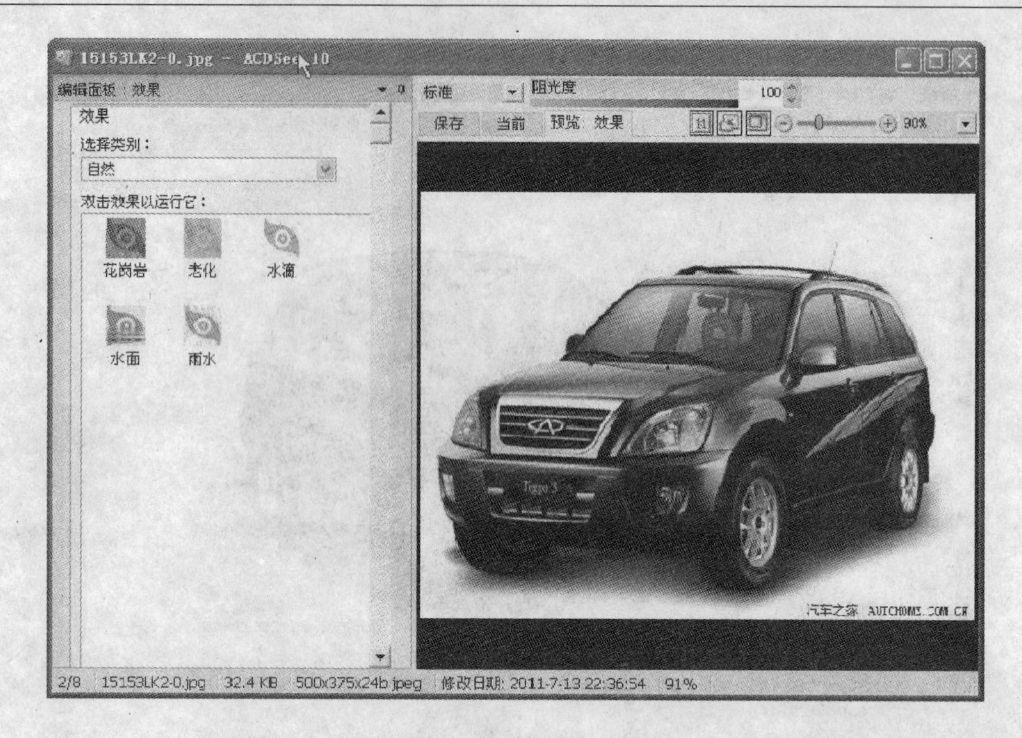

图 15－5　"水面"效果

图 15－6　调整"水面"效果预设值

3. 打开图片,将其曝光值设置为13、对比度设置为9,并将图片大小调整为原图的50%

【操作步骤】

(1) 在显示窗口中双击图片,在打开的窗口中选择"缩放"→"缩放到"命令,在弹出的"设置缩放级别"对话框中选择"指定"单选按钮,输入"50",即可将图片大小调整为原图的50%,如图15-7所示。

(2) 选择"修改"→"编辑模式"命令,打开图片编辑窗口。

(3) 在"编辑面板:主菜单"窗格中选择"效果"选项,打开"效果"面板。

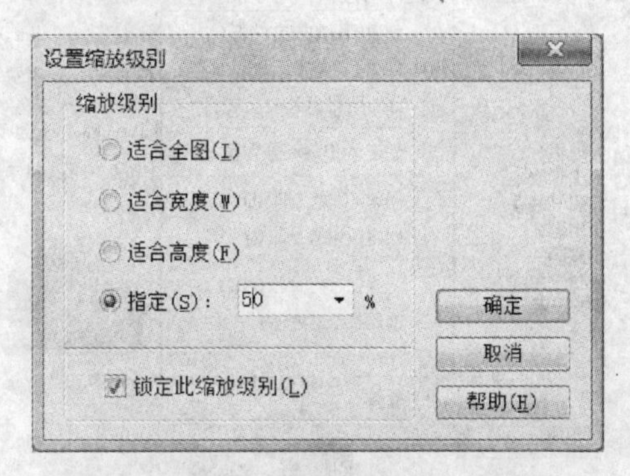

图15-7　"设置缩放级别"对话框

(4) 点击"选择类别"下拉列表框右侧的下拉箭头按钮,在打开的列表中选择"曝光"选项,将曝光值设置为13,对比度设置为9,如图15-8所示。

图15-8　调整"曝光"效果预设值

（5）设置完成后，点击“保存”按钮，保存设置的效果。

4. 创建奕轩产品 PPT

【操作步骤】

（1）打开需要处理的照片所在的文件夹，在窗口中选择所需的图片，选择“创建”→“创建 PPT”命令，如图 15－9 所示。

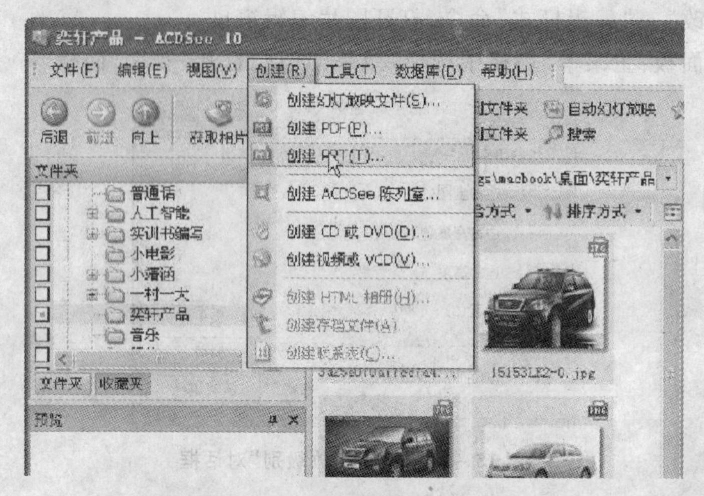

图 15－9 “创建”→“创建 PPT”命令

（2）在“创建 PPT 向导—选择图像”对话框中，点击“下一步”按钮，如图 15－10 所示。

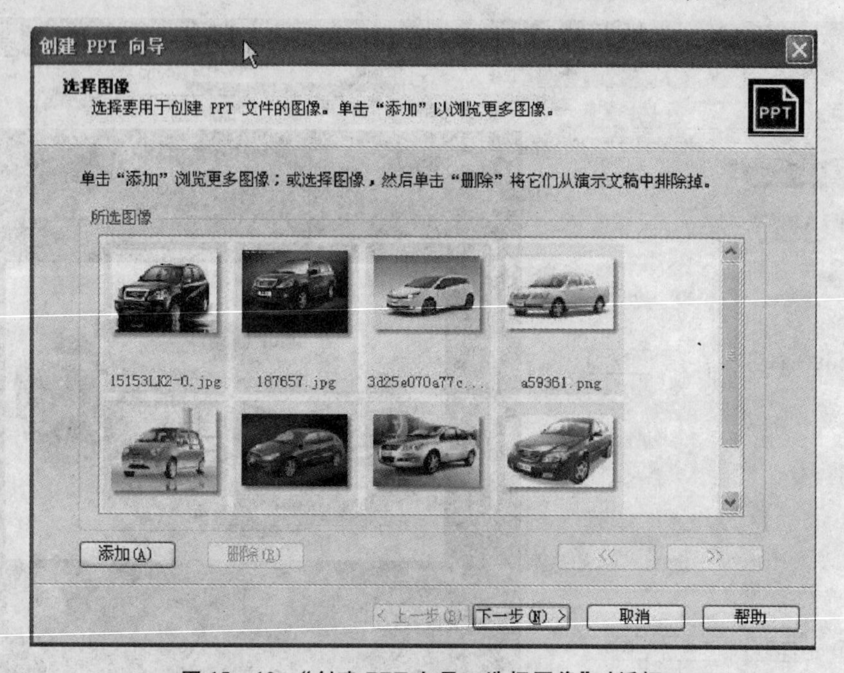

图 15－10 “创建 PPT 向导—选择图像”对话框

（3）在“创建 PPT 向导—演示文稿选项”对话框的“幻灯选项”选项区域中，在“每个幻灯的图像数量”下拉列表框中选择“1 个图像/幻灯片”选项，点击“下一步”按钮，如图 15－11 所示。

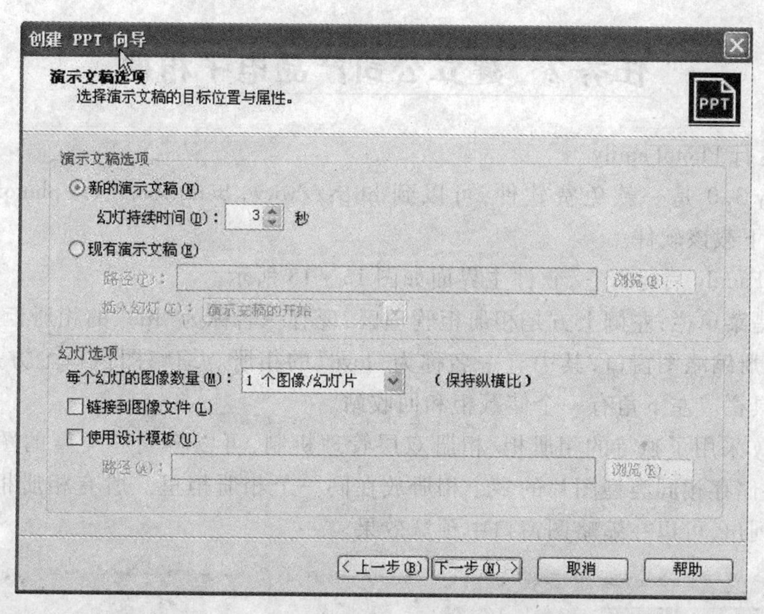

图 15-11 "创建 PPT 向导—演示文稿选项"对话框

(4) 在"创建 PPT 向导—文本选项"对话框中选择"标题"选项卡,在"文本"文本框中输入"奕轩产品,您的放心选择!",在"对齐"下拉列表框中选择"中间"选项,选择"背景颜色"复选框,将颜色设置为:红 150,蓝 23,绿 0。点击"字体"按钮,将字体设置为:幼圆、30 号、银白色,如图 15-12 所示

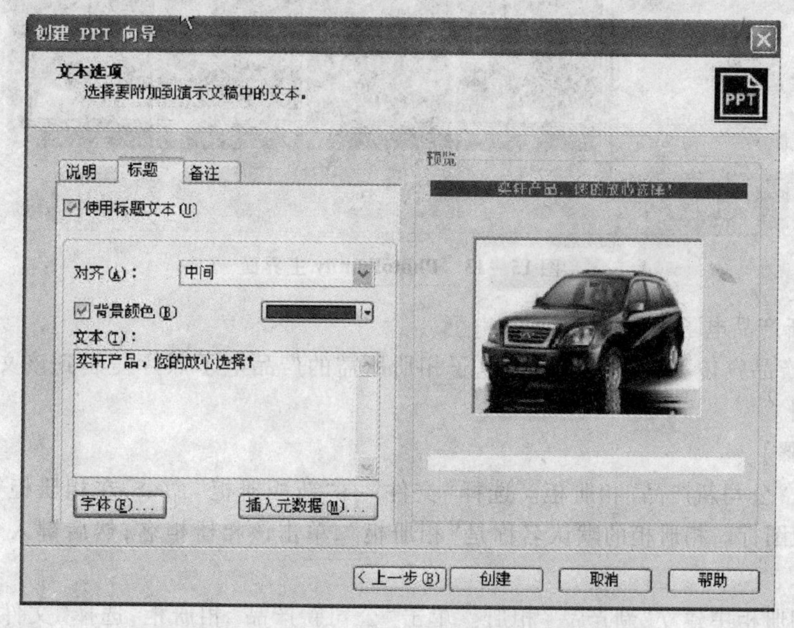

图 15-12 "创建 PPT 向导—文本选项"对话框

(5) 点击"创建"按钮,即用 PowerPoint 软件打开创建好的演示文稿,以"奕轩产品 PPT"为文件名保存演示文稿。

任务 2　建立公司产品电子相册

1. 安装、运行 PhotoFamily

PhotoFamily 3.0 是一款免费软件，可以到 http://www. benq. com. cn/photofamily/package/photofamily. zip 下载该软件。

安装 PhotoFamily 后运行它，软件主界面如图 15 - 13 所示。

界面上方是菜单栏；左侧上方是相册柜管理区，现有一名称为“life”的相册柜；下方是我的电脑区；右侧是相册缩略图窗口，其中有一名称为“love”的相册。缩略图窗口上方是工具栏，下方是应用程序工具栏。左下角有一个储藏柜和回收站。

PhotoFamily 采用了独特的相册柜/相册双层管理机制，可以将同一类型的图片储存在同一个相册里，再将储存相同类型图片的多个相册放在同一个相册柜里。所有相册柜和相册都会在相册管理区中列出，可以在缩略图窗口中预览效果。

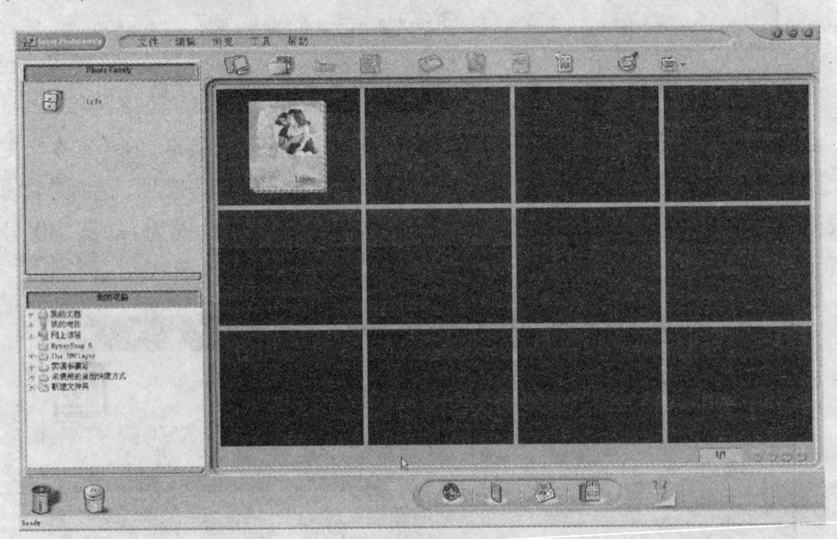

图 15 - 13　PhotoFamily 主界面

2. 建立新产品电子相册

建立“新产品宣传”文件夹，将制作电子相册所需的产品电子照片复制到该文件夹中，新建“新产品”相册。

【操作步骤】

(1) 建立“公司新产品”相册柜。选择“文件”→“新相册柜”命令，在相册柜管理区里会出现一个相册柜图标。相册柜的默认名称是“相册柜”，单击该相册柜名，然后键入自定义的名称“公司新产品”。

(2) 在相册柜中建立“新产品”相册。单击“公司新产品”相册柜，选择“文件”→“新相册”命令，在相册管理区里会出现一个相册图标，默认名称为“相册 1”。单击该相册名，然后键入名称“新产品”，就建立了一个空相册。

(3) 向“新产品”相册中导入第 1 张照片。单击“新产品”相册，选择“文件”→“导入图像”

命令,在弹出的对话框中选择“新产品宣传”文件夹,如图 15 - 14 所示,单击第 1 张图片,点击“打开”按钮,即可将该图片导入“新产品”相册。

图 15 - 14　导入图像

(4) 继续导入所需的照片。重复 5 次步骤(3),依次导入 6 张图片,即完成了第 1 本电子相册的制作。

(5) 观看“新产品”相册。双击“新产品”相册后,显示如图 15 - 15 所示的界面。单击右边可往后观看,单击左边可往前翻页,浏览完成后,点击左上角的按钮即可退出。

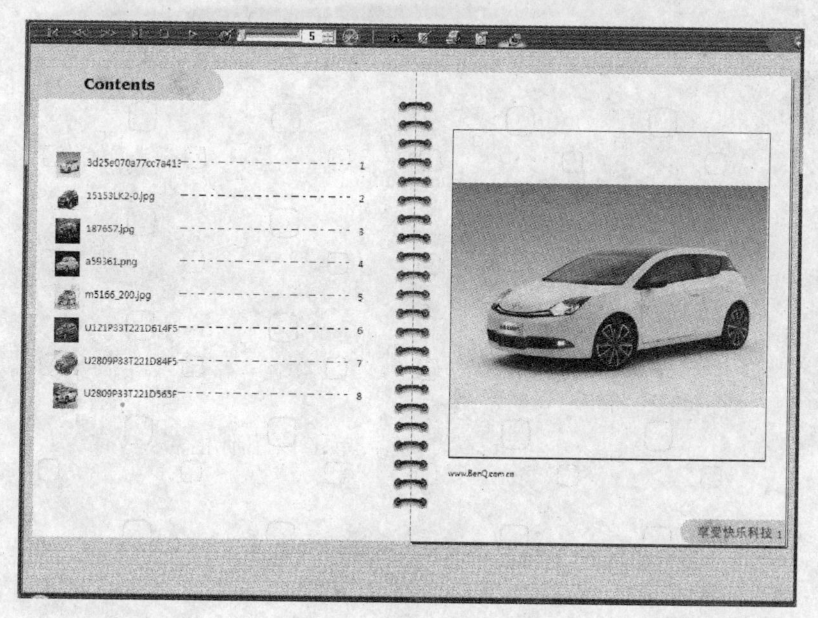

图 15 - 15　“新产品”相册

(6) 保存相册。选择“文件”→“保存”按钮，弹出保存文件提示对话框，如图 15 - 16 所示。注意，保存的路径为安装软件时确定的默认路径。

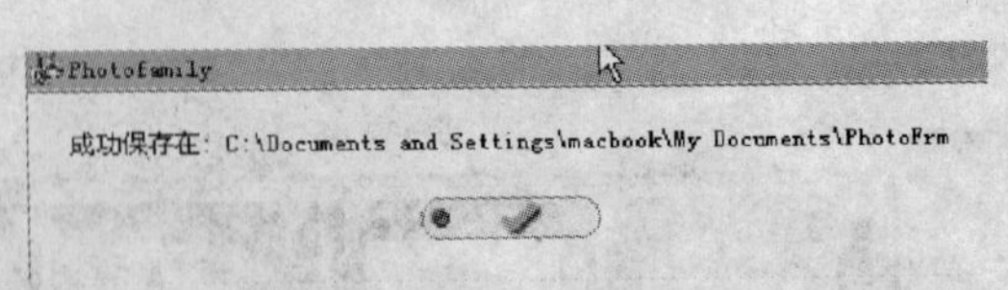

图 15 - 16　保存文件提示对话框

任务 3　编辑照片和添加特效

向相册中导入所需的照片后，可以为照片添加特殊效果。

1. 认识编辑界面

在主界面中选定相册，选择“编辑”→“图像编辑”命令，切换到图片编辑界面，如图 15－17 所示。

界面中央是预览窗口，可以即时预览添加在图片上的各种效果；预览窗口上方是任务栏，可以选择对图片进行何种编辑操作；界面左侧是操作面板，在任务栏里选择某种编辑操作后，操作面板上会显示对应的功能按钮和模板；界面右侧是缩略图列表，列出了当前相册里的所有图片，可以点击前一个或下一个按钮来移动列表中的缩略图。在缩略图列表中选定了某幅图片时，图片边缘会出现淡绿色的边框，表明这幅图片是当前编辑的图片。预览窗口下方是图片编辑工具栏。完成了对图片的编辑后，点击界面右上角的关闭按钮可返回 PhotoFamily 主界面。

图 15－17　图片编辑界面

2. 给第 1 张照片添加“趣味合成”效果

【操作步骤】

(1) 在图片编辑界面中选定第 1 张图片，在任务栏中，将鼠标移动到“趣味合成”按钮上时，会出现一个子菜单，如图 15－18 所示。

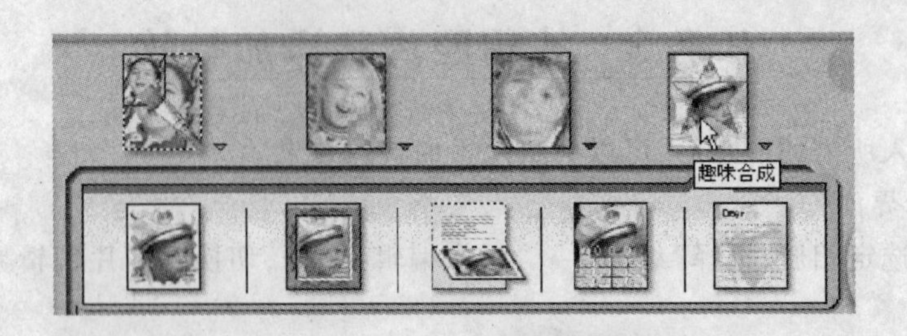

图 15 - 18　“趣味合成”子菜单

(2) 点击“趣味合成”子菜单中的“像框”按钮,在界面左侧的操作面板上显示出对应的功能按钮和模板,如图 15 - 19 所示。

图 15 - 19　“像框”效果

(3) 选择第 3 行第 1 个像框模板以后,点击下面的“应用”按钮,在浏览窗口中可以看见编辑后的效果,如图 15 - 19 所示。

(4) 若对编辑的效果不理想,可以重新选择。反复修改直至满意后,在预览窗口的下面点击“保存”按钮 ,在出现的“保存”面板上点击对勾按钮。

(5) 采用上面的方法依次修改、加工相册中的图片,使之更加完美。编辑前后效果对比图如图 15 - 20 所示。

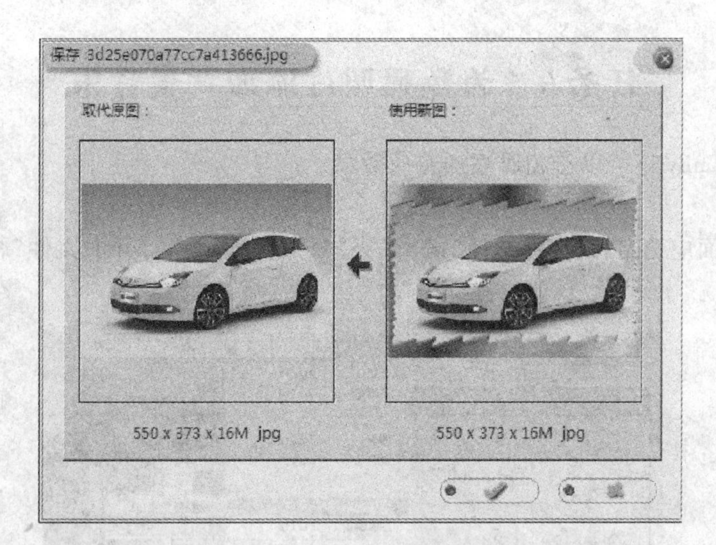

图15－20　编辑前后效果对比图

任务 4 为数码照片添加背景音乐

使用 PhotoFamily 还可以给相册添加音乐效果。

【操作步骤】

(1) 在主界面中选定相册后,选择“编辑”→“添加音乐”→“打开旧文件”命令,如图 15 – 21 所示。

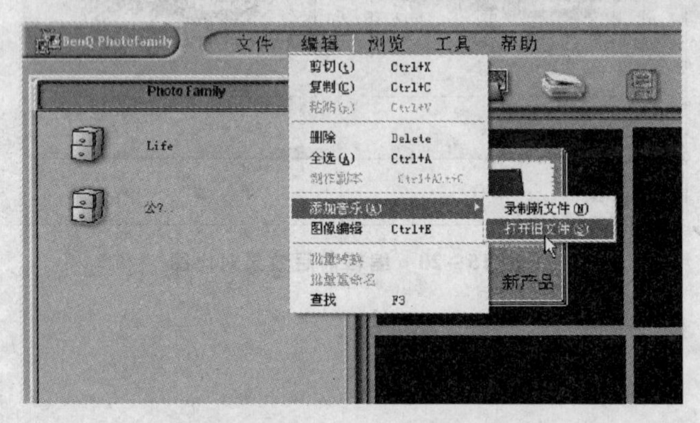

图 15 – 21 添加音乐

(2) 在打开的对话框中选择音乐文件,点击“打开”按钮就给相册添加了音乐背景。

在步骤(1)中,如果选择“编辑”→“添加音乐”→“录制新文件”命令,可以自己录制一段音乐或解说词作为相册的背景。

任务5 刻录电子相册光盘

做好电子相册后,可以刻录在光盘上永久保留,但首先要保证计算机配备了刻录机。PhotoFamily 支持各种刻录机。另外,由于 PhotoFamily 使用了 Ahead Nero 的稳定刻录引擎,所以还需要安装刻录软件 Nero 5. X 版本。准备好后就可以开始刻录。

【操作步骤】

(1) 选择“工具”→“光盘刻录”命令,弹出“刻录”对话框。

(2) 在对话框里勾选要刻录的对象,可以是相册柜或相册,然后选择“照片 VCD”或“照片 VCD 和照片数据”选项。注意,如果选择“照片 VCD”选项,刻录出的光盘就是一本完整的 VCD 相册,如果选择“照片 VCD 和照片数据”选项,不仅能刻录出精美的 VCD 相册,还可以有独立的照片。

(3) 点击左下角的“统计大小”按钮可查看选定对象的体积,尽量让总体积接近 500 MB ~ 600 MB,这样刻录时会比较经济。点击“确定”按钮,开始刻录,弹出刻录设置对话框。

(4) 该对话框下半部分有刻录方式和刻录方法选项。在完成一次刻录后,也许光盘还没刻满,如果不关闭整个光盘,那么下次可以继续把相册刻录到这张光盘上,反之就不可以。若选择测试,刻录时只是完成了一个虚拟过程,并没有刻录。若选择写入,就会进行真正的刻录。设置相关的内容后点击“刻录”按钮就开始刻录光盘了。

项目总结

本项目以制作新产品电子相册为例,使学生学习和掌握 ACDSee 和 PhotoFamily 软件的使用方法和操作技巧。

ACDSee 是全球最流行的数字图像浏览和管理软件之一,广泛应用于图片的获取、管理、浏览、优化等,它还能播放音频和视频,能从数码相机和扫描仪中获取图片,轻松处理数码影像,比如去除红眼、剪切图像、锐化、添加浮雕特效、添加曝光效果、旋转、制作镜像等,还能进行批量处理。我们还可以利用 ACDSee 软件编辑网页图片、制作 Flash 动画、创建 HTML 相册等。

PhotoFamily 是一款全新的图像处理软件,不仅提供了常规的图像处理和管理功能,用于相片的收藏、整理和润色,还可用于制作有声电子相册。

用心学习和发掘以上图片阅读与编辑软件的功能对提高图片加工和管理工作效率将大有帮助。

项目拓展

(1) 使用 ACDSee 浏览某个文件夹中的图片,然后将自己喜欢的一幅图片设置为墙纸。

(2) 使用 ACDSee 为照片去除红眼,添加文字说明。

(3) 使用 ACDSee 将图片(超过 5 张图片)制作成电子相册,采用 Adobe Flash Player 幻灯放映方式,且为每张图片设置独特的转场、标题和音频。

(4) 使用 PhotoFamily 制作个人电子相册,尝试刻录电子相册光盘。

实训项目 16

制作产品宣传片

项目描述

会声会影是一个功能强大的数字视频(digital video,DV)、高清晰度视频(high definition video,HDV)编辑软件,可以将珍贵的视频资料转换为易于观赏的影片。它的操作方法简单,不仅具有符合个人或家庭需要的影片剪辑功能,甚至可用于专业级的影片剪辑。本项目要求运用会声会影软件制作奕轩汽车产品宣传片,使学生学会剪辑和合成简单的视频文件。

技能目标

能用会声会影软件剪接和编辑制作简单的视频。

环境要求

- 硬件:Intel Pentium Ⅲ(频率达 800 MHz)或以上级别的 CPU,至少 512 MB 内存容量,分辨率达 1 024×768 的显示器,24 位真彩色显卡,被 Windows 操作系统兼容的声卡,可读取可记录压缩光盘(compact disk - recordable,CD - R)和可重写光盘(compact disk - rewritable,CD - RW)或 DVD - R/RW 的光驱。
- 软件:Windows 操作系统。

任务1　编写DV制作脚本

1. 安装和认识会声会影

【操作步骤】

(1) 从网上下载会声会影9.0(程序较大,需要较长时间)及以上版本,解压后运行 setup. exe,开始安装。安装过程中需要输入注册码(请查看解压后的 sn. txt 文件)。在安装过程中,程序会要求你安装一个 QuickTime 播放器。可以点击"取消"按钮不安装 QuickTime,因为这不会影响会声会影的正常使用。会声会影9.0 默认安装到 C 盘下,请保证 C 盘剩余空间达2 GB 以上。

(2) 双击桌面上的会声会影9 快捷方式图标,启动界面如图16－1 所示,可以选择3 个选项之一开始制作影片。

图16－1　会声会影9 启动界面

(3) 选择"会声会影编辑器"选项后,软件主界面如图16－2 所示。

界面中最上面是功能菜单栏,即步骤面板,使用这些功能按钮能直接处理视频文件;中间是视频文件效果预览区域,这个区域中有荧幕,快进、播放、快退、停止按钮等;最下面是文件编辑区,即时间轴,在这里有多个轨道,可以放入需要处理的脚本、复叠的脚本、标题、音乐、旁白等,然后就能对其中的素材进行剪接、编辑;右边的下拉列表框中有多种样式和特效选项,如图16－3 所示。

2. 构思影片制作计划

要想制作一部好的影片,完整、清晰的思路是必不可少的。就像写作前先要有一个好的主题,然后才能根据主题设置提纲。

(1) 明确影片的主题。在本例中,要制作的是产品宣传片,即针对新产品拍照片或拍摄视频,然后制作一部完整的影片,并以 DVD 的形式收藏。

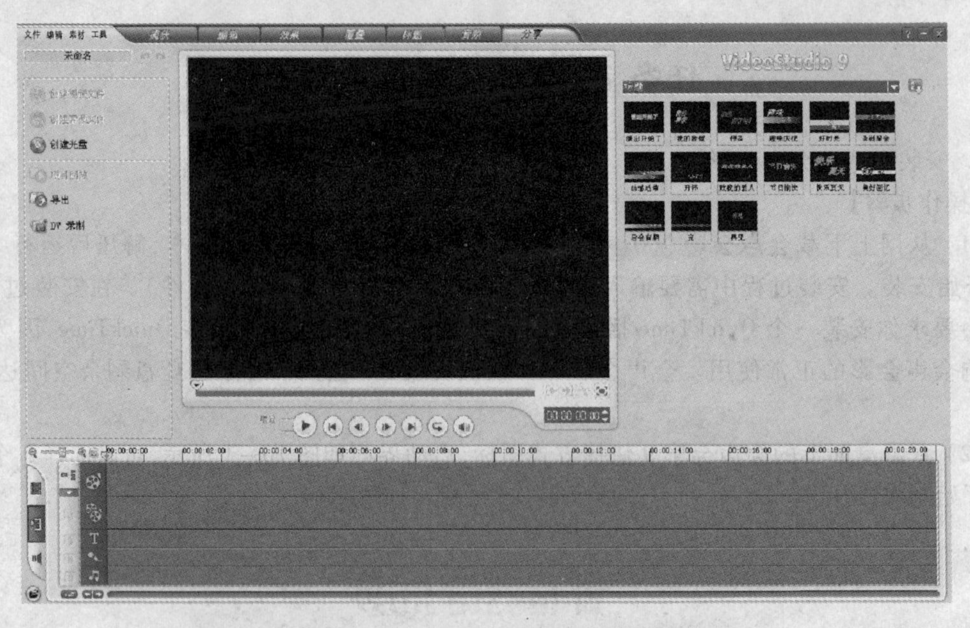

图 16 – 2　会声会影编辑器主界面

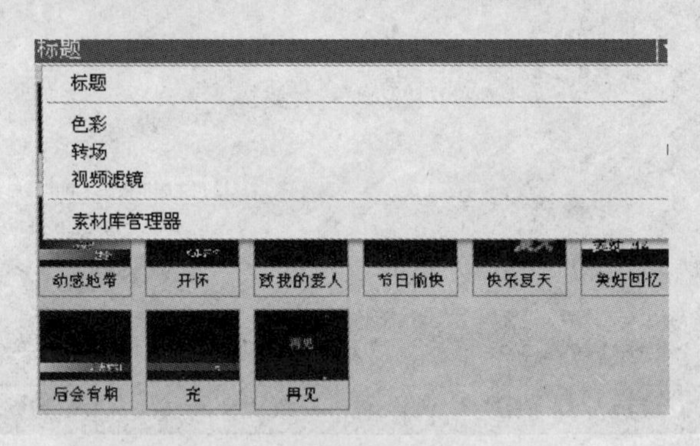

图 16 – 3　样式和特效下拉列表框

（2）规划场景。合理的场景规划会让影片的结构和层次非常清晰。场景规划可以在拍摄之前进行，也可以按照划分的场景有条理地将已经拍摄的素材组织起来。

（3）准备编辑视频，比如准备计算机、美国电气和电子工程师协会（Institute of Electrical and Electronics Engineers，IEEE）1394 卡、背景音乐等。一切需要的软硬件都已具备后就可以编辑影片了。

3. 设置项目属性

创建一个新项目，对系统进行必要的设置。

【操作步骤】

（1）选择“文件”→“项目属性”命令，点击“编辑文件格式”下拉列表框的下拉箭头按钮，选择“MPEG files”选项，如图 16 – 4 所示。

（2）点击“编辑”按钮，打开“项目选项”对话框，选择“压缩”选项卡。点击“光盘类型”下拉列表框的下拉箭头按钮，选择“PAL DVD”选项，如图 16 – 5 所示。

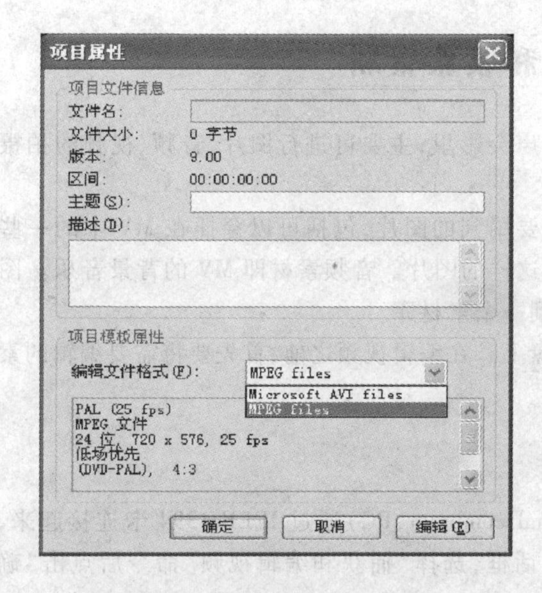

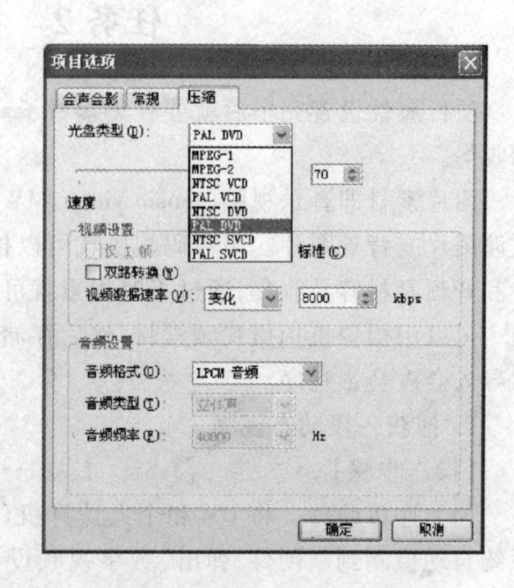

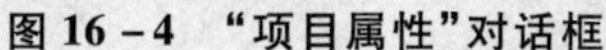

图 16-4　“项目属性”对话框　　　　图 16-5　“项目选项”对话框

(3) 为了优化系统,选择“文件”→“参数选择”命令,打开“参数选择”对话框,如图 16-6 所示。在该对话框中根据自己的需要和硬件的设置情况优化系统,如设置工作文件夹等。

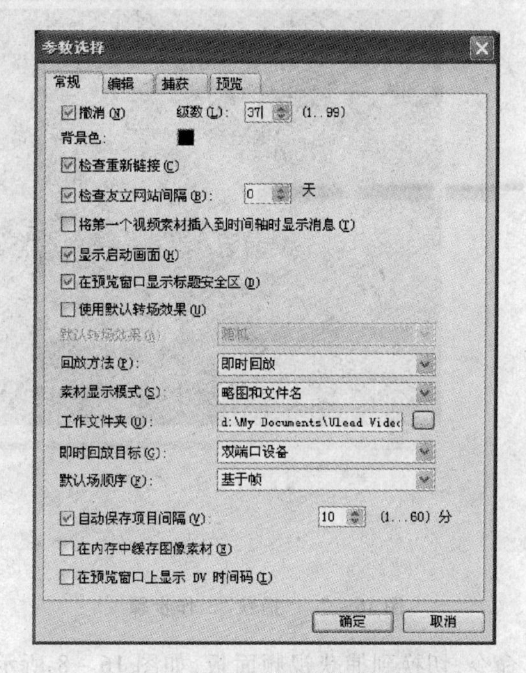

图 16-6　“参数选择”对话框

(4) 选择“文件”→“另存为”命令,设置项目文件的名称和保存路径,之后在编辑影片时就可以随时保存项目文件,避免丢失工作数据。

任务 2　拍摄和收集素材

项目属性设置完毕后就要收集素材了。在会声会影里，主要可进行图片、音频、视频的拍摄和收集。

图片素材即音乐视频（music video，MV）中需要用到的图片，包括可以穿插在 MV 中的一些过渡图片或背景图片。用数码相机就可以拍摄出这样的图片。音频素材即 MV 的背景音乐。图片和音频素材容易收集，通过平时积累就可以得到一个素材库。

可以用摄像机拍摄视频素材，然后存储到磁盘上。在编辑视频之前，首先要将需要编辑的素材导入会声会影程序。

1. 捕获一段动态视频

【操作步骤】

（1）连接硬件。将 DV 和个人计算机（personal computer，PC）通过 IEEE 1394 卡连接起来，系统自动检测到新硬件，弹出“数字视频设备”对话框，选择“捕获和编辑视频”命令后点击“确定”按钮就会自动启动会声会影软件。

（2）点击步骤面板上的“捕获”按钮，切换到“捕获”工作步骤，如图 16 - 7 所示。

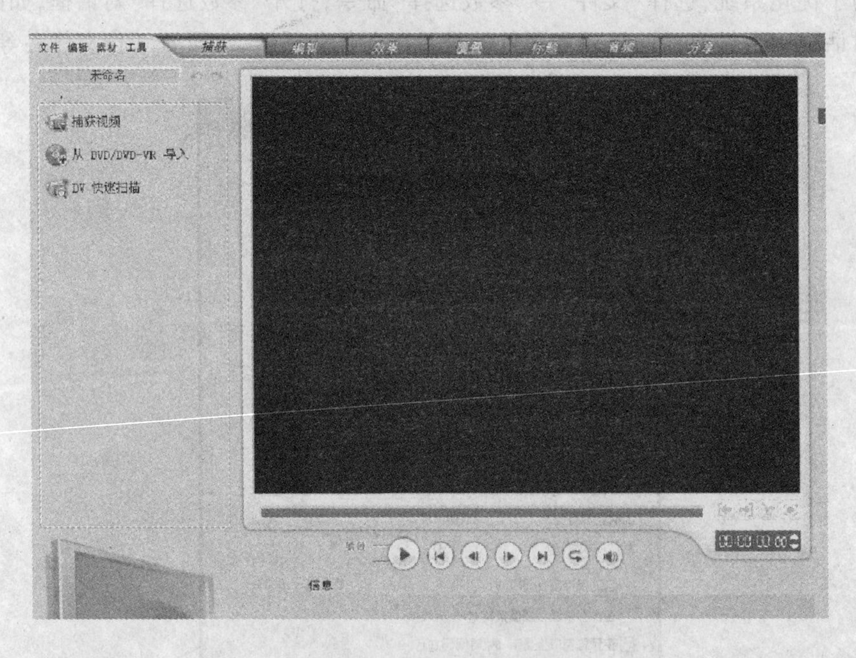

图 16 - 7　“捕获”工作步骤

（3）选择“捕获视频”命令，切换到捕获视频面板，如图 16 - 8 所示。在“来源”下拉列表框中查看显示的硬件设备与自己的硬件设备型号和名称是否一致，确保正确连接硬件；在“格式”下拉列表框中确认捕获的视频素材保存为哪种视频格式，此处选择“DVD”选项；在“捕获文件夹”文本框中设置捕获的视频存放在什么位置。先将视频素材保存到本地计算机的磁盘上，然后再导入会声会影进行编辑。为了方便管理，建议专门新建一个文件夹用于存放视频文件。需要注意的是，存放文件的磁盘一定要有足够大的剩余空间。

（4）设置完后，点击“捕获视频”按钮，开始捕获视频。完成后，捕获的视频素材将自动添加到视频素材库和捕获文件夹中。

（5）为素材重命名。捕获的视频素材的文件名都是系统自定的，从中并不能看出视频的内容，所以建议用户为捕获后的视频文件重新命名。

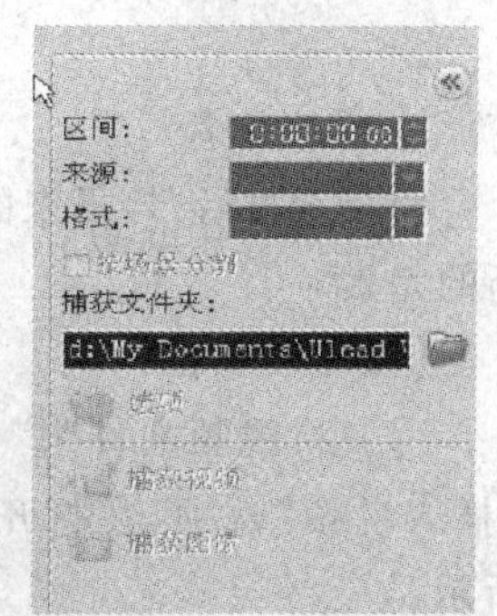

图 16－8　捕获视频面板

2. 捕获任意一帧静态图像

在捕获视频面板中点击“捕获图像”按钮，单击需要捕获的图像，即可将此图像自动添加到编辑栏中。

3. 获取视频素材

如果安装了视频设备（例如摄像机、摄像头）的驱动程序，可以将视频设备直接与计算机连接，用会声会影现场记录拍摄过程。

任务 3　剪辑合成视频文件

1. 编辑影片

捕获素材后,接下来的工作就是对捕获的视频素材进行剪辑,添加相应的特效,为影片增加新的元素。

【操作步骤】

(1) 将视频文件“广告汽车”拖到时间轴中。点击左下角的按钮,在下拉列表中选择“插入视频”选项,在打开的对话框中找到“广告汽车”视频文件,点击“打开”按钮,如图 16 - 9 所示。

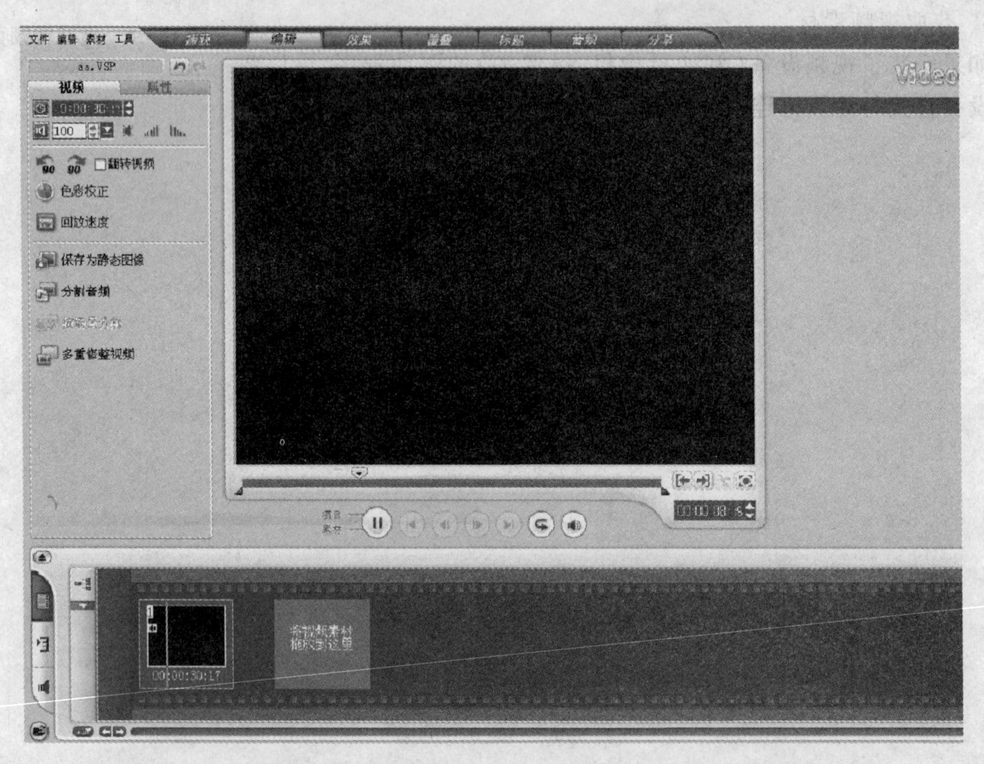

图 16 - 9　插入视频

(2) 点击时间轴左上方的“时间轴视图”按钮,从故事板视图切换到时间轴视图,如图 16 - 10 所示。

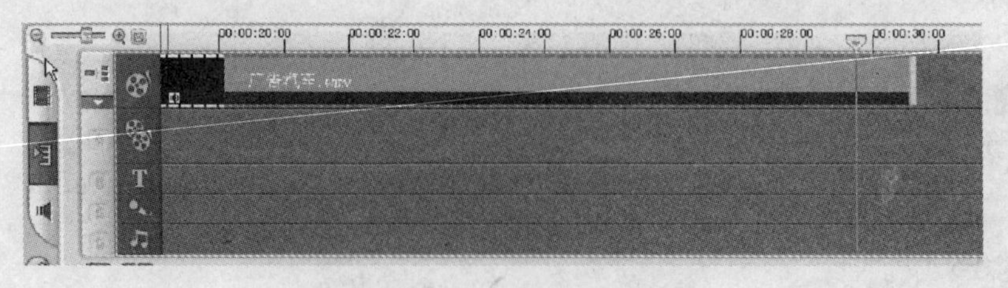

图 16 - 10　时间轴视图

（3）拖动修整拖柄，在预览窗口中查看素材的原始效果，会发现色彩很暗。

（4）点击素材库上方的下拉按钮，选择“视频滤镜”选项，如图16－11所示。

图16－11　“视频滤镜”选项

（5）在“视频滤镜”素材库中选择“亮度和饱和度”滤镜，将其添加到视频素材中，如图16－12所示，再次播放会发现广告亮度增加了。

图16－12　“亮度和饱和度”滤镜

(6) 在图 16－13 所示的“属性”面板中选择要添加的滤镜后，点击“自定义滤镜”按钮。在弹出的对话框中设置滤镜参数，可以在预览窗口中查看效果，设置完成后点击“确定”按钮，如图 16－14 所示。

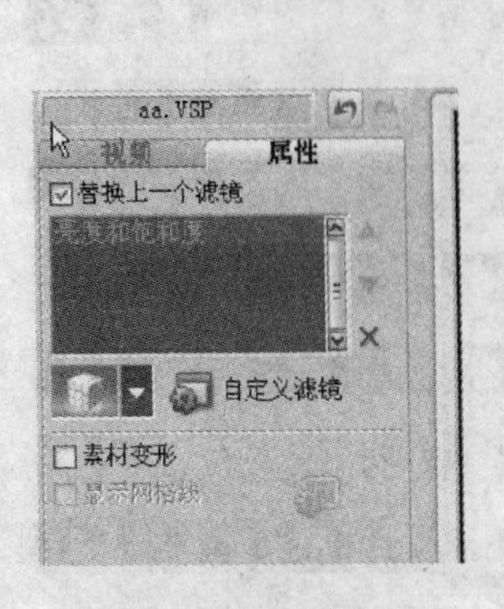

图 16－13　“属性”面板

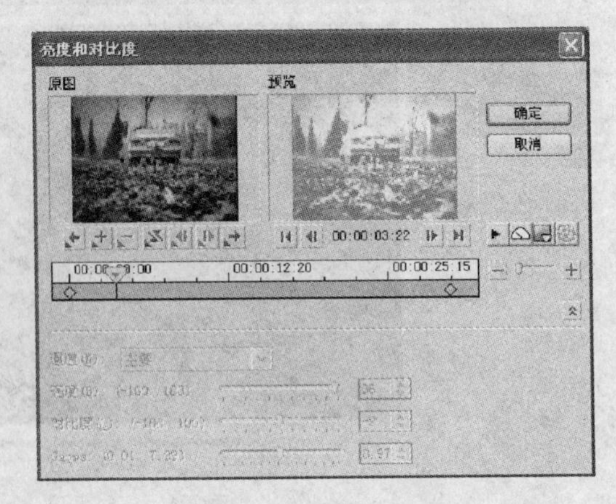

图 16－14　预览效果

(7) 设置好亮度和对比度后，可以继续添加新的滤镜以改善效果。在“属性”面板中取消对“替换上一个滤镜”复选框的勾选。在“视频滤镜”素材库中选择“色调和饱和度”滤镜并将其添加到时间轴中的视频素材上。参照步骤(6)对“色调和饱和度”滤镜进行自定义。

(8) 继续在“视频滤镜”素材库中选择“光线”滤镜，添加该滤镜后进行自定义。在弹出的“光线”对话框中设置第 1 个关键帧的参数值，如图 16－15 所示。单击时间栏中的第 2 个关键帧，设置参数值之后点击“确定”按钮。

(9) 返回会声会影编辑器主界面，拖动修整拖柄预览调整后的画面效果，会发现画面已经有了很大改善。下面将剪去视频中的失败镜头。

(10) 拖动修整拖柄至要分割视频素材的位置，点击 按钮，从这里将视频分割为独立的 2 段。

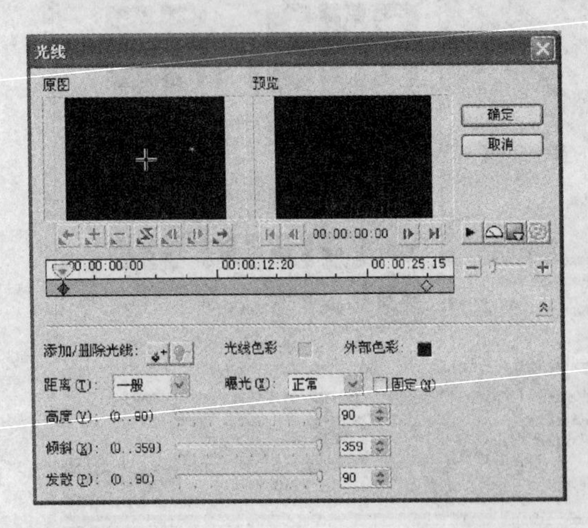

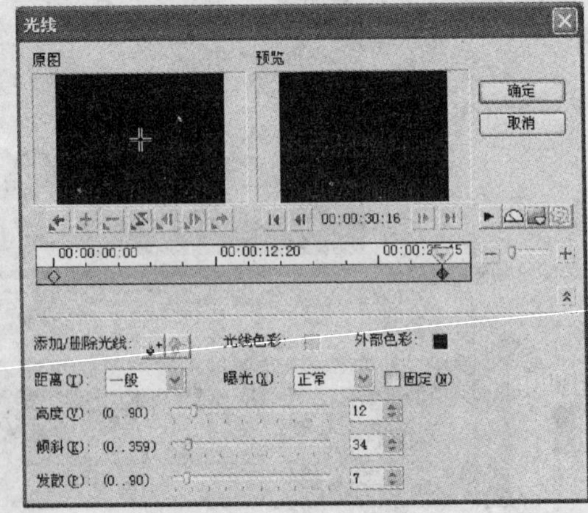

图 16－15　“光线”滤镜

（11）单击时间轴上的第2段视频，移动修整拖柄，点击 按钮再次分割视频。这样就将整个视频分割成了3段。在时间轴中右击需要删除的第2段视频，在弹出的快捷菜单中选择“删除”命令，如图16－16所示。中间的一段镜头被删除后，后面的视频自动与前面的素材连接在一起。

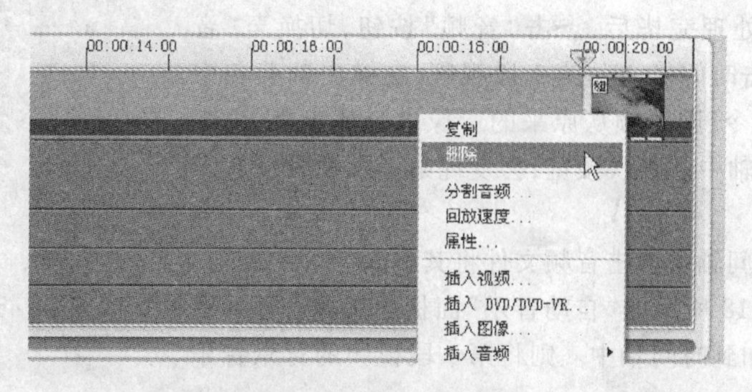

图16－16　“删除”命令

（12）重复前面的操作，将视频中失败的镜头全部删除。然后点击“故事板视图”按钮，切换至故事板视图，多次播放并预览以确保效果良好。

2．添加转场效果和音乐

在影片中合适的地方添加转场效果可以使场景切换更自然，视觉效果更丰富，合适的背景音乐更能突出影片的主题和节奏。

【操作步骤】

（1）点击步骤面板上的“效果”按钮，切换至“效果”工作步骤。点击右边素材库上方的下拉按钮，在弹出的下拉列表中选择“三维”选项，在“三维”转场效果中选择“手风琴”效果，将其添加到第1段视频与第2段视频之间，如图16－17所示。

图16－17　“三维”选项

(2) 在选项面板中点击“方向”选项区域的右箭头按钮，将方向设置为“由左至右”。拖动修整拖柄，在预览视窗中可以看到转场的效果。

(3) 运用相同的方法可以添加其他效果。

(4)视频部分处理完毕后，点击“音频”按钮，切换至“音频”工作步骤。右击时间轴上的第 1 段视频，在弹出的菜单中选择“分割音轨”命令，则音频从原来的影像中分离出来，出现在下方的音轨时间轴中。再次预览，会发现第 1 段视频没有声音了。

(5) 在音轨时间轴中右击音频文件将其删除。

(6) 在图 16－18 所示的“自动音乐”面板中选择合适的音乐，单击后将其添加到时间轴中。则将第 1 段视频的背景音乐修改为所选的音乐。

(7) 设置完成之后，保存项目文件，关闭程序。

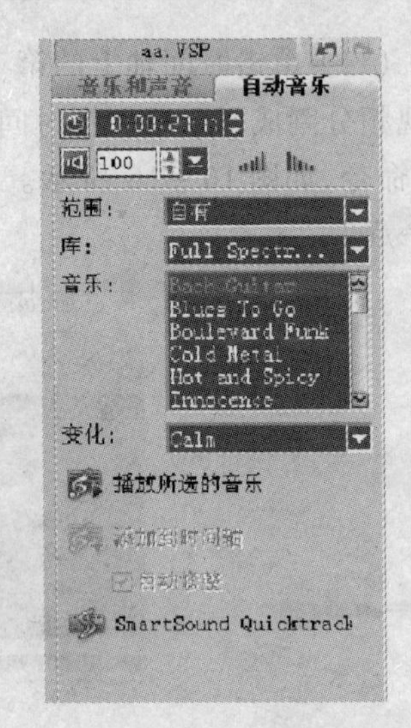

图 16－18 “自动音乐”面板

任务4　刻录 DVD 光盘

确定输出的影片没有任何问题,就可以将影片刻录到 DVD 光盘中制作视频光盘了。刻录之前要注意查看输出的光盘文件格式与刻录机的类型以及光盘格式是否匹配,另外要注意检查光盘的容量。

【操作步骤】

(1) 点击"分享"按钮,切换至"分享"工作步骤,如图 16 - 19 所示。

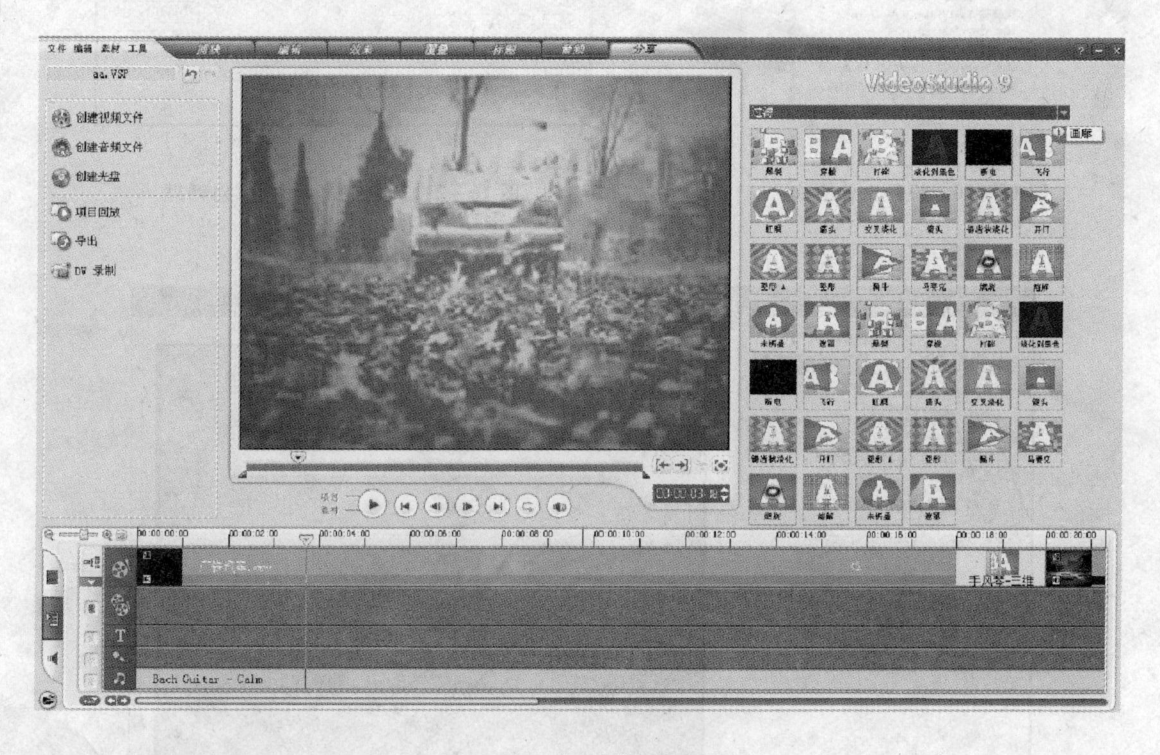

图 16 - 19　"分享"工作步骤

(2) 选择"创建视频文件"命令,可以将当前的视频以不同的视频格式(如图 16 - 20 所示)保存在磁盘上,从而实现格式的转换。

(3) 选择"创建音频文件"命令,打开如图 16 - 21 所示的"创建声音文件"对话框,可以创建音频文件。

(4) 选择"创建光盘"命令,弹出如图 16 - 22 所示的创建光盘向导界面。在此界面中,可以添加其他视频或会声会影项目后一起刻录。

(5) 点击"下一步"按钮,查看光盘卷标和刻录机类型。直接在"卷标名称"文本框中设置卷标名称,名称长度在 32 个字符以内。

(6) 点击"刻录"按钮即可开始刻录光盘。

创建视频文件
与项目设置相同
与第一个视频素材相同
PAL　DV (4:3)
PAL　DV (16:9)
PAL　DVD (4:3)
PAL　DVD (16:9)
PAL　VCD
PAL　SVCD
PAL　MPEG1 (352x288，25 fps)
PAL　MPEG2 (720x576，25 fps)
流媒体 RealVideo 文件 (*.rm)
WMV (352X288, 30 fps)
WMV HD PAL (1280x720, 25fps)
WMV Pocket PC (320x240, 15 fps)
WMV Smartphone (220x176, 15 fps)
自定义

图 16－20　视频文件格式

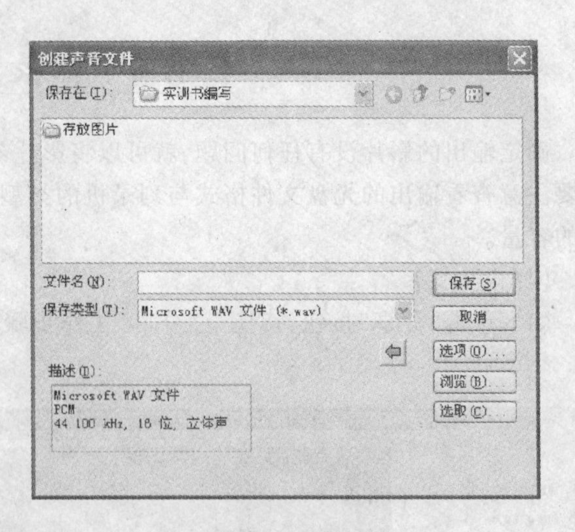

图 16－21　“创建声音文件”对话框

图 16－22　创建光盘向导界面

项目总结

本项目以剪辑制作产品视频为例,着重训练了利用会声会影软件进行视频的剪辑与合成的技能。

要制作影片,需要经过采集、编辑、添加效果、保存这4个步骤。采集是把拍摄的DV视频片段通过USB或IEEE 1394接口以视频文件的形式转存到计算机的硬盘上;编辑是对影视文件进行剪辑和处理;添加效果就是为编辑的视频片段添加特技效果,为镜头片段之间的切换设置一些转场效果等,增强影片的观赏性与衔接性;保存就是把处理好的视频保存到本地硬盘上或刻录到光盘上。

我们可以基于个人求职视频、学校生活视频、产品宣传视频、会议活动视频、专题采访视频、自然景观视频等,自己当编剧和导演,利用会声会影软件制作出具有不同主题和风格的DV作品。

项目拓展

(1) 2011最给力的求职简历编写者彭帅,没有采用纸质的简历,没有奔走于各大招聘会,凭着一段视频就引来全国40多家企业伸出的橄榄枝。你是不是已经心动了呢?那也为自己制作一段个人求职视频吧!

所谓视频简历,就是把个人基本情况和才艺表演摄录下来,制成光盘或通过网络提供给招聘者。其优点是能直观地展现应聘者的音容笑貌、技能特长,给人以耳目一新之感。

(2) 为你的家乡或者你喜欢的旅游景点制作一段山水风光视频或自然奇观视频。

实训项目 17

维护计算机系统

项目描述

网络病毒几乎无处不在，往往无形之中就已经中招了，一些恶意流氓软件很容易就挟持了IE浏览器（Internet Explorer）。为了保证计算机的安全，要定期进行计算机的维护。360安全卫士（如图17－1所示）是一款免费的安全类上网辅助工具软件，它可以为每位用户提供全方位的系统安全保护。本项目要求运用360安全卫士对系统进行检测和维护，并能用还原软件还原系统。

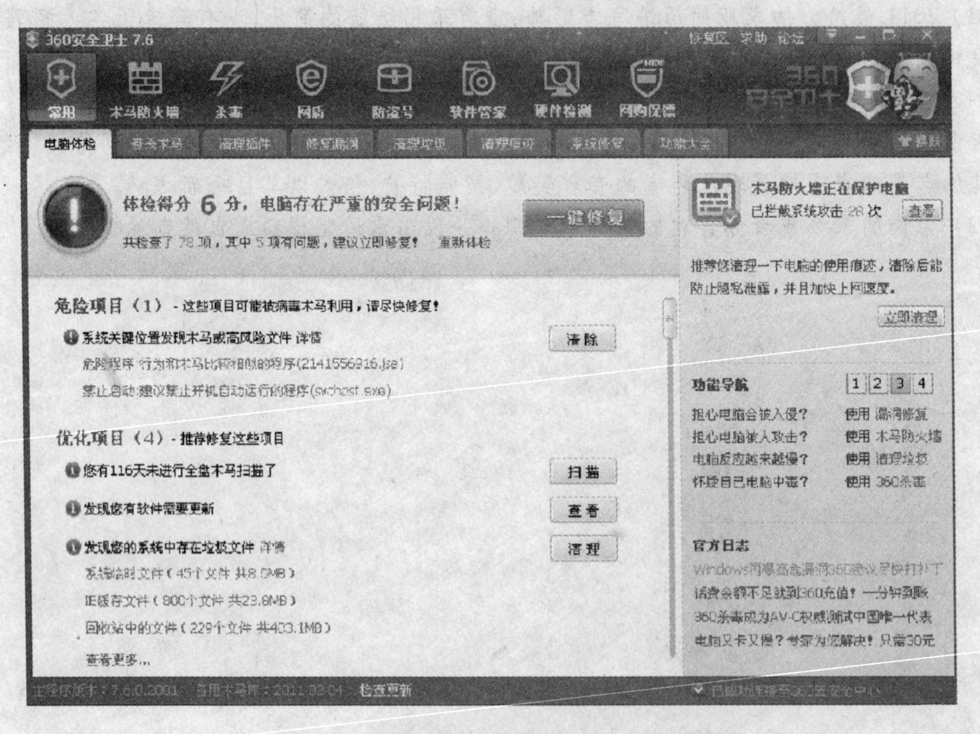

图17－1 360安全卫士

技能目标

- 能运用 360 安全卫士保护系统。
- 能运用还原精灵对系统进行还原。

环境要求

- 硬件:无特殊要求。
- 软件:安装了 Windows 操作系统、Internet Explorer、360 杀毒软件、360 安全卫士、文件压缩工具软件 WinRAR、绿鹰一键还原软件。

任务 1　压缩与解压文件

从网络上或光盘中获得的软件往往是经过压缩得到的打包文件，需要解压才能安装和使用。有专门的工具软件用于文件压缩与解压，较常用的是 WinRAR。计算机中大都安装了该软件。

1. 压缩“实训项目 15”文件夹中的“新产品宣传”子文件夹

【操作步骤】

(1) 选中“新产品宣传”文件夹。

(2) 右击，在弹出的菜单中选择“添加到‘新产品宣传. rar’”命令即可实现文件的压缩。这时产生“新产品宣传. rar”压缩文件。

(3) 选中“新产品宣传. rar”压缩文件，右击，在弹出的菜单中选择“解压到当前文件夹”即可解压。

2. 制作自解压文件，解压“新产品宣传. rar”压缩文件

使用 WinRAR 还可以制作自动解压的执行文件，为没有安装 WinRAR 的用户带来方便。

【操作步骤】

(1) 打开文件夹窗口，选中想要针对其创建自解压文件的文件和文件夹。

(2) 右击所选区域，在弹出的菜单中选择“添加到压缩文件”命令，打开“压缩文件名和参数”对话框，选择“常规”选项卡，如图 17 - 2 所示。

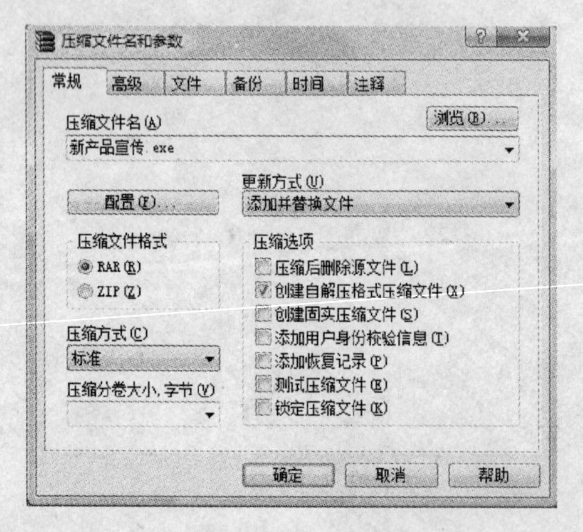

图 17 - 2　“压缩文件名和参数”对话框

(3) 在“压缩选项”选项区域中选择“创建自解压格式压缩文件”复选框，在“压缩文件名”下拉列表框中设置压缩文件名，点击“浏览”按钮指定存放位置。

(4) 点击“确定”按钮即可创建所需的自解压文件。

(5) 双击此类 exe 文件可打开如图 17 - 3 所示的“WinRAR 自解压文件”对话框，可将自解压内容解压到指定的目标文件夹中。

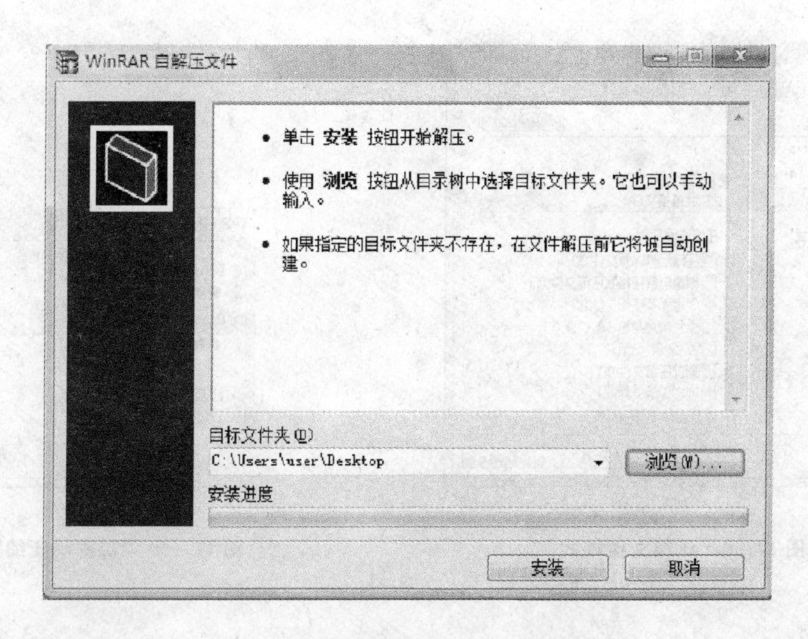

图 17－3　“WinRAR 自解压文件”对话框

3．制作分卷压缩文件

对于大型文件和文件夹，可以使用 WinRAR 制作分卷压缩文件，以便通过容量有限的载体传递文件。

【操作步骤】

（1）打开文件夹窗口，选中想要分卷压缩的文件和文件夹。

（2）右击所选区域，在弹出的菜单中选择“添加到压缩文件”命令，打开“压缩文件名和参数”对话框，选择“常规”选项卡。

（3）在“压缩分卷大小，字节”下拉列表框中选择或输入每个压缩文件的最大字节数。

（4）根据需要指定压缩文件名和保存位置，然后点击“确定”按钮，即可按照指定方式创建所需的分卷压缩文件。

4．给压缩文件加密，将压缩文件格式更改为 ZIP

【操作步骤】

（1）打开文件夹窗口，选中想要分卷压缩的文件和文件夹。

（2）右击所选区域，在弹出的菜单中选择“添加到压缩文件”命令，打开“压缩文件名和参数”对话框，选择“常规”选项卡。

（3）选择“压缩文件格式”选项区域中的“ZIP”单选按钮，如图 17－4 所示。

（4）切换到“高级”选项卡，点击“设置密码”按钮，打开“带密码压缩”对话框，分别在“输入密码”和“再次输入密码以确认”文本框中输入相同的密码，如图 17－5 所示。

（5）点击“确定”按钮，返回“高级”选项卡，点击“确定”按钮即开始压缩文件。设置了密码之后，解压缩时需要输入密码。

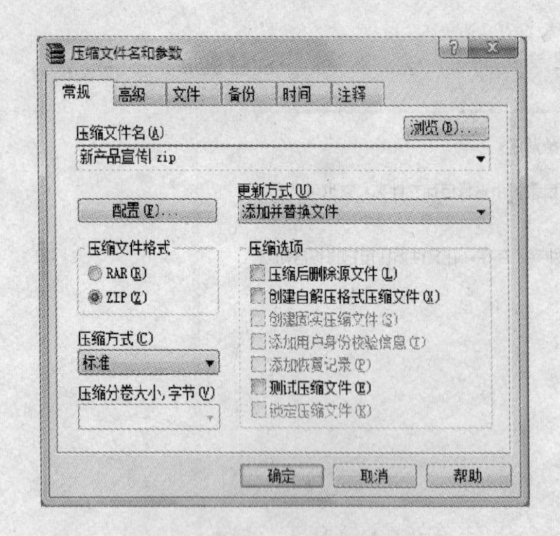

图 17－4　压缩文件格式

图 17－5　“带密码压缩”对话框

任务 2　安装病毒防治软件

1. 安装 360 杀毒软件

【操作步骤】

(1) 在 360 官方网站(http://www.360.cn)中下载 360 免费杀毒软件。

(2) 运行下载的软件,进入安装对话框,选择安装目录后点击“下一步”按钮即进行安装,如图 17-6 所示。

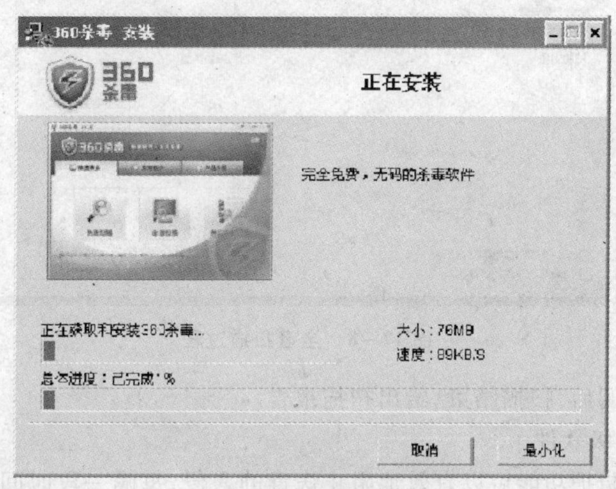

图 17-6　安装进度

(3) 杀毒软件安装完毕后即可启动,启动后的界面如图 17-7 所示。

图 17-7　启动后的界面

“病毒查杀”选项卡中有 3 个按钮:每天使用计算机前使用快速扫描方式进行系统盘病毒检查;正常情况下可以每隔 3 ~5 天定期进行一次全盘扫描;发现情况异常或怀疑有病毒时扫描指定位置。发现病毒后进行杀毒、及时清除病毒。

2. 全面扫描计算机病毒

【操作步骤】

(1) 在启动界面中点击“全盘扫描”按钮，进行全盘扫描，如图 17－8 所示。

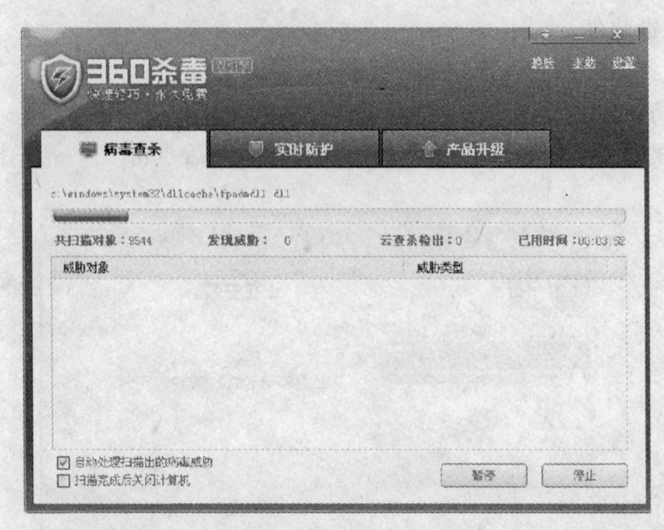

图 17－8　全盘扫描过程

(2) 等待一段时间后，扫描结束，给出扫描报告。

3. 实时防护和升级软件

运用 360 的实时防护功能可以有效地阻止病毒的入侵，每隔一段时间要更新杀毒软件使其升级。

【操作步骤】

(1) 在启动界面中选择“实时防护”选项卡，打开如图 17－9 所示的界面。点击“关闭”按钮即取消实时保护，拖动防护级别设置滑块可以调整防护级别。

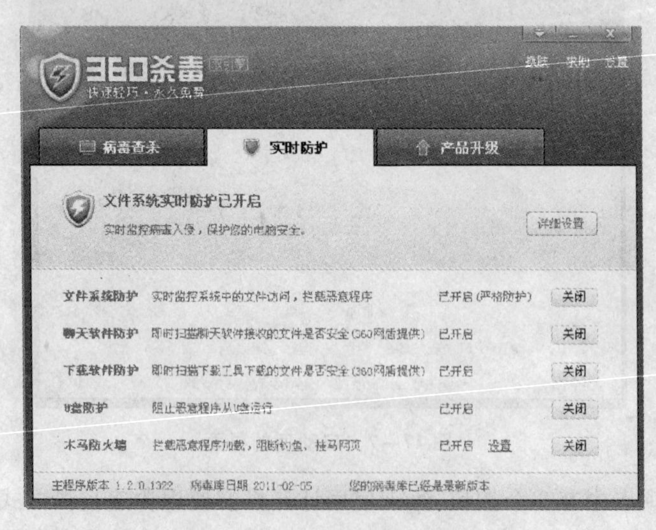

图 17－9　“实时防护”选项卡

（2）在启动界面中选择“产品升级”选项卡即可进行软件升级，完成后给出报告，如图17－10所示。

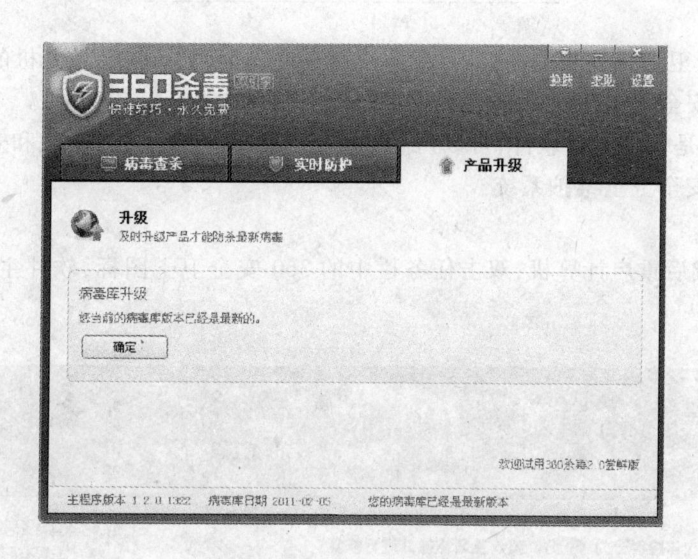

图17－10　“产品升级”选项卡

任务 3　检测计算机系统

运用 360 安全卫士定期检测系统，可以解决潜在的安全问题，提高计算机的运行速度。

1．安装 360 安全卫士

360 安全卫士是一款免费软件，可以访问 http://www.360.cn 进行下载和安装。

2．运用 360 安全卫士维护系统

【操作步骤】

（1）安装完成后重启计算机，双击任务栏中的 360 安全卫士图标，软件主界面如图 17－11 所示。

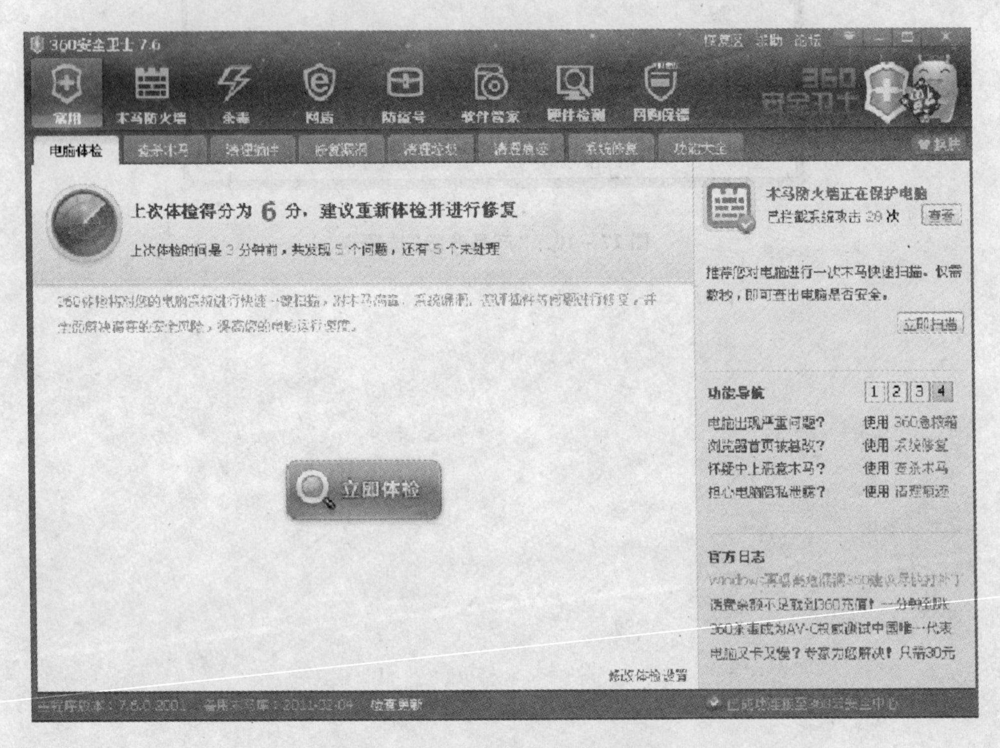

图 17－11　360 安全卫士主界面

（2）单击“常用”图标，选择“电脑体检”选项卡，点击“立即体检”按钮，360 安全卫士即对系统进行全面检测，如图 17－12 所示。检测完毕后，给出体检的分数并出示报告。

（3）选择“清理插件”选项卡，点击“开始扫描”按钮，可以检测并清理不需要的插件程序，提高系统运行速度。

（4）选择“修复漏洞”选项卡，进行系统漏洞扫描，扫描完毕后列出没有修复的漏洞列表，选中某漏洞后点击“修复”按钮即可修复系统漏洞，修复完毕需重启计算机。

（5）选择“清理垃圾”选项卡，点击“开始扫描”按钮，即可进行系统垃圾的扫描，扫描完毕后点击“立即清理”按钮可以进行系统垃圾的清理。

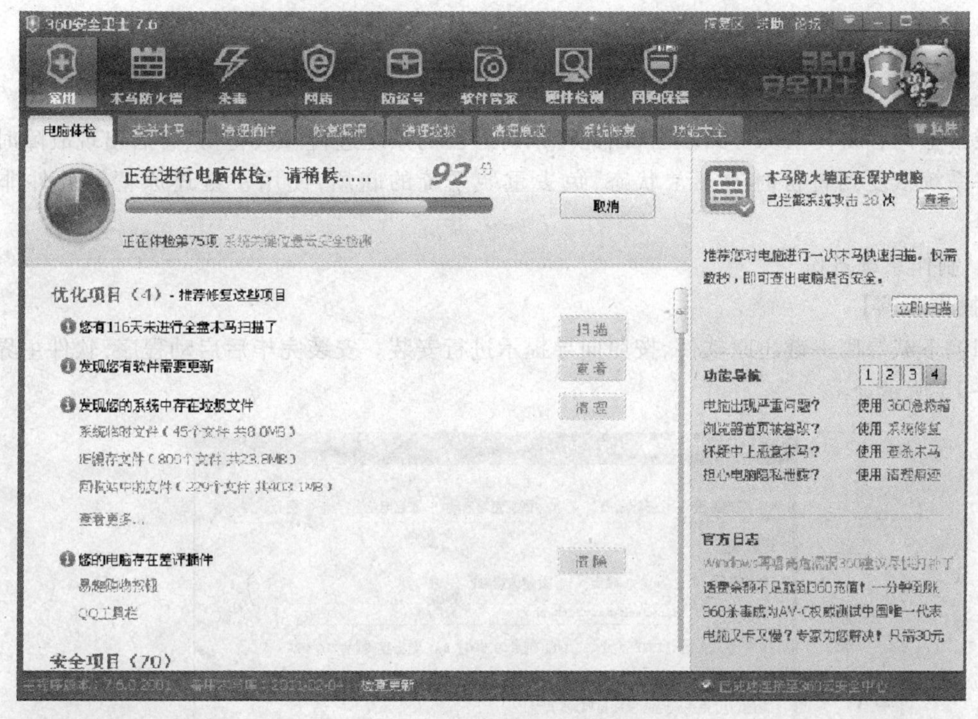

图 17－12　“电脑体检”选项卡

（6）选择“清理痕迹”选项卡，在列表中勾选要清理的痕迹，点击“立即清理”按钮，即可清理掉使用计算机的各种痕迹，保护上网隐私。

（7）选择“系统修复”选项卡，点击“一键修复”按钮，即可修复 IE。

任务 4　制作系统的备份

经常上网容易使系统受到攻击,因此可以对自己的系统进行一次备份,日后出现故障时可以快速将系统恢复到备份时的正常状态,免去重装系统的麻烦,使用一键还原精灵软件非常方便快捷。

1. 制作系统备份

【操作步骤】

(1) 下载绿鹰一键还原软件,按照向导提示进行安装。安装完毕后启动程序,软件主界面如图 17 - 13 所示。

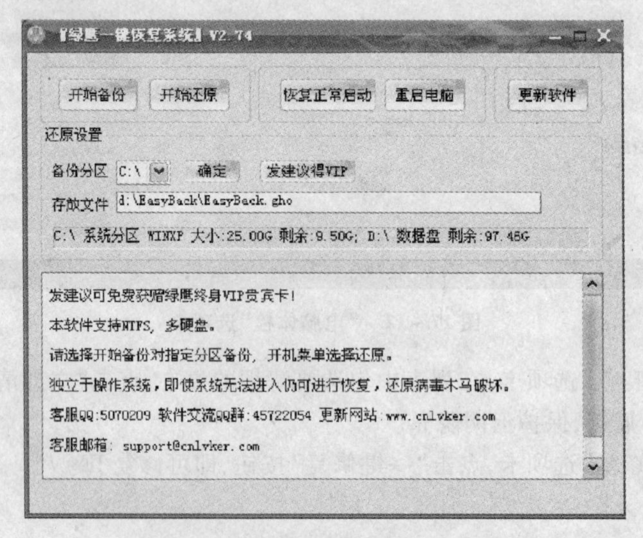

图 17 - 13　绿鹰一键还原软件主界面

(2) 绿鹰一键还原软件具有磁盘备份和还原功能,不仅可以备份系统分区,还可以备份非系统分区,用户可以自由指定备份分区。选择要备份的系统区(C 盘),指定系统备份后形成的文件名及路径,点击“开始备份”按钮,弹出如图 17 - 14 所示的“提示信息”对话框,点击“是”按钮重启系统。

(3) 系统备份完毕,在 D 盘指定文件夹中会出现 gho 系统备份文件。

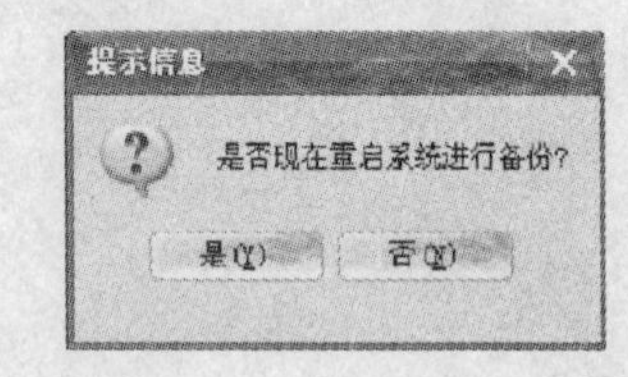

图 17 - 14　“提示信息”对话框

2. 运用备份文件进行系统还原

【操作步骤】

(1) 若在 Windows 环境下使用绿鹰一键还原软件执行系统备份还原操作,系统将在重启后自动选择“绿鹰一键还原”启动项。当然,用户可以直接在系统登录过程中选择“绿鹰一键还原”启动项。

(2) 绿鹰一键还原软件以 Ghost 11.0 为内核,在 Windows 环境下使用绿鹰一键还原执行系统备份或还原操作时,程序都将调用 Ghost 11.0,如图 17 - 15 所示。

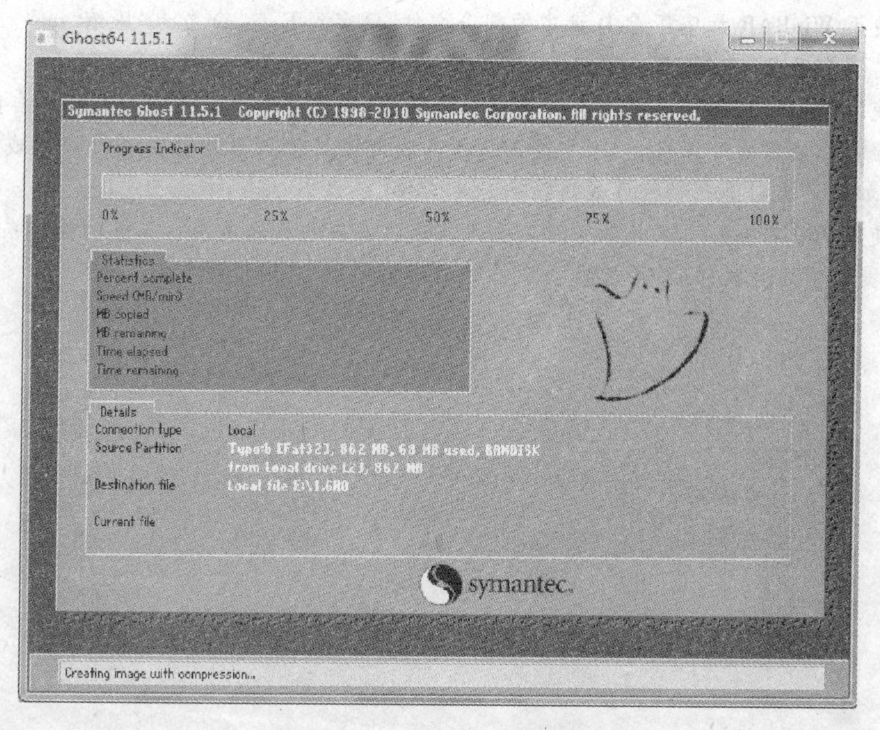

图 17-15 Ghost 11.0 参数设置

项目总结

本项目以计算机日常维护工作为例，着重训练了利用 360 杀毒软件和 360 安全卫士为计算机系统提供安全检测、诊断、优化与保护服务，利用文件压缩与解压、系统备份与还原软件进行应用维护的能力。

由于计算机系统具有开放性，软件系统具有不完整性，计算机通过移动存储设备或互联网与外界频繁交换信息资源，计算机系统存在的缺陷、操作系统和应用程序存在的漏洞往往被某些公司、组织或个人利用，它们通过非法程序潜入用户的计算机系统中，影响计算机系统的运行速度，干扰计算机正常工作，获取用户信息、商业机密等，带来信息安全隐患。因此，加强计算机系统安全管理，掌握系统安全与维护常识是十分必要的。

只有进一步了解计算机系统安全知识，掌握计算机病毒和安全漏洞检测与诊断软件的使用方法，及时升级计算机病毒查杀和安全漏洞诊断软件，定期查杀病毒、诊断安全漏洞、优化系统配置，才能确保计算机的正常使用。

项目拓展

(1) 使用 WinRAR，将 E 盘中的 2 个文件(如“计算机. doc”和“应用. doc”)压缩后保存到 D 盘中，命名为“压缩. rar”。再使用 WinRAR 将新文件添加至“压缩. rar”压缩包中。

(2) 使用 WinRAR 加密压缩 D 盘中的部分文件,保存到 E 盘,命名为“压缩.rar”。

(3) 尝试搜索 WinRAR 解密程序,并将 E 盘中的“加密.rar”文件解密。

(4) 使用 WinRAR 对某个视频文件进行分卷压缩,要求每卷大小为 10MB,能够自解压。

(5) 检查你使用的计算机系统,查看 360 杀毒软件或其他杀毒软件是否升级过或更新了病毒库文件,如果没有则请升级软件或更新病毒库文件。

(6) 使用 360 安全卫士或其他系统安全维护软件检查和诊断所用计算机的操作系统是否有安全漏洞、是否有木马程序、是否有非法插件等垃圾程序,如有则清理它们。

实训项目 18

检索与分析信息

项目描述

信息检索与分析拓展训练采用小组的形式,以 3 ~ 5 人为一组,每组围绕一个主题确定多个子主题,利用现代信息检索手段从互联网、期刊、报纸或其他渠道收集信息,通过整理、讨论形成主题文档,制作多媒体演示文稿,最后阐述观点。

技能目标

信息检索与分析项目旨在培养读者的关键职业能力和综合素质,即问题分析能力、信息收集与整理能力、报告撰写能力、演讲能力、团结协作素质、灵活应变能力、沟通能力。

环境要求

- 硬件:接入 Internet(互联网)的普通台式计算机或笔记本电脑。
- 软件:Windows 操作系统,Microsoft Office Word、PowerPoint、Excel 软件或者 WPS Office 系列软件,IE 浏览器。

任务 1 分析项目选题

信息检索与分析的主题范围非常广泛，如行业新技术、企业管理、市场营销、社会热点等方面的主题。项目主题可由活动组织者发布，亦可由参与者根据自身的兴趣、爱好等自行提出，但应注意其广泛性、挑战性和前瞻性。最好结合参与者的能力和水平，选择与所学专业相关或接近的领域的主题。

选题确定之后，应能根据选题的内容和要求分解出 3～5 个子任务，这些子任务应尽量涵盖选题的各个方面，子任务之间应有所关联。

选题确定后应编写和提交课题任务书，内容应包括课题名称、研究领域和范围、子任务分析、基本观点概述等。

任务2　分组搜集素材

项目选题确定后，每3～5人组成一个小组，保证项目中的每个子任务由一名成员具体负责，小组组成后，立即由小组成员提名选出组长。

小组成员详细讨论项目的内容、范围、研究方向，通过讨论，尽可能从多角度分析项目主题以及各个子任务之间的关联，最后由组长确定每个成员的具体任务、时间安排等。

1. 确定信息的来源

明确任务后，小组成员分工合作，通过各种途径搜索或获取信息，搜集大量有效的素材，如利用杂志、报纸、互联网等搜集信息，通过访问、问卷调查、街头采访、咨询专家等获得数据资源。

(1) 报纸：主要为大众提供公共服务信息，其中对IT专业人员很重要的信息（政府政策、技术被社会采纳的情况等）的有效性持续时间很短。

(2) 杂志：主要包含科普或文学常识与信息，其内容通常属于特定范围或领域。

(3) 期刊：主要包含针对专业人员的技术文章和信息。

(4) 技术书籍：主要包含针对专业人员的技术信息或特定读者群体的文化知识。

(5) Internet：在内容、成本和信息可用性上击败了所有其他媒体。

2. 搜索Internet上的信息

可以使用搜索引擎、元搜索引擎及主题/虚拟目录相关工具检索Internet上的信息。

(1) 搜索引擎。在搜索引擎中可以使用关键字搜索相关信息，搜索的结果是相关的Web页面链接，可供用户查阅和使用。图18－1给出了一些常用的搜索引擎网址。

- **百度**
  http://www.baidu.com
  百度是中国互联网用户最常用的搜索引擎，每天完成上亿次搜索；也是全球最大的中文搜索引擎，可查询数十亿中文网页。
  百度常用服务　百度从入门到精通　百度工具栏下载　百度爱好者
- **Google谷歌**
  http://www.google.com.hk/
  Google的使命是整合全球范围的信息，使人人皆可访问并从中受益。
  Google常用服务　Google入门到精通　Google爱好者论坛　谷歌地球专题
- **搜狗**
  http://www.sogou.com/
  搜狗是搜狐公司于2004年8月3日推出的全球首个第三代互动式中文搜索引擎。搜狗以搜索技术为核心，致力于中文互联网信息的深度挖掘，帮助中国上亿网民加快信息获取速度，为用户创造价值。
  搜狗搜索引擎入门到精通　搜狗爱好者论坛
- **Bing(必应)**
  http://bing.com.cn/
  2009年6月1日，微软新搜索引擎Bing(必应)中文版上线。测试版必应提供了六个功能：页面搜索、图片搜索、资讯搜索、视频搜索、地图搜索以及排行榜。Bing必应爱好者论坛
- **雅虎全能搜索**
  http://www.yahoo.cn/
  Yahoo!全球性搜索技术（YST，Yahoo! Search Technology）是一个涵盖全球120多亿网页（其中雅虎中国为12亿）的强大数据库，拥有数十项技术专利、精准运算能力，支持38种语言，近10,000台服务器，服务全球50%以上互联网用户的搜索需求。
  雅虎搜索引擎入门到精通　雅虎爱好者论坛

图18－1　常用的搜索引擎

(2) 元搜索引擎。使用元搜索引擎可同时利用几个搜索引擎,获得分级编排的检索结果。以下是一些元搜索引擎的例子。

① 搜魅网(someta):集合了百度、谷歌、搜狗、雅虎等多家主流搜索引擎的结果,可用于网页、资讯、网址导航等聚合查询。另外,搜魅网突破了元搜索引擎没有自己的搜索引擎蜘蛛的瓶颈,提供了网站查询功能。

② 马虎聚搜(mahuu):集合了谷歌和百度的搜索结果,提供有用的热点排行。

③ 佐意综合搜索(chinazss):集合了谷歌、百度、雅虎等知名搜索引擎,细分了不同的搜索类别,如软件搜索、游戏搜索、视频搜索、新闻搜索、网页搜索、地图搜索、音乐搜索、企业搜索等。其页面看似简单,搜索功能却很强大,可以说是元搜索的一个典范。使用它还可以直接查询手机号码归属地、IP 等。

④ 比比猫 (bbmao):集合了百度、谷歌、雅虎、搜狗等搜索引擎的搜索结果,具有自动分类功能。

在搜集素材的过程中应注意信息的客观性、准确性和有效性,多采用期刊上的文献、官方网站上的素材。互联网上的信息具有一定的随意性,在采集素材时应谨慎识别。例如,互联网上部分网友的发言具有片面性,仅能作为个例,不能以偏概全。搜集素材要考虑团队利益,应全面搜集与项目有关的各方面的素材,不要随意抛弃非本子项目的素材。

3. 使用专业文献资料检索系统

专业文献资料检索系统是由政府或专门机构组织开发的文献资料数据库、知识库以及专业查询检索程序,能为广大专业人员提供服务。

(1) 中国期刊网全文数据库检索系统(http://www.cnki.net)。中国知识基础设施工程是由清华同方光盘股份有限公司、中国学术期刊(光盘版)电子杂志社、光盘国家工程研究中心等单位于 1999 年 6 月在《中国学术期刊(光盘版)》和中国期刊网全文数据库的基础上启动的一个规模大、内容广、系统化的知识信息化建设项目,主要涉及知识创新网和基础教育网。知识创新网设有国内通用知识仓库、海外知识仓库、政府知识仓库、企业知识仓库、网上研究院和中国期刊网。中国期刊网全文数据库是在《中国学术期刊(光盘版)》的基础上开发的,基于互联网的一个大规模、集成化、多功能的动态学术期刊全文检索系统。该数据库收录 1994 年至今的 5 300 多种学术类核心与专业期刊全文,有全文 400 多万篇、题录 1 000 万余条,内容覆盖数理科学(理工 A)、化学化工能源与材料(理工 B)、工业技术(理工 C)、农业、医药卫生、文史哲、经济政治与法律、教育与社会科学、电子技术与信息科学,分为 9 大专辑、126 个专题类目,网上数据每日都进行更新。

(2) 万方数据知识服务平台(http://www.wanfangdata.com.cn)。万方数据知识服务平台是一个集学术期刊、学位论文、学术会议论文、外文文献、中外专刊、中外标准、科技成果、新方志、法律法规、科技文献、专题文章等一体的专业资料库服务平台。

期刊论文是万方数据知识服务平台的重要组成部分,集合了多种科技、人文和社会科学期刊的全文内容,其中绝大部分是进入科技部科技论文统计源的核心期刊。具体内容包括论文标题、论文作者、来源刊名、论文的年卷期、中图分类法的分类号、关键字、所属基金项目、数据库名、摘要等信息,提供全文下载功能,总计有 1 300 余万篇论文。

学位论文收录了国家法定学位论文收藏机构——中国科技信息研究所提供的自 1980 年以

来我国自然科学领域各高等院校、研究生院及研究所的硕士研究生、博士及博士后论文,具体内容包括论文题名、作者、专业、授予学位、导师姓名、授予学位单位、馆藏号、分类号、论文页数、出版时间、主题词、文摘等信息,总计有110余万篇论文。

会议论文收录了由中国科技信息研究所提供的国家级学会、协会、研究会组织召开的各种学术会议论文,每年涉及1 000余个重要的学术会议,涵盖自然科学、工程技术、农林、医学等多个领域,具体内容包括数据库名、文献题名、文献类型、馆藏信息、馆藏号、分类号、作者、出版地、出版单位、出版日期、会议信息、会议名称、主办单位、会议地点、会议时间、会议届次、母体文献、卷期、主题词、文摘、馆藏单位等,总计有90余万篇论文,能为用户提供全面、详尽的会议信息,是了解国内学术会议动态和科学技术水平、进行科学研究必不可少的工具。

检索结果按学科、论文类型、论文发表日期进行分类,让用户能从众多检索结果中快速筛选出要找的论文。针对选中的论文提供相关专家、机构、专利、论文以及检索词,有助于用户进一步了解相关领域的知识。

(3) ProQuest学位论文全文检索新平台(http://pqdt.calis.edu.cn)。PQDT学位论文全文库是目前国内唯一提供国外高质量学位论文全文的数据库,主要收录了来自欧美国家2 000余所知名大学的优秀博士及硕士论文,在中国目前可以共享的论文已经达到304 781篇,涉及文、理、工、农、医等多个领域,是用于学术研究的十分重要的信息资源。

任务 3　分类整理素材

素材收集完毕后，小组成员应将收集到的资料进行整理，从中提取与本选题相关的论点、论据、论证方法、案例、数据等。具体要做以下几方面的工作。

1．资料分类编目

收集的所有素材汇总后，需要进行分类整理，逐个为资料条目编号、分类建立目录，以便查找和利用这些资源。

2．提炼有用信息

小组成员集体或分别对收集的素材进行甄别、讨论，对收集的素材进行过滤，筛选与本选题相关的有用资料，并对相关资料进行分析、概括、提炼和总结，编写内容摘要。

3．检查素材是否齐全

检查经过整理和提炼之后的素材，分别应用到各子任务中作为论据，看是否符合各子任务的要求，各子任务的素材是否矛盾，检查素材是否齐全。如果不齐全，还要继续收集和整理相关素材。

任务4　编写研究报告

通过对素材的分类、整理、研究和内部讨论，可组织撰写研究报告。报告一般包含封面、前言、目录、正文、参考文献、中英文摘要等要素。

正文内容应包括主题、论点、论据、论述、结论、心得体会等，要求主题明确、观点鲜明、主次分明、内容结构完整合理，论据应对最终结论起强有力的支撑作用。各成员在编写分论点时必须注意与前后分论点之间的关系，或承上启下，或进一步阐述，不能是对其他分论点的简单重复。

研究报告文档应内容完整、结构合理、格式规范、排版大方、装订整齐，如图 18－2 所示。

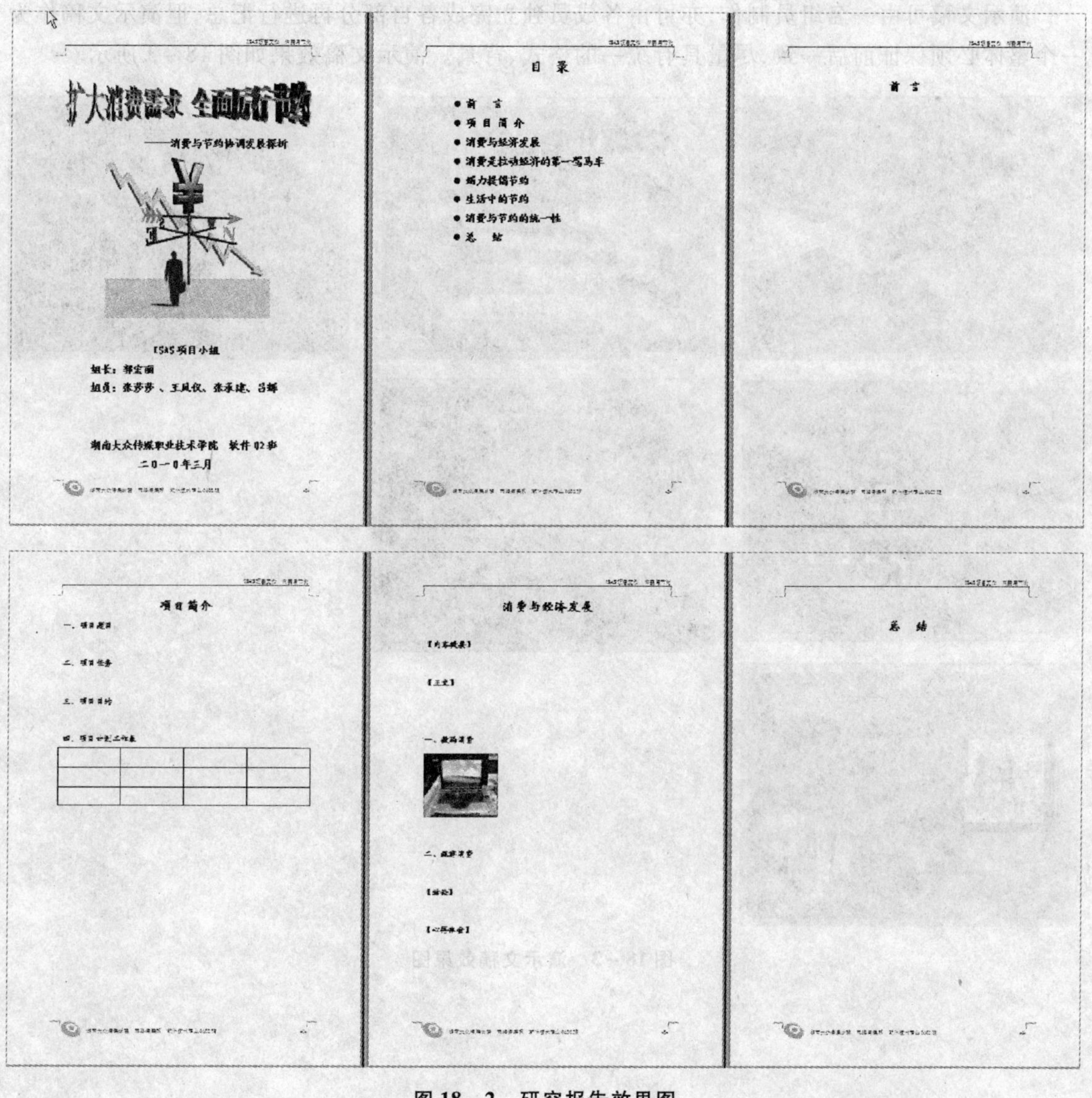

图 18－2　研究报告效果图

任务 5 制作演示文稿

演示文稿主要是为了配合演讲和研究成果展示而制作的一份演讲文档，要求主题明确、内容恰当、层次分明、文字简洁、格式规范，图文并茂，起到锦上添花的作用。

演示文稿可以采用 PowerPoint 幻灯片、Flash 动画等多种形式。演示文稿的内容既要有研究工作的整体介绍，也要有团队成员的分工说明，其正文应用简短精练的语言来阐述自己的观点及论据，文字不要太多，多用提纲式内容，可穿插一些图表、Flash 动画等，并尽可能多使用数据、表格、图片，使内容显得生动活泼、简洁明了、容易被听众接受。

演示文稿可由一名组员制作，亦可由各成员独立完成各自部分再进行汇总，但演示文稿作为一个整体必须保证前后一致，尽量具有统一的格式、背景。演示文稿效果如图 18－3 所示。

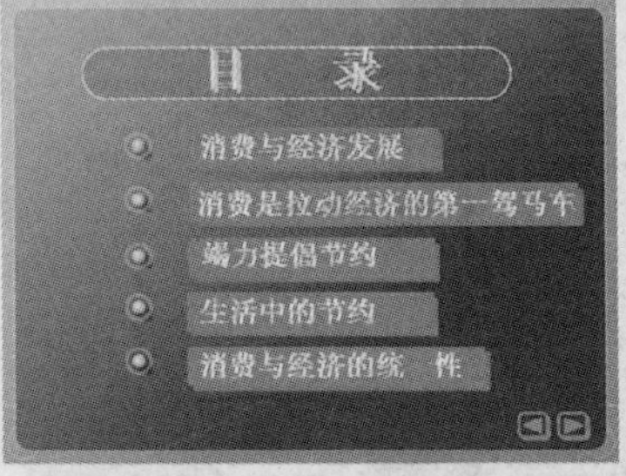

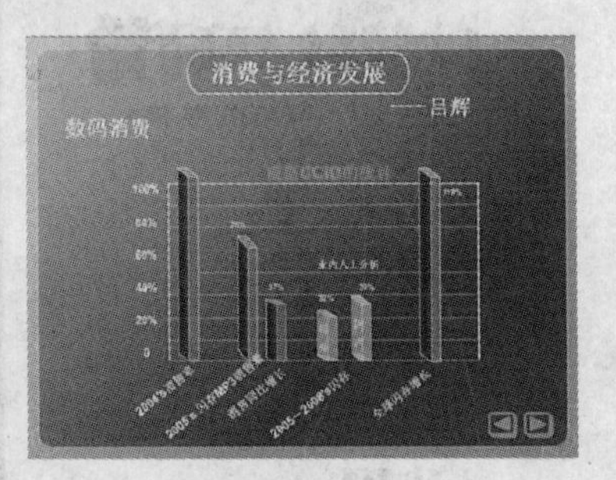

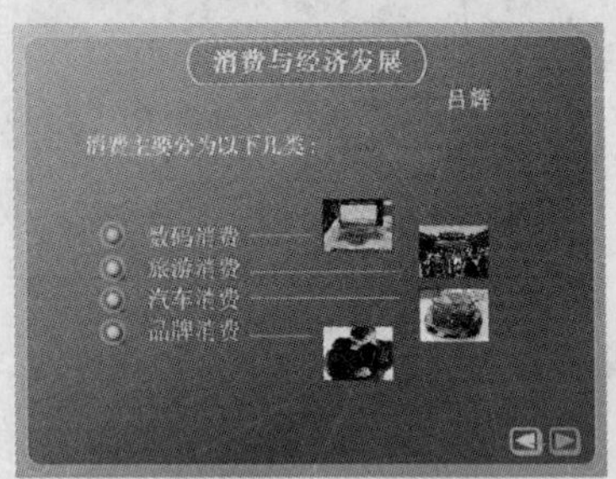

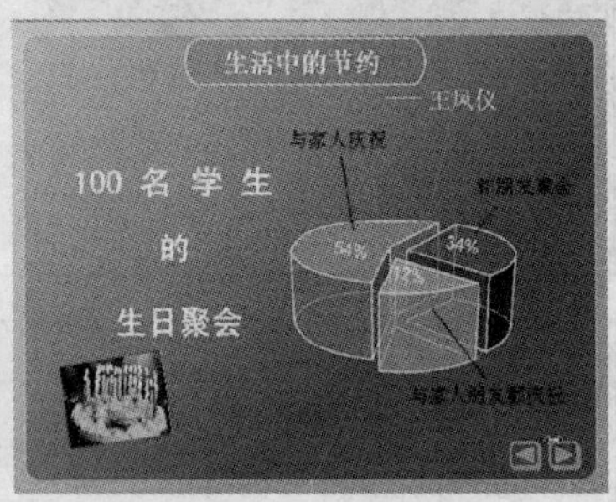

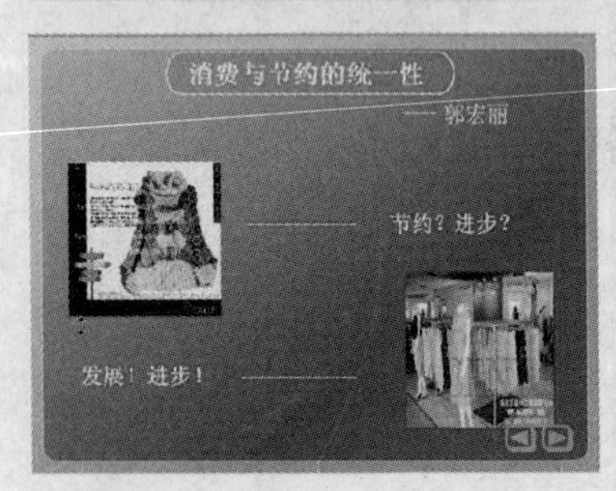

图 18－3 演示文稿效果图

任务6　演讲并答辩

检索与分析信息实训的最后一个环节是演讲和现场答辩。

1. 做好演讲准备工作

演讲前应做好准备工作,如连接计算机与投影仪,分发研究报告打印稿,全组统一着装,背熟演讲台词等。

2. 演讲

演讲能体现团队协作情况。演讲时应有开场白和结束语,先由组长介绍研究内容和小组成员,然后由每位成员分别阐述各子任务的观点、论据等,最后由组长或成员陈述研究结论。

演讲过程中,陈述内容应与幻灯片密切结合,最好一人演讲、一人在旁播放演示文稿。交替演讲人时应有过渡。

演讲内容应主题突出、论点明确、论据充分、论述合理、逻辑性强、覆盖面广、表达适当,对工作、学习具有指导性,时间应适宜(组演讲时间不宜超过15分钟)。在此基础上,每个小组成员的演讲时间应尽量平均。

演讲时应注意使用一定的演讲技巧,尽量做到姿态放松、表情自然、吐词清楚、声音洪亮、发音标准、语速适中、语言流畅且富有感染力,注意与听众交流,适当使用肢体语言及目光接触,尽量脱稿演讲。

3. 提问及答辩

演讲结束后,小组同学要回答专家或听众提出的问题,回答问题时应紧扣问题、准确全面、简洁明了、直截了当、实事求是,同时应谦虚礼貌、不卑不亢、认真负责。

演讲和答辩过程中要注意保持小组的整体形象,发挥团队合作优势。

4. 遵循评分细则

评委可以参考表18－1所示的评分细则对小组打分。

表18－1　评分细则

评分项	评分标准	分值
综合文档	1. 参赛各组必须提交一份不少于2页的与本组检查、分析工作有关的概要性文档,由组长负责撰写,并附英文摘要。每位成员必须撰写与各自所负责相关分论点相关的文档,一般不超过5页。上述文档构成本组应提交的综合文档。 2. 文档应主题明确、观点鲜明、主次分明、内容完整、格式规范、版面整洁、装订整齐。文档内容应包括主题、论点、论据、论述、结论和心得体会。 3. 文档的论点、论据、论述不全或不完整扣4～6分;无结论和心得体会各扣2分;主次不清或逻辑性不强扣2分;无英文摘要扣2分;格式与版式不规范各扣1分;无封面和目录各扣1分;装订不规范、不整齐、不美观扣1分。	25分

续表

评分项	评分标准	分值
演示文稿	1. 演示文稿是为配合演示、演讲而制作的文档，应当主题明确、内容恰当、文字简洁、格式规范、清晰美观、生动活泼、主次分明、整体一致，能起到锦上添花的作用。 2. 演示文档既要有本组工作的整体介绍和总结，也要包含各人负责的具体内容。一般总体部分不得少于 4 页，各人的内容均不得少于 2 页。 3. 演示文稿的主题、内容与文字占 4 分，格式与表现形式占 3 分，结构与逻辑性占 1.5 分，内容能否有效配合演示演讲占 1.5 分。	10 分
演讲与演示	1. 演讲技巧(10 分)：观点鲜明、表述清晰(2 分)；姿态放松、表情自然(1 分)；吐词清楚、声音洪亮、发音标准(3 分)；语速适中、语言流畅、富有感染力(3 分)；注意与听众交流，适当使用肢体语言，能脱稿演讲(1 分)。 2. 演讲内容(20 分)：主题突出、论点明确(4 分)；论据充分、论述合理、逻辑性强、覆盖面广(6 分)；观点清晰、分析严密、表达适当(6 分)；对工作、学习具有指导性，有价值(4 分)。 3. 团队合作(5 分)：所有团队成员必须演讲，演讲时应精诚团结，互相支持(3 分)；演讲与演示要配合默契(2 分)；演讲人交替时应有过渡，否则每次扣 0.2 分。 4. 时间控制(5 分)：每组演讲时间不得超过 20 分钟。每超过 30 秒扣 1 分，直到扣完为止。每提前 1 分钟加 0.5 分，最多加 2 分。 5. 仪容仪表(5 分)：仪态大方、仪容整洁、仪表端庄(2 分)。谦虚好学、尊师敬友、礼貌待人(3 分)。	45 分
答辩	1. 能够紧扣问题、准确全面、简洁明了(10 分)。 2. 能够直截了当、反应敏捷、实事求是(5 分)。 3. 能够谦虚礼貌、不卑不亢、认真负责(5 分)。	20 分

项目总结

通过针对某一问题进行信息检索与分析，初步理解和掌握问题分析、信息检索、信息整理、报告编写、演讲文档制作、现场演讲答辩等技能。

在传统的课程教学和实训过程中，教师往往只注重知识和技能，对职业素养的训练不够重视。信息检索与分析技能拓展训练既是一种学习方法、研究方法，又是一种工作方法，更是一种职业素养的学习和训练方法。这种形式的拓展训练对于培养和训练分析问题和解决问题能力、沟通交流和写作能力、团队分工协作能力、科学精神、严谨的工作态度、职业综合素质有很好的帮助，掌握了相关方法和技能，无论学生今后是从事专业技术工作还是从事经营管理工作，都将从中受益。

项目拓展

在教师的指导下分组开展信息检索与分析竞赛活动，可以专业学习、日常生活、社会热点、前沿科技等为主题。参考主题如下。

1. 对各类选秀节目的反思

(1) 几大选秀活动简介；
(2) 发展历程及社会影响；
(3) 优点；
(4) 缺点；
(5) 如何正确看待这些选秀节目。

2. 3G 通信对未来社会的影响

(1) 对 3G 通信技术的分析；
(2) 3G 通信的应用领域；
(3) 3G 通信对社会经济的影响；
(4) 3G 通信对日常生活的影响；
(5) 3G 通信对教育的影响。

3. 对大学生网络道德行为的分析

(1) 不良网络行为；
(2) 网络道德教育；
(3) 健康网络行为；
(4) 总结。

4. 网络爱情是人生的选择吗

(1) 网络爱情产生的社会背景；
(2) 相关例子；
(3) 危害；
(4) 如何辩证看待网络爱情；
(5) 总结。

5. 网络下载与知识产权保护

(1) 对在互联网上非法下载音乐、电影等侵犯版权行为的分析；
(2) 上述行为的危害；
(3) 相关法律；
(4) 发展趋势。

6. 日本大地震与海啸对国际社会的影响

(1) 日本的地理位置与地震带的关系；
(2) 日本核能源政策；
(3) 日本的经济情况与国际关系；
(4) 由日本地震与海啸引发的思考；
(5) 国际社会对核能源负面影响的反思。

附录1　公文格式标准

（摘自《国家行政机关公文格式》GB/T 9704—1999）

1. 定义

本标准采用下列定义。

（1）字(word)是标识公文中横向距离的长度单位。一个字指一个汉字所占的空间。

（2）行(line)是标识公文中纵向距离的长度单位。本标准以3号字高度加3号字高度7/8倍的距离为一基准行。公文标准以2号字高度加2号字高度7/8倍的距离为一基准行。

2. 公文用纸主要技术指标

公文用纸一般使用纸张定量为60 g/m^2 ~80 g/m^2 的胶版印刷纸或复写纸。纸张白度为85%～90%，横向耐折度≥15次，不透明度≥85%，pH值为7.5～9.5。

3. 公文用纸幅面及版面尺寸

（1）公文用纸幅面尺寸。公文用纸张采用GB/T 148中规定的A4型纸，其成品幅面尺寸为210 mm×297 mm，尺寸的允许偏差见GB/T 148。

（2）公文页边与版心尺寸。公文用纸天头（上白边）为37 mm±1 mm，公文用纸订口（左白边）为28 mm±1 mm，版心尺寸为156 mm×225 mm（不含页码）。

4. 公文中图文的颜色

未作特殊说明时，公文中图文的颜色均为黑色。

5. 排版规格与印装要求

（1）排版规格。正文用3号仿宋体字，文中如有小标题可用3号小标宋体字或黑体字，一般每面排22行，每行排28个字。

（2）制版要求。版面干净无底灰，字迹清楚无断划，尺寸标准，版心不斜，误差不超过1 mm。

（3）印刷要求。进行双面印刷，页码套正，两面误差不得超过2 mm。黑色油墨应达到色谱所标BL100%，红色油墨应达到色谱所标Y80%、M80%。印品着墨实、均匀。字面不花、不白、无断划。

（4）装订要求。公文应左侧装订，不掉页。包本公文的封面与书芯不脱落，后背平整、不空。两页页码之间误差不超过4 mm。骑马订或平订的订位为：两钉钉锯外订眼距书芯上下各1/4处，允许误差为±4 mm。平订钉锯与书间的距离为3 mm～5 mm。无坏钉、漏钉、重钉，针脚平伏牢固。后脊不可散页明订。裁切成品尺寸误差为±1 mm，四角成90度，无毛茬或缺损。

6. 公文中各要素标识规则

本标准将组成公文的各要素划分为眉首、主体、版记3部分。

置于公文首页红色反线（宽度同版心，即156 mm）以上的各要素统称眉首；置于红色反线

(不含)以下至主题词(不含)之间的各要素统称主体;置于主题词以下的各要素统称版记。

(1) 眉首。

① 公文份数序号。公文份数序号是将同一文稿印制若干份时每份公文的顺序编号。如需标识公文份数序号,用阿拉伯数码顶格标识在版心左上角第1行。

② 秘密等级和保密期限。如需标识秘密等级,用3号黑体字,顶格标识在版心右上角第1行,2字之间空1字。如需同时标识秘密等级和保密期限,用3号黑体字,顶格标识在版心右上角第1行,秘密等级和保密期限之间用"★"隔开。

③ 紧急程度。如需标识紧急程度,用3号黑体字,顶格标识在版心右上角第1行,2字之间空1字。如需同时标识秘密等级和紧急程度,秘密等级顶格标识在版心右上角第1行。

④ 发文机关标识。该标识由发文机关全称或规范化简称后加"文件"组成。对一些特定的公文可只标识发文机关全称或规范化简称。发文机关标识上边缘至版心上边缘为25 mm。对于上报的公文,发文机关标识上边缘至版心上边缘为80 mm。如需标识公文份数序号、秘密等级和保密期限以及紧急程度,可在发文机关标识上空2行向下依次标识。

发文机关标识推荐使用小标宋体字,用红色标识。字号由发文机关以醒目美观为原则酌定,但一般应小于22 mm×15 mm(高×宽)。

联合行文时应使主办机关名称在前,"文件"2字置于发文机关名称右侧,上下居中排布。如联合行文机关过多,必须保证公文首页显示正文。

⑤ 发文字号。发文字号由发文机关代字、年份和序号组成。发文机关标识下空2行,用3号仿宋体字,居中排布;年份、序号用阿拉伯数码标识;年份应标全称,用六角"〔　〕"括入;序号不编虚位(即1不编为001),不加"第"字。发文机关之下4 mm处印一条与版心等宽的红色反线。

⑥ 签发人。上报的公文需标识签发人姓名,平行排列于发文字号右侧。发文字号居左空1字,签发人姓名居右空1字。签发人用3号仿宋体字,签发人后标全角冒号,冒号后用3号楷体字标识签发人姓名。

如有多个签发人,主办单位签发人姓名置于第1行,其他签发人姓名从第2行起在主办单位签发人姓名之下按发文机关顺序依次顺排,下移红色反线,应使发文字号与最后一个签发人姓名处在同一行并使红色反线与之的距离为4 mm。

(2) 主体。

① 公文标题。红色反线下空2行,用2号小标宋体字,可分一行或多行居中排布。回行时,要做到词意完整,排列对称,间距恰当。

② 主送机关。标题下空1行,左侧顶格用3号仿宋体字标识,回行时仍顶格。最后一个主送机关名称后标全角冒号。如主送机关名称过多而使公文首页不能显示正文时,应将主送机关名称移至版记中的主题词之下、抄送之上,标识方法同抄送。

③ 公文正文。主送机关名称下一行,每自然段左空2字,回行顶格。数字、年份不能回行。

④ 附件。公文如有附件,在正文下空1行左空2字用3号仿字体字标识"附件",后标全角冒号和名称。附件如有序号,使用阿拉伯数码(如"附件:1. ××××××"),附件名称后不加标点符号。附件应与公文正文一起装订,并在附件左上角第1行顶格标识"附件",有序号时标识序号。附件的序号和名称前后标识应一致。如附件与公文正文不能一起装订,应在附件左上角第

1行顶格标识公文的发文字号并在其后标识附件(或带序号)。

⑤ 成文日期。用汉字将年、月、日标全。“零”写为“0”。

⑥ 公文生效标识。公文生效标识是证明公文效力的表现形式。它包括发文机关印章或签署人姓名。公文生效标识有以下两种情况,一种是单一发文机关如何标识公文生效标识,另一种是联合行文的机关如何标识公文生效标识。

● 单一发文印章。单一机关制发的公文在落款处不署发文机关名称,只标识成文日期。成文日期右空4字,加盖印章应上距正文1行之内,端正、居中下压成文时间,印章用红色。当印章下弧无文字时,采用下套方式,即仅以下弧压在成文日期上。当印章下弧有文字时,采用中套方式,即印章中心线压在成文日期上。

● 联合行文印章。当联合行文需加盖2个印章时,应将成文日期拉开,左右各空7字;主办机关印章在前;2个印章均压成文日期,印章用红色。只能采用同种加盖印章方式,以保证印章排列整齐。2个印章间互不相交或相切,相距不超过3 mm。当联合行文需加盖3个以上印章时,为防止出现空白印章,应将各发文机关名称(可用简称)按加盖印章顺序排列在相应位置,并使印章加盖或套印在其上。主办机关印章在前,每排最多排3个印章,两端不得超出版心;最后一排如余1个或2个印章,均居中排布;印章之间互不相交或相切;在最后一排印章之下右空2字标识成文时间。

● 特殊情况说明。当公文排版后所剩空白处不能容下印章位置时,应采取调整行距、字距的措施加以解决,务使印章与正文同处一面,不得采取标识“此页无正文”的方法解决。

⑦ 附注。公文如有附注,用3号仿宋体字,居左空2字加圆括号标识在成文日期下1行。

(3) 版记。

① 主题词。“主题词”用3号黑体字,居左顶格标识,后标全角冒号;词目用3号小标宋体字;词目之间空1字。

② 抄送机关。公文如有抄送机关,在主题词下一行;左右各空1字,用3号仿宋体字标识“抄送”,后标全角冒号;抄送机关间用逗号隔开,回行时与冒号后的抄送机关对齐;在最后一个抄送机关后标句号。如主送机关移至主题词之下,标识方法同抄送机关。

③ 印发机关和印发日期。印发机关和印发日期位于抄送机关之下(无抄送机关时在主题词之下),占1行位置,用3号仿宋体字。印发机关左空1字,印发日期右空1字。印发日期以公文付印的日期为准,用阿拉伯数码标识。

④ 版记中的反线。版记中各要素之下均加一条反线,宽度同版心。

⑤ 版记的位置。版记应置于公文最后一面(封四),版记的最后一个要素置于最后一行。

7. 页码

页码用4号半角白体阿拉伯数码标识,置于版心下边缘之下一行,数码左右各放一条4号一字线,一字线距版心下边缘7 mm。单页码居右空1字,双页码居左空1字。空白页和空白页以后的页不标识页码。

8. 公文中的表格

公文如需附表,对横排A4纸型表格,应将页码放在横表的左侧,单页码置于表的左下角,双页码置于表的左上角,单页码表头在订口一边,双页码表头在切口一边。

公文如需附A3纸型表格,且当最后一页为A3纸型表格时,封三、封四应为空白,将A3纸型表格贴在封三前，不应贴在文件最后一页(封四)上。

9．公文的特定格式

(1) 信函式格式。发文机关名称上边缘距上页边的距离为 30 mm，推荐用小标宋体字，字号由发文机关酌定；发文机关全称下 4 mm 处为一条武文线(上粗下细)，距下页边 20 mm 处为一条文武线(上细下粗)，2 条线长均为 170 mm。每行居中排 28 个字。首页不显示页码。发文机关名称及双线均印红色。发文字号置于武文线下一行版心右边缘，顶格标识。发文字号下空 1 行标识公文标题。如需标识秘密等级或紧急程度，可置于武文线下一行版心左边缘顶格标识。2 条线之间其他要素的标识方法从本标准相应要素说明。

(2) 命令格式。命令标识由发文机关名称加“命令”或“令”组成，用红色小标宋体字，字号由发文机关酌定。命令标识上边缘距版心上边缘 20 mm，下边缘空 2 行居中标识令号；令号下空 2 行标识正文；正文下空 1 行右空 4 字标识签发人签名章，签名章左空 2 字标识签发人职务；联合发布的命令或命令的签发人职务应标识全称。在签发人签名章下空 1 行右空 2 字标识成文日期。其他要素从本标准相关要素说明。

(3) 会议纪要格式。会议纪要标识由“××××××会议纪要”组成，用红色小标宋体字，字号由发文机关酌定。会议纪要不加盖印章。其他要素从本标准相关要素说明。

10．式样

A4 型公文用纸页边及版心尺寸如附图 1－1 所示；公文首页版式如附图 1－2 所示；上报公文首页版式如附图 1－3 所示；公文末页版式如附图 1－4 所示；联合行文公文末页版式 1 如附图 1－5 所示；联合行文公文末页版式 2 如附图 1－6 所示。

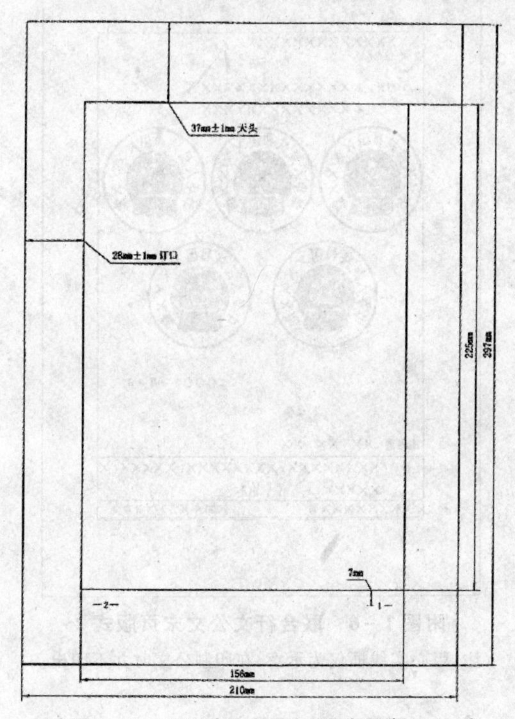

附图 1－1　A4 型公文用纸页边及版心尺寸

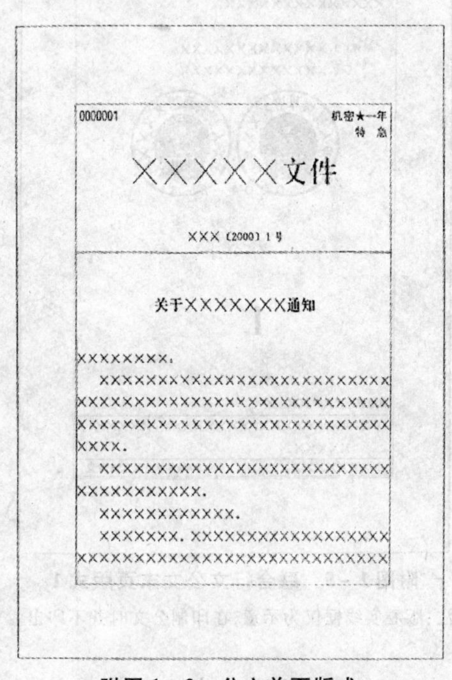

附图 1－2　公文首页版式

注：版心实线框仅为示意，在印制公文时并不印出。

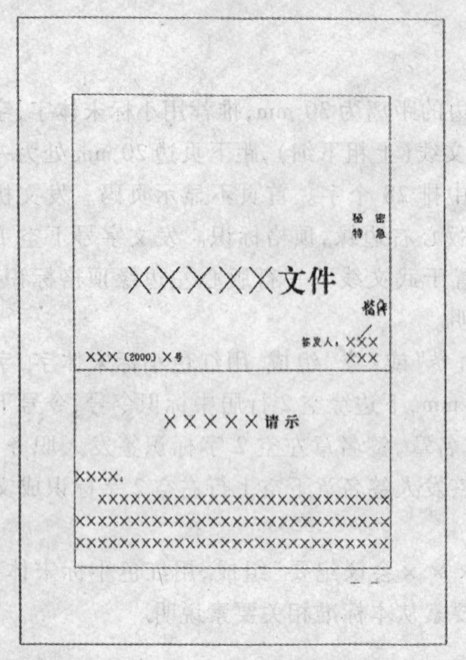

附图1－3　上报公文首页版式

注：版心实线框仅为示意，在印制公文时并不印出。

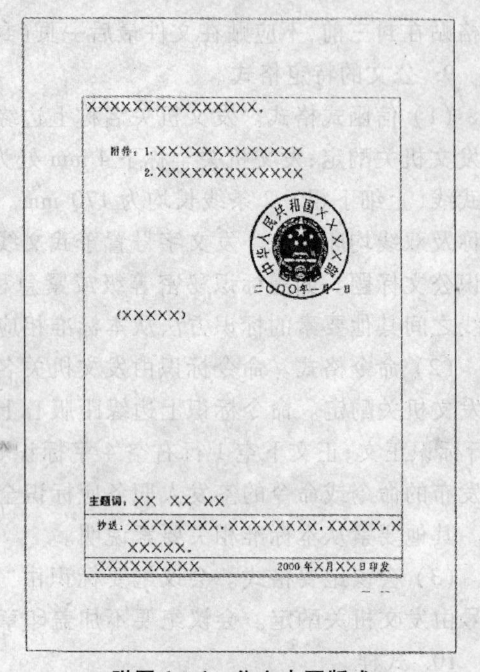

附图1－4　公文末页版式

注：版心实线框仅为示意，在印制公文时并不印出。

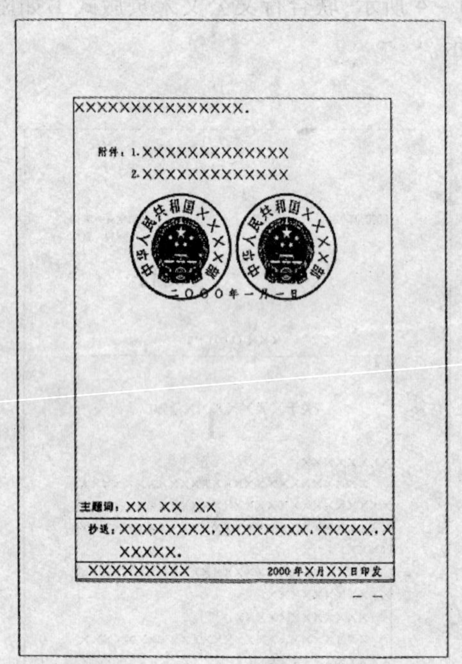

附图1－5　联合行文公文末页版式1

注：版心实线框仅为示意，在印制公文时并不印出。

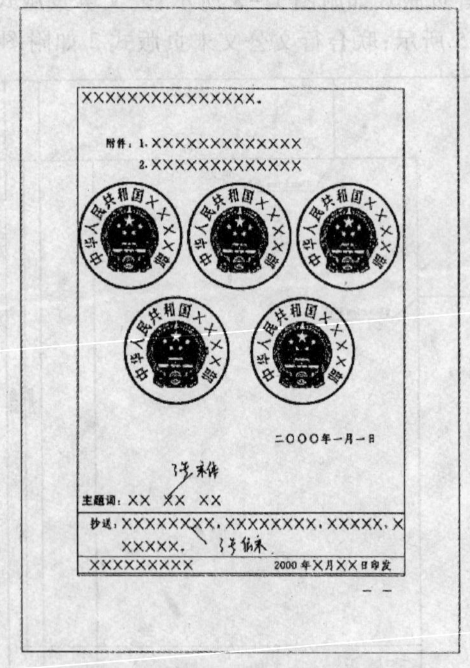

附图1－6　联合行文公文末页版式2

注：版心实线框仅为示意，在印制公文时并不印出。

附录2 Office常用快捷键

1. Windows常用快捷键

- Win或Ctrl+Esc:打开“开始”菜单。
- Win+E:启动资源管理器。
- Win+R:打开“运行”窗口。
- Win+Pause Break:打开“系统属性”对话框。
- Win+F:打开“搜索所有文件和文件夹”对话框。
- Win+Ctrl+F:打开“搜索结果-计算机”窗口。
- Win+M:缩小所有窗口到任务栏。
- Win+Shift+M:还原所有任务栏中的窗口。
- Win+D:将激活的窗口放大或缩小到任务栏中。
- Win+F1:打开“帮助和支持中心”窗口。
- Alt+Tab:切换并打开任务栏中的窗口。
- Alt+空格:对使用中的窗口进行操作。
- Alt+F4:关闭当前窗口直到关机。

2. Office常用快捷键

- Ctrl+空格:启动输入法程序。
- Shift+空格:在全角和半角状态之间切换。
- Ctrl+Shift:切换输入法。
- Ctrl+Home:跳到文件开头。
- Ctrl+End:跳到文件最后。
- Ctrk+X:剪切。
- Ctrl+C或Ctrl+Insert:复制。
- Ctrl+V或Shift+Insert:粘贴。
- Ctrl+Z或Alt+Backspace:还原。

3. Word常用快捷键

- Ctrl+A:全选。
- Ctrl+B:粗体。
- Ctrl+C:复制。
- Ctrl+D:设置字体格式。
- Ctrl+E:居中对齐。
- Ctrl+F:查找。
- Ctrl+G:定位。
- Ctrl+H:替换。
- Ctrl+I:斜体。
- Ctrl+J:两端对齐。
- Ctrl+K:设置超级链接。
- Ctrl+L:左对齐。

- Ctrl + M:左缩进。
- Ctrl + N:新建。
- Ctrl + O:打开。
- Ctrl + P:打印。
- Ctrl + R:右对齐。
- Ctrl + S:保存。
- Ctrl + T:首行缩进。
- Ctrl + U:加下划线。
- Ctrl + V:粘贴。
- Ctrl + W:关闭当前窗口。
- Ctrl + X:剪切。
- Ctrl + Y:重复。
- Ctrl + Z:撤消。
- Ctrl + 0:段前 6p 切换。
- Ctrl + 1:设置单倍行距。
- Ctrl + 2:设置双倍行距。
- Ctrl + 3:锁定。
- Ctrl + 5:1.5 倍行距。
- Ctrl + =:在下标和正常格式间切换。
- Ctrl + Shift + A:大写。
- Ctrl + Shift + B:粗体。
- Ctrl + Shift + C:复制格式。
- Ctrl + Shift + D:分散对齐。
- Ctrl + Shift + E:修订。
- Ctrl + Shift + F:定义字体。
- Ctrl + Shift + H:应用隐藏格式。
- Ctrl + Shift + I:斜体。
- Ctrl + Shift + K:小型大写字母。
- Ctrl + Shift + L:应用列表样式。
- Ctrl + Shift + M:减少左缩进。
- Ctrl + Shift + N:降级为正文。
- Ctrl + Shift + P:定义字符大小。
- Ctrl + Shift + Q:symbol 字体。
- Ctrl + Shift + S:定义样式。
- Ctrl + Shift + T:减小首行缩进。
- Ctrl + Shift + U:添加下划线。
- Ctrl + Shift + V:粘贴格式。
- Ctrl + Shift + W:只给词加下划线。
- Ctrl + Shift + Z:应用默认字体样式。
- Ctrl + Shift + =:在上标与正常格式间切换。
- Alt + Shift + A:显示所有标题。
- Alt + Shift + C:关闭预览窗口。
- Alt + Shift + D:插入日期。
- Alt + Shift + E:编辑邮件合并数据。
- Alt + Shift + F:插入合并域。
- Alt + Shift + K:预览邮件合并。
- Alt + Shift + M:打印已合并文档。
- Alt + Shift + N:合并文档。
- Alt + Shift + O:标记目录项。
- Alt + Shift + P:插入页码。
- Alt + Shift + R:复制文档中上一节所使用的页眉或页脚。
- Alt + Shift + T:插入时间。
- Alt + Shift + U:更新域。
- Alt + Shift + X:打开“标记索引项”对话框。
- Ctrl + Alt + C:插入版权符号。
- Ctrl + Alt + E:插入尾注。
- Ctrl + Alt + F:插入脚注。
- Ctrl + Alt + I:预览。
- Ctrl + Alt + K:自动套用格式。
- Ctrl + Alt + L:插入 Listnum 域。
- Ctrl + Alt + M:插入批注。
- Ctrl + Alt + N:打开普通视图。
- Ctrl + Alt + O:打开大纲视图。
- Ctrl + Alt + P:打开页面视图。
- Ctrl + Alt + R:插入注册商标符号。
- Ctrl + Alt + S:拆分窗口。
- Ctrl + Alt + T:插入商标符号。
- Ctrl + Alt + U:更新表格格式。
- Ctrl + Alt + V:插入自动图文集。
- Ctrl + Alt + Y:重复查找。
- Ctrl + Alt + Z:返回至页、书签、脚注、表格、批注、图形或其他位置。
- Ctrl + Alt + 1:应用“标题 1”样式。

- Ctrl+Alt+2:应用"标题2"样式。
- Ctrl+Alt+5:应用"标题5"样式。
- Ctrl+Alt+3:应用"标题3"样式。

4. Excel常用快捷键

- Ctrl+P或Ctrl+Shift+F12:打开"打印"对话框。
- Ctrl+↑或←(打印预览时):以缩小模式显示时,滚动到第一页。
- Ctrl+↓或→(打印预览时):以缩小模式显示时,滚动到最后一页。
- Shift+F11或Alt+Shift+F1:插入新工作表。
- Ctrl+Page Down:移动到工作簿中的下一张工作表。
- Ctrl+Page Up:移动到工作簿中的上一张工作表或选中其他工作表。
- Shift+Ctrl+Page Down:选中当前工作表和下一张工作表。
- Ctrl+Page Down:取消选中多张工作表。
- Ctrl+Shift+Page Up:选中当前工作表和上一张工作表。
- Home:移动到行首或窗口左上角的单元格中。
- Ctrl+Home:移动到工作表的开头。
- Ctrl+End:移动到工作表的最后一个单元格中,该单元格位于数据占用的最右列的最下行中。
- Alt+Page Down:向右移动一屏。
- Alt+Page Up:向左移动一屏。
- F6:切换到被拆分的工作表中的下一个窗格。
- Shift+F6:切换到被拆分的工作表中的上一个窗格。
- F5:打开"定位"对话框。
- Shift+F5(Ctrl+F):打开"查找"对话框。
- Shift+F4:重复上一次查找操作。
- Ctrl+Alt+→:在不相邻的选中区域中,向右切换到下一个选中区域。
- Ctrl+Alt+←:向左切换到下一个不相邻的选中区域。
- End+箭头键:在一行或一列内以数据块为单位移动。
- End:移动到窗口右下角的单元格中。
- Ctrl+空格:选中整列。
- Shift+空格:选中整行。
- Ctrl+A:选中整张工作表。
- Ctrl+6:在隐藏对象、显示对象和显示对象占位符这3种状态之间切换。
- Ctrl+Shift+8(即Ctrl+*):选中活动单元格周围的区域。在数据透视表中,选中整个数据透视表。
- Ctrl+Shift+O:选中含有批注的所有单元格。
- Ctrl+[:选取由选中区域的公式直接引用的所有单元格。
- Ctrl+Shift+{:选取由选中区域中的公式直接或间接引用的所有单元格。
- Ctrl+]:选取包含直接引用活动单元格的公式所在的单元格。
- Ctrl+Shift+}:选取包含直接或间接引用单元格的公式所在的单元格。

- Alt + Enter：在单元格中换行。
- Ctrl + Enter：用当前输入项填充选中的单元格区域。
- F4 或 Ctrl + Y：重复上一次操作。
- Ctrl + D：向下填充。
- Ctrl + R：向右填充。
- Ctrl + F3：定义名称。
- Ctrl + K：插入超链接。
- Ctrl + Shift + :：插入时间。
- Ctrl + ;：输入日期。
- Alt + ↓：打开选定的下拉列表。
- F2：关闭了单元格的编辑状态后，将插入点移动到编辑栏内。
- Shift + F3：打开"插入函数"对话框。
- F3：将定义的名称粘贴到公式中。
- Alt + =：插入"自动求和"公式。
- Ctrl + Delete：删除从插入点到行末的文本。
- F7：打开"拼写检查"对话框。
- Shift + F2：编辑单元格批注。
- Ctrl + Shift + Z：显示"自动更正"智能标记时，撤消或恢复上次所作的自动更正。
- Ctrl + X：剪切选中的单元格。
- Ctrl + V：粘贴复制的单元格。
- Ctrl + Shift + +：插入空白单元格。
- Alt + '：打开"样式"对话框。
- Ctrl + 1：打开"单元格格式"对话框。
- Ctrl + Shift + ~：应用"常规"数字格式。
- Ctrl + Shift + $：应用带2个小数位的"货币"格式（负数在括号内）。
- Ctrl + Shift + %：应用不带小数位的"百分比"格式。
- Ctrl + Shift + ^：应用带2个小数位的"科学记数"数字格式。
- Ctrl + Shift + #：应用含年、月、日的"日期"格式。
- Ctrl + Shift + @：应用含小时和分钟并标明上午或下午的"时间"格式。
- Ctrl + Shift + !：应用带2个小数位、使用千位分隔符且负数用负号（－）表示的"数字"格式。
- Ctrl + B：应用或取消加粗格式。
- Ctrl + I：应用或取消字体倾斜格式。
- Ctrl + U：应用或取消下划线。
- Ctrl + 5：应用或取消删除线。
- Ctrl + 9：隐藏选中行。
- Ctrl + Shift +)：取消选中区域内所有隐藏列的隐藏状态。
- Ctrl + Shift + &：为选中单元格加上外边框。

- Ctrl + Shift + _:取消选中单元格的外边框。
- Page Down:移动到下一屏。
- Ctrl + Page Down:移动到工作簿中的下一个工作表。
- Page Up:移动到上一屏。
- Ctrl + Page Up:移动到工作簿中的上一个工作表。